Moderne Biowissenschaften **Band 14**

R. S. Karpinskaja · Philosophie und Molekularbiologie

R. S. KARPINSKAJA

Philosophie und Molekularbiologie

Herausgegeben von
Dr. G. Ludwig und Dr. sc. K.-H. Köhler
Universität Greifswald

AKADEMIE-VERLAG · BERLIN
1974

Originaltitel:

R. S. Karpinskaja Filosofskie problemy molekularnoj biologii „Mysl", Moskva 1971

Aus dem Russischen übersetzt von einem Studentenkollektiv des 2. Studienjahres Diplombiologie der Sektion Biologie an der Ernst-Moritz-Arndt-Universität Greifswald unter Leitung von Gerhard WITTSCHECK (Lehrer im Hochschuldienst an der Sektion Sprach- und Literaturwissenschaft der Ernst-Moritz-Arndt-Universität Greifswald).

Dem Kollektiv gehörten folgende Studentinnen und Studenten an:

Margret Albrecht, Gabriele Arnold, Jutta Beyer, Angelika Gramms, Harald Granzow, Bernd Hamann, Waltraut Heinrich, Erich Hoyer, Renate Kautz, Joachim Kopp, Helmut Lutzmann, Michael Menner, Marion Patzsch, Frank Rabenstein, Siglinde Rabenstein, Elfi Reppenhagen, Bärbel Selle, Regine Schüssler, Christine Wygoda.

Die Übersetzung wurde mit dem Ernst-Moritz-Arndt-Preis ausgezeichnet.

Erschienen im Akademie-Verlag, 108 Berlin, Leipziger Str. 3—4

Lizenznummer: 202 · 100/584/74
Gesamtherstellung: VEB Druckhaus „Maxim Gorki", 74 Altenburg
Bestellnummer: 761 9871 (2148/14) · LSV 0155
Printed in GDR
EVP 21,—

VORWORT DER HERAUSGEBER DER DEUTSCHEN AUSGABE

Mit der revolutionierenden Entwicklung neuer Denkweisen in den Naturwissenschaften, beispielsweise den modernen Vorstellungen über die Struktur der Materie, konnten zugleich völlig neuartige analytische Methoden, wie etwa Spektrophotometrie, Chromatographie, Elektrophorese, Röntgenstrukturuntersuchung, Ultrazentrifugation, Isotopenanalyse, Elektronenmikroskopie usw. in die Biologie eingeführt werden. Es entstanden fruchtbare Bedingungen für die Gewinnung einer Vielzahl neuer, vielfach stark praxisrelevanter und polyvalent nutzbarer Ergebnisse. Der Erkenntnisfortschritt in der Biologie vollzieht sich seither stürmischer als je zuvor in der Geschichte dieser Disziplin.

In Gestalt der Molekularbiologie begegnen wir heute einer qualitativ neuen Fachdisziplin, die als Ziel die Erforschung der Lebensprozesse auf molekularer, auf physikalisch-chemischer Grundlage hat und u. a. Biochemie, Biophysik, Genetik und Ultrastrukturforschung in starkem Maße umfaßt. Als Geburtsstunde der Molekularbiologie kann das Erscheinen jener grundlegenden Arbeit von Avery, Macleod und McCarty (1944) angesehen werden, in der die Desoxyribonucleinsäure als entscheidende Substanz für die Vererbung gekennzeichnet wurde. Die früher bei Biologen oft anzutreffende Formulierung „Zu welchem Zweck?“, „Welchen Sinn hat das?“, also eine z. T. von der Teleologie beeinflußte Betrachtungsweise, hat sich heute immer mehr zugunsten der in der Physik charakteristischen Fragestellung „Warum?“, d. h. einer kausalen Betrachtungsweise, verschoben. Durch diese Orientierung der Molekularbiologie nahm, was Lenin für die künftige Entwicklungsperiode der Naturwissenschaften als gesetzmäßig voraussagte, der Prozeß der Mathematisierung, Modellierung und Formalisierung notwendigerweise zu.

Es entspricht den Gesetzmäßigkeiten der Wissenschaftsentwicklung, wie sie in ihren Grundzügen bereits von Engels und Lenin aufgedeckt wurden, daß heute die bedeutsamsten und trächtigsten Ergebnisse mehr und mehr in den Grenzgebieten zu anderen Disziplinen erzielt werden. Besonders intensiv sind die interdisziplinären Beziehungen zwischen der Biologie und Chemie, Physik, Kybernetik, Wahrscheinlichkeitstheorie, Systemtheorie und bestimmten gesellschaftswissenschaftlichen Disziplinen. Diese intensive Durchdringung interdisziplinärer Richtungen einerseits und — was ausdrücklich betont werden muß — der verschiedenen biologischen Gebiete andererseits (die Untersuchungsebenen der Biologie erstrecken sich von der molekularen über die zelluläre, organismische bis zur Biogeozönose) ist für die heutige Entwicklung kennzeichnend. Freilich sollen und können die sich neu entwickelnden Gebiete die alten traditionellen nicht ersetzen, sondern sie ergänzen und erweitern sie, eröffnen neue Aspekte und erschließen bisher unerforschte Untersuchungsebenen, was zweifellos zu einer unterschiedlichen Wichtung der einzelnen Gebiete im Vergleich zu früheren Darstellungsweisen führen kann.

Der Fortschritt der Naturwissenschaft ist nicht ohne Einfluß auf das philosophische Denken, wie umgekehrt dieses insbesondere in der Lösung theoretischer Fragen einzelner Disziplinen der Naturwissenschaft seinen Niederschlag findet. In diesem sich gerade in der Biologie gegenwärtig stürmisch vollziehenden Prozeß können selbst nur wenige Jahre neue Fragestellungen oder Wendungen der Diskussion bringen. So ist in der Zwischenzeit seit dem Erscheinen des Buches von KARPINSKAJA in der Sowjetunion im Jahre 1971 z. B. der Streit um die Rolle des Zufalls im biologischen Geschehen von neuem entbrannt. Der bekannte Molekularbiologe Nobelpreisträger J. MONOD veröffentlichte 1970 sein Buch „Le Hasard et la Nécessité“ („Essai sur la Philosophie Naturelle de la Biologie Moderne“, Paris 1970).

Die in diesem Buch von MONOD vertretene Konzeption beschränkt sich nicht auf den relativ engen biologischen Rahmen, sondern stellt den Versuch dar, den Bereich des Lebenden einschließlich des Menschen und der menschlichen Gesellschaft biologisch und philosophisch zu deuten. Ein besonderes Anliegen MONODS ist es in diesem Zusammenhang, den Marxismus und insbesondere die materialistische Dialektik zu widerlegen. Die materialistische Dialektik ist ihm als Ergebnis der „animistischen Projektion“ nur der Versuch der Klassiker des Marxismus, „das Gebäude ihrer Gesellschaftslehre auf die Gesetze der Natur zu gründen.“[1] In Wirklichkeit jedoch sind nach MONOD die Gesetze der Dialektik bestenfalls Gesetze des Denkens, die aber mit der Realität, vor allem mit der Natur nichts zu tun haben, sich nicht in dieser finden.[2]

Dieser Standpunkt, der durchaus nicht originell ist, ergibt sich keineswegs, wie es bei MONOD den Anschein hat, notwendig aus den Ergebnissen der modernen Molekularbiologie. Wie marxistische Autoren nachgewiesen haben[3], tragen derartige Konzeptionen ideologischen Charakter und sind letztlich auf Grundpositionen der gegenwärtig vorherrschenden bürgerlichen Philosophie zurückzuführen. Im übrigen hat gerade KARPINSKAJA in ihrer Schrift gezeigt, wie problematisch, ja wie falsch allein schon der Versuch ist, die Interpretation einzelner Gegebenheiten des biologischen Geschehens zu grundlegenden weltanschaulichen Konzeptionen auszubauen und was es dagegen heißt, den dialektischen Materialismus als weltanschauliche und allgemeine methodologische Grundlage der modernen Naturwissenschaft zu sehen.

[1] J. MONOD: „Zufall und Notwendigkeit“, München 1971, S. 46.

[2] Ebenda, S. 47ff.

[3] Vgl. H. LEY: „Über die Schwierigkeiten des Einzelwissenschaftlers“, Berlin 1973; L. SÈVE: „Über den Strukturalismus. Zu einem Aspekt des ideologischen Lebens in Frankreich.“ In: Probleme des Friedens und des Sozialismus, H. 5 und 6, 1971.

Daß eine Ablehnung der Dialektik die Schwierigkeiten in der Deutung des komplizierten biologischen Geschehens nicht verringert, sondern wesentlich vermehrt, kommt sehr klar darin zum Ausdruck, wie MONOD die Rolle von Zufall und Notwendigkeit in der lebenden Natur sieht. Seine Konzeption in dieser Frage kann, wie von marxistischen Autoren gezeigt wurde[4], nicht befriedigen, da sie letztlich auf eine Trennung von Zufall und Notwendigkeit und im Zusammenhang damit auf eine ungerechtfertigte Überbetonung der Rolle des Zufalls hinausläuft. Entsprechende Bedenken gegen eine derartige Fassung der Rolle des Zufalls wurden auch von Naturwissenschaftlern erhoben. Beispielsweise deutet sie M. EIGEN in seinem Vorwort zu MONODS Buch an[5]. Auch DOBZHANSKY stimmt in seiner Besprechung der Schrift MONODS nicht allen weltanschaulichen Konsequenzen zu[6]. Eine der Schlußfolgerungen, die sich aus dieser Sachlage ergeben, besteht in der Erkenntnis, daß gerade auch Molekularbiologen eine fundierte wissenschaftliche Weltanschauung haben müssen, um einerseits streitbar gegen derartige Entstellungen auftreten und andererseits zur Weiterentwicklung der dialektisch-materialistischen Weltanschauung mit beitragen zu können.
Die Dringlichkeit der zuletzt genannten Forderung wird dadurch unterstrichen, daß die gegenwärtig vorliegenden Ergebnisse der Biologie und ihre tiefgründige Interpretation folgerichtig zur Entwicklung einer „theoretischen Biologie“ führen müssen. Unter diesem Aspekt arbeitet KARPINSKAJA die Problemstellungen für drei Untersuchungsebenen der Molekularbiologie heraus:

1. Das Verhältnis der biologischen Form der Bewegung zu anderen Bewegungsformen der Materie. Alle Befunde der Molekularbiologie haben glänzend bestätigt, daß sich die Lebensprozesse mit Hilfe physikalisch-chemischer Gesetzmäßigkeiten erklären lassen, jedoch eine neue, höhere Ebene der Komplexität vorliegt; daß die biologischen Gesetzmäßigkeiten integralen Charakter besitzen. Nobelpreisträger EIGEN formulierte diese Erkenntnis folgendermaßen: „Zum Zusammenfügen der Einzelprozesse wird man keine neue Physik brauchen, obwohl am Ende etwas herauskommt, was für die Physik neu ist, d. h. die Biologie!“[7]

2. Die Spezifik innerhalb der biologischen Bewegungsform auf verschiedenen Stufen der Organisation des Lebenden, d. h. die Hierarchie der Komplexität. Heute ermöglicht die moderne Biologie z. B. eine viel tiefgreifendere Behandlung des an sich schon alten Problems, wie die Entwicklung einer omnipotenten Zelle in eine bestimmte Richtung gelenkt wird. Der bekannte Physiologe KLEBS (1904)

[4] vgl.: K. FUCHS-KITTOWSKI, S. M. RAPOPORT, H. A. ROSENTHAL, G. WINTGEN: „Zur Dialektik von Notwendigkeit und Zufall in der Molekularbiologie“. In: Deutsche Zeitschrift für Philosophie, H. 4, 1972; H. LEY: „JACQUES MONOD und die Relevanz von Kategorien“. In: Deutsche Zeitschrift für Philosophie H. 6, 1972.

[5] A. a. O. S. XIV und XV.

[6] T. DOBZHANSKY: Buchbesprechung zu „Chance and Necessity“, Science **175**, S. 49–50, 1972.

[7] s. M. EIGEN: „Die Evolution biologischer Makromoleküle“, Naturwiss. Rundschau **24**, S. 22/23, 1971.

formulierte seinerzeit wie folgt: „Die Entwicklung (der Pflanzen) wird durch die spezifische Struktur und die Wirkung innerer und äußerer Faktoren bestimmt “[8] Und gerade heute können durch Analyse der Einzelprozesse bis hinab zur molekularen Ebene und durch Untersuchung der mannigfaltigen Wechselbeziehungen im gesamten Organismus die Fragen der Entwicklung eines Organismus viel tiefgreifender bearbeitet werden. Auf das bei derartigen Fragestellungen zu beachtende Wechselverhältnis von Analyse und Synthese (oder z. B. auch Reduktionismus und Konstruktionismus) ging kürzlich am Beispiel der viel diskutierten und längst nicht geklärten Frage der Entstehung der Zelle der bekannte Biogenesisforscher Fox in der Zeitschrift „Die Naturwissenschaften“ (1973) ein.[9]

3. Die Spezifik der biologischen Form der Bewegung und ihr Verhältnis zu ihren genetischen Vorläufern., d. h. die Frage nach der Entstehung lebender Materie. Die uralte Frage „Wer war eher da, die Henne oder das Ei?“, die — wie ebenfalls Nobelpreisträger Eigen schrieb — in der neuen Variante „War das Protein oder die Nucleinsäure zuerst vorhanden?“[10] auflebte, ist eben auch nur durch ein dialektisch-materialistisches Herangehen unter Ausnutzung moderner Denkweisen an diese Problematik zu klären. Eigen löste die Problematik auf, indem er die Begriffe Eiweiß durch Funktion und Nucleinsäure durch Information ersetzte und konnte nachweisen, daß die Evolution lebender Systeme durch ein charakteristisches, aber nicht nur auf Lebendes beschränktes, durch physikalische Gesetzmäßigkeiten begründbares Selektionsverhalten bedingt ist. Heute ist es auch möglich, wie die Entwicklung der Evolutionsbiochemie ausweist, phylogenetische Stammbäume auf molekularer Grundlage aufzubauen. Die Aminosäurenaustauschrate spezifischer Eiweiße, wie z. B. von Cytochrom c, Globin und Fibrinpeptiden, mit ihrer jeweils charakteristischen, für geologisch lange Zeiträume gültigen Evolutionsperiodizität (oft mit dem keinesfalls mechanistisch anzuwendenden Begriff „Uhren der Evolution“ belegt), gibt uns dabei Auskünfte über das phylogenetische Entwicklungstempo.
Alle diese aktuellen Fragestellungen und die oft erstaunlichen und überraschenden Ergebnisse, die die Molekularbiologie hierzu in kurzer Zeit erbracht hat, erfordern eben auch ständig eine entsprechende weltanschauliche Fundierung. Da es gerade in dieser Hinsicht spürbare Lücken gibt, ist die anregende und viele Probleme ausweisende Monographie von Karpinskaja außerordentlich begrüßenswert. Dieses Büchlein ist für Biologen und Philosophen gleichermaßen von Interesse und fordert zur Weiterarbeit auf.

[8] s. G. Klebs: „Willkürliche Entwicklungs-Änderungen bei Pflanzen“, Jena 1903, S. 7; ferner: G. Klebs: „Über Variationen der Blüte“, Jahrb. d. wiss. Bot. 1905, S. 292; „Über das Verhältnis der Außenwelt zur Entwicklung der Pflanzen“, Sitzungsber. d. Heidelberger Akad. d. Wissenschaften, 1913, S. 8ff.

[9] S. W. Fox: „Origin of the Cell: Experiments and Premises“, Naturwissenschaften **60**, 359—368, 1973.

[10] M. Eigen: „Die Evolution biologischer Makromoleküle“, Naturwiss. Rundschau **24**, S. 22/23, 1971.

INHALTSVERZEICHNIS

EINLEITUNG

Philosophie und Molekularbiologie ...
Wie läßt sich der Zusammenhang zwischen diesen Wissenschaften, die ihrem Charakter nach so verschieden sind, vorstellen? Sie unterscheiden sich durch den Forschungsgegenstand, durch die Aneignungsweise dieses Gegenstandes, durch die Art der Darstellung des erlangten Wissens und durch seine Rolle in der modernen Wissenschaft.

Der Kontrast zwischen dem konkreten, exakten molekularbiologischen Wissen und der abstrakt theoretischen Philosophie kann etwas gemildert werden, wenn wir bedenken, daß jeder beliebige Bereich der Naturwissenschaft auf irgendeine Weise mit der Philosophie in Zusammenhang steht. Zweifellos treten in dem Maße, in welchem die Erkenntnis immer konkretere Prozesse der Natur erschließt, neue weltanschauliche und methodologische Probleme auf, und die moderne Wissenschaft bracht wie nie zuvor das Bündnis mit der Philosophie, bedarf der gemeinschaftlichen Lösung dieser Probleme. Allerdings ist es dabei außerordentlich wichtig, nicht bei der allgemeinen These stehen zu bleiben, daß jede Naturwissenschaft „auf irgendeine Weise" mit der Philosophie verbunden ist.

Die konkrete Analyse dieser Verbindung hat zum Ziel, die Dialektik als notwendige methodologische Grundlage der Naturwissenschaft darzustellen. Mit der Verwirklichung einer solchen Analyse wird es immer deutlicher werden, daß die Ausarbeitung der modernen Erkenntnistheorie nicht losgelöst von den Naturwissenschaften erfolgen kann, ebenso wie die Vervollkommnung der naturwissenschaftlichen Denkweise in bedeutendem Maße von der Beherrschung der wissenschaftlichen Dialektik abhängt, die heute durch die marxistisch-leninistische Philosophie vertreten wird.

Als jüngste biologische Wissenschaft hat die Molekularbiologie noch nicht die nötige Aufmerksamkeit seitens der Philosophen, Methodologen und der Wissenschaftslogiker erhalten. Die allgemeine Begeisterung über ihre Erfolge und ihr in der Wissenschaft einmaliges Entwicklungstempo muß ergänzt werden durch die beharrliche Arbeit zur Erforschung ihrer methodologischen Grundlagen, jener inneren logischen Mechanismen ihrer Entwicklung, die imstande sind, sowohl die Erfolge als auch die Perspektiven der Molekularbiologie zu erklären. Die Bedeutung der Molekularbiologie für die Erkenntnis des Lebens ist gewaltig; sie ist mit dem Aufstellen prinzipiell neuer Verfahrensweisen und neuer Konzeptionen verbunden, was eine methodologische Analyse von Mitteln und Verfahren der molekularbiologischen Forschung, ihrer Korrelation mit anderen biologischen Erkenntnismethoden, ihres gnoseologischen Wertes bei der Lösung gesamtbiologischer Fragen unvermeidbar macht. All das erweist sich als außerordentlich aktuell, wenn man berücksichtigt, daß die gegenwärtige Entwicklungsetappe der Biologie charakterisiert wird durch ein intensives Suchen nach Wegen zur Schaffung eines synthetischen Wissens, zur Ausarbeitung der Grundlagen der theoretischen Biologie, die fähig ist, alle Zweige der Biologie und alle Ergebnisse der modernen Wissenschaft über das Wesen des Lebens zu umfassen.

Das Problem des Wesens des Lebens bildet den Hauptinhalt des ganzen Systems der biologischen Wissenschaften. Deshalb wird der gnoseologische Wert der Molekularbiologie vor allem durch jenen spezifischen Beitrag zur Lösung der Frage nach dem Wesen des Lebens bestimmt, der bei der Schaffung der physikochemischen Untersuchungen der molekularen Strukturen lebender Organismen entstand. Diese Strukturen erwiesen sich für alle Organismen als erstaunlich standardisiert. Die Mannigfaltigkeit der organischen Welt hat eine so ähnliche molekulare Basis, die es wie nie zuvor ermöglicht, die allgemeinen „Grundlagen" des Lebens, seine fundamentale Einheit in struktureller und funktioneller Hinsicht aufzudecken. Deshalb befaßt sich das erste Kapitel der vorliegenden Arbeit mit der Frage, welchen Beitrag die Molekularbiologie zur Untersuchung des Problems der Einheit der organischen Welt leistet. Die Tatsache einer biochemischen Universalität des Lebenden ruft verschiedene Interpretationen sowohl theoretischen als auch eigentlich methodologischen Charakters hervor. Für eine philosophische Analyse wäre der Versuch höchst interessant, auf dieser Basis die elementaren Ausgangsbegriffe zu finden, die sowohl für die Molekularbiologie selbst als auch für die Feststellung eines logischen Überganges zu einem Wissen von anderen, höher organisierten Strukturebenen des Lebenden wesentlich sind. Der Aufstieg der Erkenntnis von wenigen abstrakten Grundbegriffen zur konkreten Mannigfaltigkeit ihrer Definitionen, die das Wesen der Erscheinung immer exakter widerspiegeln, wird in der Biologie als Methode der Forschung bewußt angewandt. Das haben wir vor allem der Molekularbiologie zu verdanken. Die Art, wie das Problem der Einheit der organischen Welt unter dem Aspekt der molekularbiologischen Forschung gelöst wird, ist für die erkenntnistheoretische Analyse der Entwicklungswege der modernen Biologie außerordentlich wesentlich.

Im zweiten Kapitel wird der Übergang vom Problem der Einheit zum Problem der Entwicklung vollzogen. Hier wird die Molekularbiologie schon nicht mehr zu jenen exakten Wissenschaften, die ihr die fruchtbaren Methoden zur Erforschung des Wesens des Lebens gaben, in Beziehung gesetzt, sondern zur Evolutionslehre als zutiefst biologischem Wissen.

Die Geschichte der Biologie bewies die Unvermeidlichkeit und die Fruchtbarkeit einer gleichzeitigen Bearbeitung sowohl der Frage nach dem Wesen des Lebens als auch der Art und Weise seiner Existenz, d. h. der Entwicklung. Sogar in der Theorie CUVIERS, die gleichsam die Unveränderlichkeit der Arten zum Gesetz erhob, sind Zweifel, ein Suchen nach Methoden zur Veränderung der organischen

Formen, enthalten. Die Vorstellung über Erdkatastrophen und die von ihnen verursachten Sprünge der organischen Welt charakterisiert nicht nur die hohe Gewissenhaftigkeit des Paläontologen CUVIER, sondern sie zeugt auch von seinem Unbefriedigtsein durch jene Verabsolutierung der Unverständlichkeit des Lebens, die außerstande war, zu einer einheitlichen und widerspruchslosen Theorie zu gelangen. Die Idee der Variabilität entstand gleichsam innerhalb der Konzeption der Invariabilität.

Seit dem Erscheinen der „Entstehung der Arten durch natürliche Zuchtwahl" jedoch wird die Einheit der Aspekte vom Wesen des Lebens und seiner Entstehung allgemein anerkannt. Wenn auch die vordarwinsche Biologie dies als einen empirischen Fakt nahm, ohne an der individuellen Entwicklung und dem Generationswechsel zu zweifeln, so war doch ein derartiger Empirismus nicht frei von einseitigen Interpretationen, die zum Mechanizismus oder Idealismus führten (Präformationstheorie, Vitalismus usw.). Nur ein breit verstandenes historisches Herangehen, das alle verschiedenen Etappen der geschichtlichen Entwicklung in sich aufnahm, und sie durch das Prinzip der natürlichen Selektion (Auslese) vereinte, konnte Anspruch auf einen wirklich theoretischen Ausdruck jener intuitiven Ahnung erheben, daß der qualitative Unterschied des Lebenden nicht außerhalb und unabhängig von seiner Entwicklung begriffen werden kann. Deshalb sind wir berechtigt, das Erscheinen der DARWINschen Theorie als jene Grenze zu betrachten, von welcher ab die Biologie beginnt zum führenden Zweig der Naturwissenschaften zu werden, wobei sie die anderen Wissenschaften nicht so sehr durch eine exakte Kenntnis ihres Objektes, als vielmehr durch die Klarheit ihrer methodologischen Prämissen überflügelt. Das Entwicklungsprinzip wird allmählich zur führenden Idee aller verschiedenen Zweige des biologischen Wissens, sämtlicher Forschungsmethoden, die auf den verschiedenen Organisationsebenen angewendet werden.

In diesem Zusammenhang wird offensichtlich, wie interessant die Frage der Wechselbeziehung zwischen der Molekularbiologie und dem Entwicklungsproblem für die philosophische Analyse ist. Wie realisiert sich die Synthese der neuesten Bereiche der Biologie mit dem Entwicklungsprinzip? Welchen Platz nimmt das Entwicklungsprinzip in den molekularbiologischen Untersuchungen ein? Welcher Art ist die gegenseitige Bereicherung der eigentlich molekularbiologischen Konzeptionen und der philosophischen Entwicklungskonzeption?

Alle diese Fragen bedürfen deshalb einer detaillierten Erörterung, weil die Spezifik der Molekularbiologie die einfache Konstatierung der Tatsache unzureichend macht, daß die Molekularbiologie als biologische Wissenschaft unvermeidlich am Entwicklungsaspekt interessiert ist. Diese Spezifik hängt mit den Besonderheiten des Untersuchungsobjektes und der Forschungsmethoden zusammen.

Der Forschungsgegenstand der Molekularbiologie weist im Unterschied zum Gegenstand in der eigentlichen Evolutionstheorie eine extreme Standardisiertheit und Stabilität in seinen Charakteristika für die ganze organische Welt auf.

Die Struktur der molekularen Gebilde des Lebenden tritt als Resultat einer abgelaufenen Evolution auf, wobei diese Evolution im Grunde präbiologisch war.

Das Fehlen „paläontologischer Überreste“ aus dieser abgelaufenen Evolution nimmt die Möglichkeit, die Evolutionsetappen zu vergleichen und dadurch wenigstens die Tatsache ihrer Existenz unanfechtbar zu machen. Deshalb wachsen die Schwierigkeiten des Studiums der molekularen Grundlagen der Evolution im Vergleich zum Herangehen im „großen Maßstab“ unermeßlich an. Darüber hinaus kann die Erforschung der universellen Strukturen und der Mechanismen auf molekularer Ebene die Vorstellung erzeugen, daß die Problematik der Molekularbiologie nicht mit dem Entwicklungsgedanken verbunden ist. Dieses Moment ist schon nicht mehr durch die Spezifik des Objektes, sondern auch durch seine Untersuchungsmethoden bedingt.
Die Gesamtheit der Methoden der Molekularbiologie stellt ihrer Herkunft wie ihrer Grundtendenz nach die Realisierung des strukturellen Herangehens an das Studium des Objektes dar. Die Ausnutzung der Mittel der Chemie, Physik, Kybernetik und Mathematik ist auf eine genaue Kenntnis der Strukturiertheit der molekularen Gebilde des Lebenden und der Arten ihres Funktionierens gerichtet. Die Wechselbeziehung von Struktur und Funktion, das Bedürfnis nicht nur zu verstehen, wie die jeweilige Funktion durch die jeweilige Struktur bestimmt wird, sondern auch, warum eine derartige Korrelation existiert, stellt den wichtigsten Gegenstand der Molekularbiologie dar.
Das bedeutet, daß die intermolekularen und übermolekularen Wechselwirkungen vor allem in ihrer lokal-dynamischen Existenz untersucht werden müssen, die dem historischen Gesichtspunkt doch ziemlich fern steht. Innerhalb der Molekularbiologie selbst ist die strukturell-funktionelle Analyse gerechtfertigt und effektiv. Jedoch enthüllt die Zusammenfassung der auf den verschiedenen Untersuchungsebenen des Lebenden gewonnenen Erkenntnisse die Unzulänglichkeit des ausschließlich strukturell-funktionellen Herangehens.
Da das strukturelle Herangehen seiner Natur nach mit der Fixierung bestimmter stabiler Zustände verbunden ist, ist es keineswegs einfach, seinen Zusammenhang zum historischen Herangehen zu verfolgen. Die Wechselbeziehung der strukturellen und der historischen Konzeption wird gegenwärtig breit diskutiert, und diese Diskussion hat unmittelbaren Bezug zu unserem Thema. Es ist in der Tat wünschenswert, nicht eine äußerliche Verbindung der Molekularbiologie mit dem Entwicklungsgedanken herzustellen, sondern das organische Bedürfnis dieser vorwiegend strukturellen Wissenschaft nach der Methodologie der historischen Konzeption zu verfolgen.
Hier zeichnet sich ein ganzer Kreis von Fragen ab. Vor allem ist gegenwärtig eine ernste Analyse des Verhältnisses von Molekularbiologie und Darwinismus wichtig. Es reicht bereits nicht mehr aus, die bedeutende Rolle der Molekularbiologie bei der experimentellen Bestätigung des Darwinismus festzustellen. Vielmehr ist es notwendig, den genetischen Zusammenhang zwischen der Logik des entstehenden theoretischen Wissens und der Logik der DARWINschen Theorie herzustellen. Erst dann wird verständlich, worin und wie DARWIN „übertroffen“ wurde, welcher Art die neuen logischen Wege zur Schaffung des modernen theoretischen Wissens sind.

Dazu ist es erforderlich, die Prinzipien des Darwinismus selbst als einen besonderen Ausdruck der allgemeinen Entwicklungstheorie darzustellen. Dem Verhältnis von Darwinismus und Philosophie sind nicht wenige Arbeiten gewidmet, und trotzdem bleibt die Frage aktuell. Ausgangsbasis für die Anwendung des Entwicklungsgedankens in der Molekularbiologie sind die Prinzipien des Evolutionismus, weil sie allgemeinbiologisch und in jedem beliebigen Bereich der biologischen Wissenschaften wesentlich sind. Die Dialektik des Denkens eines breiten Kreises von Naturforschern erweist sich gleichsam als immanent vorhanden, was vor allem bei der Lösung allgemeinevolutionärer Fragen deutlich hervortritt. Deshalb ist der Evolutionismus auch jene Arena des Aufeinandertreffens und der Wechselwirkung von Philosophie und Naturwissenschaften, wo die Notwendigkeit einer wissenschaftlichen Methodologie selbst von extrem skeptisch veranlagten Wissenschaftlern nicht mehr zu bestreiten ist.
Neue Aspekte der Evolutionslehre als einer besonderen Ausdrucksform der allgemeinen Entwicklungstheorie entstehen auch deshalb, weil der Evolutionsbegriff als solcher breiter wurde. Es bildete sich ein solcher Begriff wie „chemische Evolution", der erfolgreich ausgearbeitet wird. Der von J. Bernal eingeführte und auf die präbiologischen Strukturen bezogene Terminus „biochemische Evolution" spiegelt die Existenz einer besonderen Etappe in der Evolution der Materie wider, die unmittelbar der Entstehung des Lebens vorausging. Es ist natürlich, daß die enge, genetische Verbindung der Molekularbiologie mit der Chemie alle diese Aspekte der Evolutionskonzeptionen als sehr wesentlich für ihre eigene Problematik erscheinen läßt. Die logisch-methodologische Analyse der Grundbegriffe, ihrer allgemeinen und spezifischen Definitionen im Rahmen verschiedener Evolutionstheorien ist berufen, die methodologische Bedeutung der Entwicklungstheorie zu konkretisieren. Deshalb wird in dieser Arbeit auf die Theorie der chemischen Evolution, auf ihren Zusammenhang mit der Molekularbiologie eingegangen.
Dieses Material wird im 3. Kapitel dargelegt. Es zieht eine gewisse Bilanz über die Erörterung der Aspekte der Einheit und Entwicklung der molekularen Grundlagen des Lebens, die sich in den ersten zwei Kapiteln finden und als Ausgangspunkt für die Untersuchung der philosophischen Probleme der Molekularbiologie angesehen wird.
Das Material der ersten zwei Kapitel hat eine direkte Beziehung zu den methodologischen Grundlagen des Studiums der molekularen Basis der Evolution. Ihre detaillierte Darlegung jedoch findet sich im 3. Kapitel, in dem die Wechselbeziehung der konkreten Methodologie der molekularbiologischen Forschung zur philosophischen Entwicklungstheorie als allgemeiner Methodologie untersucht wird. Auf dieser Ebene wird das Wesen der strukturell-funktionellen Analyse der Molekularbiologie und ihre Wechselbeziehung zum historischen Herangehen betrachtet. Ferner wird die methodologische Rolle der Grundbegriffe der Evolutionstheorie und der Grundkategorien der Philosophie, die die Dialektik der Entwicklung am vollständigsten zum Ausdruck bringen, erörtert.
Eine wirklich philosophische Analyse der molekularbiologischen Konzeptionen

ist nur unter der Voraussetzung möglich, daß die Dialektik, die Widersprüchlichkeit dieser Denkweise aufgedeckt wird, die zur Schaffung solcher Konzeptionen geführt hat. Ein künstliches, krampfhaftes Hervorheben des Entwicklungsgedankens in ausnahmslos allen strukturellen Untersuchungen der Molekularbiologie ist dem keineswegs dienlich. Es geht vielmehr um die komplexe Präsenz des Widerspruchbegriffes als des bei der Lösung ihrer theoretischen Probleme führenden Begriffes. Zweifellos hat die Molekularbiologie solche Interpretationsaspekte des empirischen Materials, die besonders eng mit der Evolutionslehre verbunden und in modernen Theorien der organischen Evolution enthalten sind. In diesem Falle wird die Realisierung des Entwicklungsgedankens in der Molekularbiologie am augenscheinlichsten. Aber das ist nur ein, wenn auch sehr wichtiges Moment bei der Darlegung des Zusammenhanges von Philosophie und Molekularbiologie. Das wichtigste jedoch besteht darin, die dialektisch-materialistische Entwicklungstheorie als notwendige methodologische Grundlage für die molekularbiologische Forschung darzustellen.

Das Manuskript wurde vollständig oder in einzelnen Teilen durchgesehen von Akademiemitglied A. N. Belozerskij, dem korrespondierenden Mitglied S. R. Mikulinskij, den Doktoren der philosophischen Wissenschaft I. T. Frolov, A. Ja. Il'jin, N. F. Ovčinnikov, den Kandidaten der biologischen Wissenschaften V. N. Soifer, B. F. Vanjušin, A. S. Antonov, den Kandidaten der philosophischen Wissenschaften M. B. Turovskij und V. I. Kremjanskij, denen die Autorin ihre tiefe Dankbarkeit für die Bemerkungen und Hinweise ausspricht.

Kapitel I

DIE MOLEKULARBIOLOGIE UND DIE EINHEIT DER ORGANISCHEN WELT

Die revolutionierende Bedeutung der Molekularbiologie kann unter verschiedenen Aspekten verfolgt werden, weil das Eindringen von Physik, Chemie, Kybernetik und Mathematik in die Biologie, das die Molekularbiologie als Wissenschaft begründete, zu einem exakten, quantitativen Studium all der zahlreichen Lebensäußerungen, wie Stoffwechsel, Vermehrung, Individualentwicklung, Wachstum, Bewegung usw., führte. In philosophischer Beziehung ist die Tatsache am wesentlichsten, daß die Molekularbiologie unmittelbar an die Untersuchung der „Grundlagen" des Lebens heranging und solche integralen Begriffe formuliert, die es gestatten, die verschiedenartigen Charakteristika des Lebens wieder zu vereinigen.
Seit Mitte des 19. Jahrhunderts wurde das konsequente Vordringen in immer fundamentalere Grundlagen der Einheit der organischen Welt zur allgemeinen Entwicklungstendenz der biologischen Wissenschaften. Während die Zelltheorie von Schwann und Schleiden den Beweis für einen einheitlichen Bauplan des Pflanzen- und Tierreichs erbrachte, erklärte die Theorie Darwins die Einheit von Struktur und Funktion als historisches Ergebnis des Wirkens einer unikalen evolutionären Gesetzmäßigkeit — der natürlichen Selektion (Auslese). Die allgemeine Idee des Darwinismus von der Einheit der strukturellen Organisation, des Ursprungs und der Entwicklungsgesetze des Lebenden, war die wichtigste methodologische Voraussetzung für die weitere äußerst differenzierte biologische Untersuchung des Wesens des Lebens, seiner allgemeinen Charakteristika und der Vielfalt der Existenzformen. Das unvergängliche historische Verdienst des Darwinismus lag in dieser Konsolidierung des biologischen Wissens, das die Biologie endgültig zu einer selbständigen Wissenschaft machte und damit half, ihr Verhältnis zu anderen Wissensbereichen zu regeln.
Der wissenschaftliche Beweis der Einheit der organischen Welt erfuhr neue Antriebe durch die zielstrebige Einführung von Methoden und Konzeptionen aus Physik und Chemie in die Biologie. Der Übergang zur Erforschung der molekularen Ebene des Lebenden verschärfte wie nie zuvor die Frage nach der Relativität der Grenzen zwischen den Wissenschaften, erneuerte die ehemaligen Diskussionen über eine „Reduzierbarkeit" und eine „Nichtreduzierbarkeit" des biologischen Wissens auf andere Wissenschaften; und trotzdem entstand das neue Wissen der Form wie dem Wesen nach als biologisches: Die Begriffe „Molekularbiologie" bzw. „physikochemische Biologie" widerspiegelten das Auftreten eines neuen Gegenstandes und neuer Untersuchungsmittel innerhalb jenes nicht altern-

den, ewigen Problems des Lebens. Der erkenntnis-theoretische Wert der Molekularbiologie wird vor allem dadurch bestimmt, daß ihr Herangehen an das Problem Einheit des Lebenden spezifisch, hocheffektiv und von allgemeiner Bedeutung für das Gesamtsystem des biologischen Wissens ist.

1. Die biochemische Universalität des Lebenden

Die Molekularbiologie nimmt einen besonderen Platz unter den biologischen Wissenschaften ein. Sie hat bestimmte Vorzüge bei der Erforschung des Problems Einheit des Lebenden, weil sich die molekulare Ebene der lebenden Organismen, wie schon hervorgehoben wurde, für alle Lebewesen als äußerst standardisiert und die Ablaufmechanismen der Grundprozesse der Lebenstätigkeit als verblüffend universell erwiesen. Beginnend mit der Untersuchung der Mikroorganismen, der Viren und Bakterien, zeigte die Molekularbiologie, daß Struktur und Funktion aller lebenswichtigen Makromoleküle für jeden beliebigen Organismus die gleichen sind, daß sie sich als hinreichend stabil in ihren Charakteristika erweisen und wegen ihrer relativen Einfachheit einer exakten physikalisch-chemischen und mathematischen Untersuchung zugänglich sind. „Dank der Erfolge der Biochemie und Molekularbiologie", — schreibt J. BERNAL —, „gelang es zu verstehen, daß das Leben auf der Erde fast sicher eine Einheit darstellt. Nicht nur alle Organismen sind miteinander verwandt, wie DARWIN annahm, sondern auch die Moleküle selbst, aus denen sie aufgebaut sind, sind Kombinationen einiger Moleküle von abiogener Herkunft — Nachfolger jener ursprünglichen Moleküle, die in der „Urbouillon" vorhanden waren, oder — was wahrscheinlicher scheint — jener Polymere, die aus diesen Molekülen in der zweiten Etappe entstanden, als erstmalig der nach seiner Wichtigkeit entscheidende Prozeß der molekularen Replikation auftrat."[1]
In voller Übereinstimmung mit der Tradition der Geschichte der Biologie und mit dem eigenen Forschungsgegenstand deckt die Molekularbiologie zwei verschiedene, aber zugleich untrennbar verbundene Aspekte der Einheit des Lebenden auf: den strukturellen und den funktionellen beziehungsweise den statischen und den dynamischen. „Wir können sagen", schreibt V. A. ENGEL'GARDT —, „daß das Leben die Gesamtheit einer gewissen Zahl von Prinzipien ist, von denen jedes für sich genommen, nicht ausreicht, um das Funktionieren eines lebenden Systems zu gewährleisten. Aber beim Fehlen auch nur eines von ihnen wird dieses System zerstört. Eines dieser Prinzipien ist die strukturelle Organisation. Wir können uns nicht vorstellen, daß das Leben im strukturlosen Medium vorkommt, das keine Elemente einer bestimmten, in gewissem Maße fixierten materiellen Geordnetheit enthält."[2]

[1] J. BERNAL: „The Origin of Life", London 1967. zit. nach der russ. Übersetzung: „Vozniknovenije žizni" (A. I. OPARIN, Red.), Moskau 1969, S. 204.

[2] V. A. ENGEL'GARDT: „Problema žizni v sovremennom estestvoznanii" („Das Problem des Lebens in der modernen Naturwissenschaft"). Kommunist No. 3, 1969, S. 86.

Diese Geordnetheit der Strukturen und Prozesse des lebenden Systems ist in der Konzeption der biochemischen Universalität dargelegt.

Die Konzeption der biochemischen Universalität, d. h. einer biochemischen Einheit aller Formen des Lebenden, ist einer der Versuche, das unermeßliche experimentelle Material der Molekularbiologie theoretisch zu erhellen, es im Lichte so prinzipieller Ideen über das Leben und seiner Entstehung darzulegen, die sich als außerordentlich interessant für die philosophische Analyse erweisen. Interessant deshalb, weil dabei die Besonderheiten der verbreiteten Art des wissenschaftlichen Denkens genügend klar zutage treten, die Fragen nach den effektivsten Erkenntnismitteln gestellt und gelöst und faktisch die erkenntnistheoretischen Grundlagen der molekularbiologischen Forschung erarbeitet werden.

Als wissenschaftlich bewiesene Tatsache wird die biochemische Universalität des Lebenden auf diese oder jene Weise in all den vielzähligen Arbeiten über die Molekularbiologie dargelegt. Sie wird als einheitliche Konzeption dargestellt, welche die Art und Weise der Interpretation des Faktenmaterials bestimmt. Damit erlangt die biochemische Universalität eine wesentliche Bedeutung für die Bewertung der Molekularbiologie als spezifische Erkenntnisweise des Lebens.

Es ist zweckmäßig, zwei Ebenen für die Konzeption der biochemischen Universalität zu unterscheiden: ihre Tatsachengrundlage und ihre theoretische Darstellungsweise, die eine direkte Beziehung zur Methodologie molekularbiologischer Forschungen hat.

Die Tatsachengrundlage der Konzeption der biochemischen Universalität umfaßt die Gesamtheit der experimentellen Daten. Sie ist das Ergebnis des sorgfältigen und gründlichen Studiums der Struktur und Funktion der vielfältigen Moleküle des Lebenden. Daher wird, wie wir meinen, ein kurzes Verzeichnis der allgemeinen Systeme und Prinzipien, welche die Einheit der molekularen Grundlagen des Lebens bestätigen, eine hinreichende und allen Anforderungen gerecht werdende Voraussetzung für die weitere Erörterung der methodologischen Seite der Konzeption der biochemischen Universalität sein.

An den biochemischen Prozessen nehmen im Grunde dieselben Typen materieller Gebilde teil, die aus der Chemie des Unbelebten bekannt sind: Atome, Atomgruppierungen, Ionen und Moleküle. Allerdings benutzt das Lebende ein ziemlich enges Spektrum eines jeden Verbindungstyps, und schon allein diese Tatsache schafft eine gewisse Basis für die Vorstellung von der Existenz weniger „Prinzipien“ des Lebens. So verwendet das Lebende unter den Bedingungen der Erde aus der Vielzahl der chemischen Elemente nur sechs als Grundbausteine (Kohlenstoff, Wasserstoff, Sauerstoff, Stickstoff, Schwefel und Phosphor), ferner noch Elemente, wie Natrium, Kalium, Magnesium, Calcium und Eisen sowie einige sogenannte Spurenelemente (Kobalt, Mangan, Kupfer u. a.), die quasi eine Hilfsgruppe bilden. Jede beliebige Lebensform enthält unbedingt diese Elemente, die offenbar noch im Stadium präbiologischer Evolution bei der Herausbildung organischer Moleküle heraus selektiert wurden. Auf der Ebene der organischen Moleküle erfolgte eine weitere Einengung der Zahl der „handelnden Personen“: aus der

Vielzahl organischer Moleküle zeigten sich nur wenige für das Leben geeignet, aber sie sind dann auch wiederum notwendige Strukturkomponenten aller Formen des Lebenden. Dabei muß bemerkt werden, daß erst in den letzten zwei Jahrzehnten die biochemische Einheit des Pflanzen- und Tierreichs, die Universalität der Grundtypen biochemischer Strukturen sowohl bei Pflanzen als auch bei Tieren, nachgewiesen wurde. Die Vielzahl experimenteller Daten, die alle bekannten Organismenklassen umfassen, zeigten das unbedingte Vorhandensein von Eiweißen, Nucleinsäuren, Zuckern, Lipoiden, Steroiden, Nichteiweißbausteinen der Proteidfermente, ATP usw. Die Makromoleküle verschiedener Organismen sind in der Regel spezifisch: Es können Tausende spezifischer Eiweiße, Nucleinsäuren und Phospholipide existieren; sie gehören jedoch alle jeweils zu einem bestimmten Makromolekültyp, und diese Typen sind universal.
Somit umfaßt die biochemische Universalität vor allem die allgemeinen und nur wenigen Prinzipien des strukturellen Aufbaus, die innerhalb des Rahmens bestimmter Molekültypen oder Makromolekültypen unverändert bleiben und die Grundlage für eine endlose Wiederholbarkeit — von Generation zu Generation, von Art zu Art — jener biochemischer „Prinzipien" des Lebens bilden, ohne die es undenkbar wäre.
Die Existenzweise der universalen biochemischen Systeme ist ebenfalls universal: sie sind in Prozesse eingeschlossen, die bei den verschiedenen Organismen im Grunde aus den gleichen Schritten bestehen. Die Biosynthesemechanismen von Eiweißen, Nucleinsäuren und vielen anderen Verbindungen sind für alle Organismen gleichartig. Fettsäurenoxydation, Glykolyse und Tricarbonsäurenzyklus verlaufen prinzipiell in gleicher Weise. Schließlich weisen die Regulationsmechanismen zellulärer Prozesse, ungeachtet offensichtlicher Unterschiede bei Regulationssystemen höherer und niederer Organismen, auf molekularer Ebene auch eine Gemeinsamkeit der Prinzipien auf (z. B. Endprodukthemmung; Repression und Induktion). Alles das erlaubt, von der Universalität der Organisationsprinzipien der Lebensprozesse zu sprechen.
Die Gemeinsamkeit der Prinzipien der strukturellen Organisation wird durch den dynamischen Aspekt ergänzt und erlangt einen biologischen Sinn. Sie schafft die Grundlage für das Verständnis des Zusammenhangs von Struktur und Funktion. Die allgemeine Struktur eines Prozesses hängt mit den Strukturbesonderheiten seiner Komponenten zusammen, weshalb die Erforschung der biochemischen Universalität unter dem Aspekt der Universalität der Mechanismen erst in den letzten Jahren auf der Basis des durch die Biochemie akkumulierten Materials über Bau und Eigenschaften der Moleküle möglich wurde. Wenn auch zeitlich an zweiter Stelle, ist die Untersuchung der Prinzipien der Grundprozesse der Lebenstätigkeit doch das Grundlegendste im Nachweis der Einheit der organischen Welt, da sie es ermöglicht, hinter den vielen Variationen der Strukturen und Prozesse die allgemeinen und stabilen Gesetzmäßigkeiten ihres Zusammenhanges zu erkennen.
Dieses Eindringen in die Gesetzmäßigkeiten des Prozesses bedeutet den Übergang von seiner Beschreibung zur Kausalanalyse (Ursache-Wirkung-Erklärung),

welche die Basis für zielgerichtete Eingriffe schafft, für die Durchführung neuer Experimente zum Studium der Prinzipien der Strukturorganisation. Von der Struktur zum Prozeß, vom Prozeß erneut zur Struktur usw., — solche Erkenntniszyklen machen den Begriff der biochemischen Universalität zu einem lebendigen, sich entwickelnden Begriff, der von einer Ebene des Nachweises der Allgemeinheit des Lebenden zur anderen, tieferen übergeht. Und dennoch läßt sich in diesem, fast möchte man sagen pulsierendem Wissen, das eine ziemlich große Zahl von Struktur- und Prozeßtypen erfaßt, eine einheitliche entscheidende Grundlage herausheben, die in der Lage ist, die biochemische Universalität zu erklären. Eine solche Grundlage ist im Problem des genetischen Codes gegeben.

Der genetische Code wird in einem solch raschen Tempo erforscht, wie es die Wissenschaft bisher wohl kaum kannte. Erst im Jahre 1953 stellten J. WATSON und F. CRICK die Hypothese über die DNS als Informationsträger auf[3], aber schon heute ist bereits das gesamte „genetische Alphabet" der Natur bekannt und auf dieser Grundlage wurde ein funktionsfähiges DNS-Molekül synthetisiert (A. KORNBERG, 1967)[4], wurde das erste Gen für eine Transfer-RNS aus Hefe präpariert (G. KHORANA, 1968)[5] und wurde schließlich ein reines Gen aus genuien DNS-Molekülen isoliert (eine Gruppe englischer Biochemiker unter Leitung von J. BECKWITH, 1969)[6].

Nach dem Modell von WATSON und CRICK entspricht die DNS-Struktur der Grundforderung, die an einen materiellen Träger genetischer Information gestellt werden kann: sie muß zur „Aufbewahrung" und zur Erhaltung dieser Information bei der Zellteilung fähig sein (Fähigkeit zur Selbstverdopplung). „Das Grundgerüst unserer Moleküle" — schreiben WATSON und CRICK —" ist in hohem Maße geordnet, und die Sequenz der Basenpaare ist eine einzigartige Eigenschaft, die die Übertragung genetischer Information sicherstellt."[7]

Das DNS-Molekül besteht aus zwei (antiparallel angeordneten) Polynucleotidsträngen, die fest umeinander zu einer Doppelspirale gewunden sind. Entlang jedem Einzelstrang wiederholen sich regelmäßig Phosphorsäure- und Desoxyribosereste (Zucker). An den Zucker sind die Stickstoffbasen gebunden: Adenin, Thymin, Guanin und Cytosin. Den grundlegenden Informationsgehalt im DNS-Molekül trägt die Sequenz dieser vier Basen, die in einem Molekül bis zu mehreren Millionen Paaren ausmachen können. Die strengen Basenpaarungsregeln (Adenin

[3] J. D. WATSON and F. H. CRICK: „Genetical Implications of the Structure of Deoxyribonucleic Acid", Nature 171, 1953, S. 964—967. [A. H.]

[4] M. GOULIAN, A. KORNBERG and R. L. SINSHEIMER: „Enzymatic Synthesis of DNA. XXIV. Synthesis of Infectious Phage ΦX 174 DNA." Proc. Natl. Acad. Sci. USA 58, 1967, S. 2321—2328. [A. H.]

[5] Zusammenfassende Darstellung: H. KÖSSEL: „Wege zur Totalsynthese von Genen". Umschau, No. 17, 1970, S. 525—532. [A. H.]

[6] J. SHAPIRO; L. MACHATTIE; L. ERON; G. IHLER; K. IPPENS and J. BECKWITH: „Isolation of pure lac operon DNA." Nature (London) 224, 1969, S. 768—774 [A. H.]

[7] J. D. WATSON and F. H. CRICK: „Struktura dezoksiribonukleinovoj kisloty". (Struktur der Desoxyribonucleinsäure). In: „Problemy zitofiziologii", Moskau 1957, S. 63.

kann sich nur mit Thymin, Guanin nur mit Cytosin verbinden) sind die Grundlage dafür, daß bei der Spaltung der die Basen verbindenden Wasserstoffbrücken eine Auftrennung der Doppelspirale in zwei Einzelstränge erfolgt. An jedem Einzelstrang kann ein ihm komplementärer aufgebaut werden, sodaß schließlich wieder ein mit dem Ausgangsmolekül identisches entsteht. Diesen Vorgang der Bildung zweier Moleküle, die mit dem Ausgangsmolekül absolut identisch sind, bezeichnet man als Replikationsprozeß. Er stellt die fundamentale Grundlage aller folgenden Etappen für die Übertragung von Erbinformationen dar.
Die Basensequenz des DNS-Moleküls bestimmt die Struktur dieses oder jenes Eiweißmoleküls, d. h. die 4-Buchstabensprache der Nucleinsäuren wird in die 20-Buchstabensprache des Eiweißes übersetzt (= Translation). Die Anzahl der Aminosäuren in der Polypeptidkette variiert gewöhnlich von 100 bis 300 und mehr, doch die qualitative Zusammensetzung dieser Aminosäuren ist auf die 20 „Standardaminosäuren" begrenzt, die in der ganzen belebten Natur einheitlich sind.
Das Problem der Eiweißbiosynthese umfaßt gegenwärtig einen außerordentlich komplizierten Komplex von Fragen, die sowohl das Studium des Replikations- als auch des Transkriptionsmechanismus einschließen (Art und Weise der Übertragung, Realisierung der Information). Es sind schon Dutzende biochemischer Strukturen untersucht, die an diesen Prozessen beteiligt sind, wie z. B. verschiedene Typen von Proteinfermenten, verschiedene Typen von Ribonucleinsäuren (mRNS, tRNS, rRNS)*. Zwar sind noch viele Etappen der Eiweißbiosynthese zu untersuchen, aber das praktisch gelöste Problem des genetischen Codes ist eine außerordentlich bedeutende Errungenschaft der Wissenschaft. Sie bedingt die zunehmende Geschwindigkeit der experimentellen Erforschung unaufgeklärter Fragen.[8]
Die Grundthese der Molekularbiologie, wonach die lineare Reihenfolge der Nucleotide, aus denen das DNS-Molekül besteht, die Aminosäurensequenz im Eiweißmolekül bestimmt, wurde zu einer detailliert ausgearbeiteten strengen Theorie entwickelt, zu deren Aufstellung nicht nur scharfsinnige verfeinerte Methoden

[8] s. ausführlicher über den genetischen Code: J. D. Watson: „Molecular Biology of the Gene", W. A. Benjamin INC., New York—Amsterdam, 1965. (russ. Übersetzung: Moskau, 1967). S. E. Bresler: „Vvedenije v molekuljarnuju biologiju" („Einführung in die Molekularbiologie"), Moskau—Leningrad 1966, S. 409—413 ff.

* (A. H.) mRNS = messenger Ribonucleinsäure. Die Information wird zunächst von der Nucleotidsequenz der DNS (Desoxyribonucleinsäure) in die der mRNS umgeschrieben (Transkription), ehe dann die Translation (s. oben) folgen kann.
rRNS = ribosomale Ribonucleinsäure. Nimmt am Aufbau der Ribosomen, den Orten der Eiweißbiosynthese, teil.
tRNS = transfer Ribonucleinsäure. Die tRNS überträgt die Aminosäuren zu ihrem Bindungsort am Ribosom und ist entsprechend der Codierung durch die mRNS für den richtigen Einbau der Aminosäure in die Peptidkette verantwortlich.

des Experimentierens herangezogen, sondern auch eine äußerst logische Präzision beim Schließen und ein hohes Niveau schöpferischer Fantasie erreicht wurden. Man war gezwungen, eine Menge „Umgehungsmanöver" vorzunehmen, weil eine direkte und unbedingte Beweisführung für die Codierung bis heute noch nicht zu erbringen ist: sie müßte in der Aufklärung der Nucleotidsequenz im DNS-Molekül, der Aminosäurensequenz im Eiweiß und der anschließenden Gegenüberstellung dieser Sequenzen in jedem bekannten Falle eines Informationszusammenhanges bestehen. Aber die Natur wahrt ihr Geheimnis. Den Aufbau nur eines Eiweißes aufzuklären — des Fermentes Ribonuclease — erforderte immerhin 25 Jahre intensiver Arbeit talentierter Experimentatoren, denen modernste Einrichtungen zur Verfügung standen. Noch schwieriger gestaltet sich die Untersuchung der Nucleinsäuren: die Struktur einiger tRNS-Moleküle, die Aminosäuren zu ihrem Bindungsort am Ribosom übertragen, wurde erst in den letzten Jahren aufgeklärt (HOLLEY[9] und BAJEV[10]). So klärten BAJEV und Mitarbeiter die Nucleotidsequenz einer Valyl-tRNS (überträgt die Aminosäure Valin) vollständig auf. Jedoch werden die Methoden zur Analyse der Nucleotidsequenz in Nucleinsäuremolekülen gerade erst ausgearbeitet. Das Studium der spezifischen Nucleotidsequenz stellt eines der dringendsten und schwierigsten Probleme der Molekularbiologie dar.

Es versteht sich, daß die Orientierung auf ein vorhergehendes Studium der Strukturen der Eiweiße und Nucleinsäuren — und die Zelle beherbergt eine große Zahl davon — die Erkenntnis der molekularen Grundmechanismen der Vererbung bedeutend verzögern würde. Deshalb wurden gleichzeitig mit diesem Studium rein logische Schemata nach dem Prinzip „So müßte es nach der Logik der Dinge sein" aufgestellt. Ein hervorragendes Beispiel für ein solches Schema ist die Idee G. GAMOWS[11] über Dreierkombinationen von Nucleotiden, die entlang der Kette des DNS-Moleküls angeordnet sind. Obwohl es auch vor dem Erscheinen der Arbeit GAMOWS Versuche gab, eine Übereinstimmung zwischen der Verschlüsselung in der DNS und im Eiweiß aufzufinden, war GAMOW dennoch der erste, der bald nach der Publikation des Artikels von WATSON und CRICK[12] eindeutig die Aufgabe der Codierung stellte und klar zeigte, daß die Information der DNS nur dann in die Information des Eiweißes übersetzt werden

[9] R. W. HOLLEY, J. AGPAR, G. A. EVERETT, J. T. MADISON, M. MARQUISEE, S. H. MERRILL, J. R. PENSWICK und A. ZAMIR: „Structure of a ribonucleic acid", Science **147**, 1965, S. 1462—1465. [A. H.]

[10] A. A. BAJEV, A. D. MIRZABEKOV, V. D. AKSELROD, T. V. VENKŠTERN, L. LI., A. I. KRUTILINA, I. FODOR und L. KASARINOVA: „Pervičnaja struktura valinovoj transportnoj RNK 1 pekarskich drožžej". Častičnaja rekonstrukcija molekuly." („Primärstruktur der Valyl-t-RNS 1 aus Bäckerhefe. Teilweise Rekonstruktion des Moleküls")., Doklady Akad. nauk SSSR **173**, 1967, 204—207. [A. H.]

[11] W. GAMOW: „Possible Relations between Deoxyribonucleic acid and protein structures". Nature (London) **173**, 1954, S. 318—324. [A. H.]

[12] J. D. WATSON and F. H. CRICK: „Genetical Implications of the Structure of Deoxyribonucleic Acid". Nature (London) **171**, 1953, S. 964—967. [A. H.]

kann, wenn man annimmt, daß die vier Bedeutungselemente der Nucleinsäure — die Stickstoffbasen in Gruppen zu drei kombiniert werden. Solche Dreierkombinationen aus vier Elementen ergeben 64 Möglichkeiten, und das sind mehr als genug für die Codierung der zwanzig Aminosäuren. Zwar war das konkrete Modell des von Gamow vorgeschlagenen Codes falsch, jedoch erwies sich die Idee der Codierung als richtig und führte zu einer Serie von Arbeiten, die nicht nur in der Entzifferung der Natur des Codes ihren Abschluß fanden, sondern auch in der Feststellung des Aufbaus aller 64 Tripletts, die die Aminosäuren codieren.[13]
Die Formulierung solcher Ideen, die bis zu einem gewissen Grade dem Experiment vorauseilen, sind eine Entwicklungsnorm der molekularbiologischen Forschung und unterscheiden sie wesentlich von der vorangehenden Entwicklungsetappe der Biochemie. Das erklärt sich in bedeutendem Maße aus der Tatsache, daß der Naturauffassung des heutigen Biochemikers die Überzeugung zu Grunde liegt, wonach das Leben zwar auf außerordentlich komplizierte Art, aber nichtsdestoweniger doch auf der Basis weniger einfacher Prinzipien organisiert ist. Die Konzeption der biochemischen Universalität beweist ihre wahrhaft heuristische Rolle, weil sie zu kühnen Annahmen, zu breiten Analogien führt, die ein logisches System des Experiments schaffen.
In dieser Beziehung ist es völlig gesetzmäßig, daß die Untersuchung des genetischen Codes von Anfang an durch die Erörterung seines universellen Charakters begleitet war. Einerseits gewann erst mit dem Erscheinen der Theorie des genetischen Codes die biochemische Universalität volle Beweiskraft, während andererseits die Ausarbeitung dieser Theorie selbst von der Annahme einheitlicher Grundlagen des Lebens ausging. Darum ist die experimentelle Bestätigung der Universalität des genetischen Codes von der logischen Begründung dessen begleitet, daß die aufgedeckten Gesetzmäßigkeiten keineswegs zufällig eine so strenge und in ihrer Grundlage ziemlich einfache Form besitzen: sie garantieren die erste, die notwendigste Eigenschaft des Lebenden — die Fortdauer des Lebens.
Damit sich das Leben in seiner Entstehung und weiteren Entwicklung behaupten, sich im Strom des „Nichtlebens“ erhalten konnte, mußte es von Anfang an konsolidiert sein, einheitlich in sich nach dem gleichen entscheidenden Mechanismus der Selbsterhaltung, welcher auf der Fähigkeit der Nucleinsäuremoleküle zur Reduplikation, zur Erhaltung und Übermittlung vererbter Informationen basiert. Wenn die (Desoxyribo)-Nucleinsäuren bei verschiedensten Vertretern der lebenden Organismen genügend gut untersucht worden sind, wenn die Strukturcharakteristika der Informationsmakromoleküle sich als eintypisch erwiesen, dann bedeutet das, daß die Vorstellungen vom genetischen Code, die an nur wenigen lebenden Systemen gewonnen wurden, auf die ganze organische Welt extrapoliert werden können.
Die Universalität der grundlegenden biochemischen Systeme, die durch die Molekularbiologie für alle lebenden Formen nachgewiesen wurde, muß einen

[13] V. N. Soifer: „Molekuljarnyje mechanizmy mutageneza“ („Molekulare Mechanismen der Mutagenese“), Moskau 1969, S. 79.

gemeinsamen Ursprung, eine gemeinsame Ursache ihrer Existenz haben, — den einheitlichen genetischen Code. Es ist nicht zu bestreiten, daß sein weiteres Studium eine Menge interessanter Details aufdecken und spezifische Eigenheiten konkreter Mechanismen der Eiweißbiosynthese bei verschiedenen Organismen aufzeigen kann, und das ist außerordentlich wichtig für das Verstehen des Evolutionsprozesses auf der makromolekularen Ebene des Lebenden. Hingegen werden die Grundprinzipien des genetischen Codes wohl kaum mit dem Fortschritt der wissenschaftlichen Erkenntnisse erschüttert werden können. Die Theorie des genetischen Codes ist eine so hervorragende fundamentale Errungenschaft der Wissenschaft, die auf viele Jahrzehnte im voraus nicht nur die erfolgreiche Entwicklung der Molekularbiologie, sondern auch des ganzen Systems des biologischen Wissens bestimmt.

Damit kann man die Darlegung der Grundgedanken der Konzeption der biochemischen Universalität abschließen und zur Besprechung ihrer methodologischen Bedeutung übergehen. Freilich berührten wir diese Seite unwillkürlich, als wir die Grundprinzipien dieser Konzeption definierten — die Gemeinsamkeit der Prinzipien der strukturellen Organisation biochemischer Systeme und die Gemeinsamkeit der Prinzipien der Organisation der grundlegenden Mechanismen der Lebenstätigkeit.

Diese zwei Aspekte der Heraushebung der für alles Lebende stabilen und universalen Charakteristika determinierten wesentliche Veränderungen in der Methodologie der biochemischen Forschung. Darauf gehen z. B. Green und Goldberger in der Zusammenfassung ihrer eingehenden Erörterung der Konzeption der biochemischen Universalität ein: „Jetzt, da die Konzeption der biochemischen Universalität auf der festen Grundlage experimenteller Fakten ruht, ist es erforderlich, die Methodologie der Biochemie selbst zu überprüfen. Eine übermäßige Begeisterung für veränderliche Charakteristika lebender Systeme ist ein schlechter Weg zur Erkenntnis grundlegender Gesetze der Biochemie. Sowohl in der Biochemie wie auch in der Physik schafft nur das Studium der universellen Charakteristika eine feste Grundlage für Voraussagen und modellhafte Vereinfachungen."[14]

Vielleicht klingt die Forderung nach „Überprüfung" der Methodologie zu kategorisch, da sich die Biochemie während der ganzen Zeit ihrer nur kurzen Geschichte ja gerade mit der Untersuchung und Klassifikation der Grundtypen biochemischer Stoffe beschäftigte, d. h. mit der Definition ihrer ausreichend stabilen Charakteristika, die als Ausgangspunkt für die Schaffung der Konzeption der biochemischen Universalität dienten. Indessen muß man mit der Grundidee der Autoren einverstanden sein, die konsequent durch das ganze Buch beibehalten wird, daß nämlich die Molekularbiologie wie nie zuvor die Notwendigkeit

[14] D. E. Green and R. F. Goldberger: „Molecular Insights into the Living Process", Academic Press, New York—London, 1967, S. 398. (russ. Übersetzung: „Molekuljarnyje aspekty žizni", Moskau, 1968, S. 373; deutsche Übersetzung: „Molekulare Prozesse des Lebens", Springer-Verlag, Berlin—Heidelberg—New York, 1971).

und Fruchtbarkeit der Untersuchung der biochemischen Stabilität lebender Systeme bewies. Der empirische Fakt der Erhaltung und Wiederholbarkeit bestimmter Charakteristika wird zur methodologischen Forderung, die Stabilität als Schlüsselproblem für die Erkenntnis des Lebens zu untersuchen.

Eine solche Orientierung der Methodologie ist mit der allgemeinen Tendenz der modernen biologischen Forschung eng verflochten. Wie schon K. M. ZAVADSKIJ, K. M. CHAILOV, R. L. BERG, A. A. LJAPUNOV und andere Wissenschaftler bemerkten, haben die wissenschaftliche Begründung der Theorie über die Veränderlichkeit der Arten durch DARWIN und der volle Sieg der Evolutionsidee in der nachdarwinschen Periode einen so großen Einfluß auf die Denkweise der Naturforscher ausgeübt, daß das Problem der Stabilität des Lebenden in den Hintergrund rückte. Erst mit der Wiederentdeckung der MENDELschen Gesetze[15] erlebte die auf der Idee der Stabilität begründete Methodologie ihre Renaissance, aber längere Zeit schien sie das Vorrecht der Genetik als Spezialwissenschaft von den Faktoren der stabilen Existenz der Organismen, von der Vererbung, zu sein.

Was die chemischen Grundlagen des Lebens betrifft, wurden die ersten Forderungen nach einer Renaissance der Konzeption der Stabilität in der Theorie von V. I. VERNADSKIJ erhoben. Die geochemische Untersuchung des Lebens zeigte dessen außergewöhnliche Stabilität und Invariabilität als Gesamtsystem, das in geologischen Zeiträumen existiert. Sowohl der chemischen Zusammensetzung nach, als auch nach den Typen chemischer Stoffe stellt die Biosphäre ein Bild ständig ablaufender Umgruppierungen ein- und derselben chemischen Elemente dar. Diese Umgruppierungen beeinflussen die Konstanz der geochemischen Prozesse nicht. Darum war VERNADSKIJ der Ansicht, daß das geochemische Herangehen an das Leben einen neuen Aspekt in die Biologie bringt, der auf das Studium der Stabilitätsformen und der Verfahren, die sie gewährleisten, orientiert ist: „... die Stabilität der Artformen im Laufe von Millionen Jahren, Millionen von Generationen, kann vielleicht sogar den charakteristischsten Zug lebender Formen darstellen, der gründliche Aufmerksamkeit seitens der Biologen verdient. Wahrscheinlich sehen wir in diesen rein biologischen Erscheinungen eine Äußerung der gleichen Unverständlichkeit des Lebens in seinem ganzen Dasein, in der ganzen Zeitspanne der geologischen Geschichte, die uns in anderer Form ihre Stellung in der Struktur der Biosphäre eröffnet. Ich meine, diese Phänomene der Stabilität der Arten verdienen eine ernstere Aufmerksamkeit des Biologen, als das jetzt der Fall ist."[16]

Einen hervorragenden Beitrag zur Begründung und Untersuchung der Ideen der Stabilität leistete I. I. ŠMALGAUZEN. Außergewöhnlich charakteristisch ist,

[15] C. CORRENS: „G. MENDELS Regel über das Verhalten der Nachkommenschaft der Rassenbastarde". Ber. Dtsch. Bot. Ges. 18, 1900, S. 158–168. [A. H.]
H. DE VRIES: „Das Spaltungsgesetz der Bastarde". Vorl. Mitt. Ber. Dtsch. Bot. Ges. 18, 1900, S. 83–90. [A. H.]
E. TSCHERMAK: „Über künstliche Kreuzung bei Pisum sativum". Ber. Dtsch. Bot. Ges. 18, 1900, 232–239. [A. H.]

[16] V. I. VERNADSKIJ: „Ausgewählte Werke" (Izbr. soc) Bd. V, Moskau 1960, S. 241.

daß der Anfang hierzu von der Theorie der stabilisierenden Selektion gelegt wurde (1938), d. h. das Problem der Stabilität war die logische Schlußfolgerung aus der Analyse eines im Grunde biologischen und evolutionären Materials. Später tauchte der kybernetische Aspekt des Problems auf, der in den Arbeiten Šmalgauzens organisch verbunden war mit den Bedürfnissen einer biologischen Erklärung der Erhaltungsweisen und der Evolution des hochstabilen Zustandes des Lebenden. Weiter wird ausführlich jene Synthese der Aspekte von Stabilität und Evolution des Lebenden betrachtet, welche das größte Verdienst Šmalgauzens um die Ausarbeitung einer Methodologie der modernen biologischen Erkenntnis darstellt. Hier muß betont werden, daß allerdings schon lange vor dem Zeitpunkt, den wir bedingt als Beginn der Geschichte der Molekularbiologie als Wissenschaft setzen können, die Idee von der Stabilität der allgemeinen Prinzipien, der allgemeinen Grundlagen des Lebens, als dringende Forschungsaufgaben postuliert wurde, die einen Übergang zu exakten Untersuchungsmethoden und die Einbeziehung von Konzeptionen der exakten Wissenschaften erfordert. Die Rückkehr zur Idee der Invariabilität, der Stabilität, die auf Grund der Annahme und tieferen Aneignung der Prinzipien der Evolution verläuft, stellt ein so erstaunliches Phänomen der modernen Biologie dar, welches zur Umwertung der Werte in der Geschichte der Biologie führt, zu einem Überdenken der Grenzen der Anwendbarkeit von scheinbar absoluten und klassischen Erkenntnismethoden. Insgesamt schafft diese Idee eine außergewöhnlich komplizierte Situation bei der Ausarbeitung methodologischer Grundlagen der Biologie.
In der Tat ist einerseits die Hinwendung zur Idee der Stabilität eng verbunden mit dem allgemeinen Prozeß der Umwandlung der Biologie in eine exakte Wissenschaft. Die Entdeckung weniger fundamentaler Strukturelemente des Lebenden schuf ein weites Feld von Möglichkeiten für die Anwendung quantitativer Methoden sowie für einen engen Kontakt zur Physikochemie und Mathematik. Die Cuviersche Konzeption von der Konstanz der Arten, oft als metaphysisch bezeichnet, enthüllte, übersetzt in die Sprache molekularbiologischer Forschung, plötzlich ihren rationellen Kern. Die Idee von der Einheit des Planes und des Baus des Lebenden, die Idee von der Unverändertheit der Grundprinzipien der Organisation und des Funktionierens molekularer Strukturen erweist sich als notwendige Voraussetzung für die Interpretation von Experimenten und die Erarbeitung von Schemata für neue experimentelle Untersuchungen.
Andererseits darf jedoch nicht vergessen werden, daß sich die gegenwärtige „Wiederentdeckung" der Konzeption der Stabilität in der nachdarwinschen Periode vollzieht, in der, wie es scheint, kein Biologe mehr die Tatsache der evolutionären Entwicklung des Lebenden selbst in Zweifel stellt. Die Anerkennung des Evolutionsprinzips verpflichtet zur Aufrechterhaltung dieser Begründung auch für die Konzeption der Stabilität. Das bedeutet, die biochemische Universalität darf nicht nur beschrieben, sondern muß auch erklärt, aus der Geschichte als deren Resultat abgeleitet werden. Eine historische Betrachtung der universellen Charakteristika des Lebens bewahrt uns, wie bereits Šmalgauzen feststellte, vor Schematismus und vor einer Vereinfachung des komplizierten Lebensprozesses.

„Zweifellos“, — schrieb er —, „ist das DNS-Molekül die chemische Grundlage der Spezifität der Entwicklung jedes einzelnen Organismus. Jedoch für sich genommen bestimmt sie weder die Autoreproduktion noch die Entwicklung der Organismen und kann nicht als Grundlage des Lebens betrachtet werden. Das Leben und alle Lebensprozesse sind bei weitem komplizierter. Sogar die derzeit einfachsten Organismen sind das Resultat einer langen historischen Entwicklung (Evolution), und können ohne sie nicht verstanden werden.“[17]

Folglich muß die Konzeption von der biochemischen Universalität auf solchen methodologischen Voraussetzungen gegründet sein, welche den modernen Entwicklungsstand der Biologie berücksichtigen, der durch den vollen Sieg des Prinzips einer evolutionären Entwicklung der organischen Welt charakterisiert wird. Werden die strukturellen Untersuchungen der Molekularbiologie zur umfassenden Verallgemeinerung über die einheitlichen Grundlagen des Lebens herangezogen, so müssen sie durch ein historisches Herangehen ergänzt werden. Es ist die Frage zu stellen und zu lösen, auf welche Weise diese einheitlichen Grundlagen des Lebens entstanden sind und sich entwickelt haben.

Man darf nicht die ganze praktische Kompliziertheit der Realisierung eines solchen synthetischen Herangehens außer Acht lassen. Es steht in einem engen Zusammenhang mit dem ganzen Komplex noch ungelöster Probleme der Entstehung des Lebens auf der Erde, des Übergangs von der präbiologischen zur biologischen Evolution molekularer Strukturen lebender Organismen usw. In dem Maße, wie diese Fragen gelöst werden, zeigt sich immer offensichtlicher, daß die Anwendung der Konzeption von der Stabilität eine dialektische Betrachtungsweise erfordert, d. h. die Erforschung ihrer Entstehung und Entwicklung.

In Verbindung damit gehen wir ausführlicher auf ein konkretes Beispiel ein, das die ganze Fruchtbarkeit der Konzeption von der biochemischen Universalität deutlich macht und gleichzeitig auf bestimmte Schwierigkeiten methodologischen Charakters hinweist, die bei ihrer theoretischen Begründung erwachsen. Es handelt sich um das Buch D. Greens und R. Goldbergers, das bereits bei der allgemeinen Charakteristik der Konzeption von der biochemischen Universalität erwähnt wurde. Die genannte Arbeit zeichnet sich durch eine klar ausgeprägte theoretische Konzipierung aus, die sich auch in der Logik der Darlegung ausdrückt: Beginnend mit der These über die biochemische Universalität legen die Autoren neueste Befunde dar, die diese Thesen bestätigen, und ziehen im abschließenden Kapitel interessante Schlußfolgerungen über die Geschichte der Biochemie, ihre Methodologie und die Bedeutung der Konzeption der biochemischen Universalität in der weiteren Entwicklung der Molekularbiologie und in der Erkenntis des Wesens des Lebens insgesamt.

Besonders bedeutungsvoll ist der Gedanke, daß die Konzeption von der biochemischen Universalität zur Schaffung neuer Modellvorstellungen führt.

[17] I. I. Šmalgauzen: „Kibernetičeskije voprosy biologii“ („Kybernetische Fragen der Biologie“), Novosibirsk, 1968, S. 209.

Die Modellierung von Lebensprozessen erlangte wahrhaft unbegrenzte Möglichkeiten und Formen zur Realisierung seit es offensichtlich wurde, daß die Gesetze der Physik und Chemie der unbelebten Natur in gleichem Maße für das Lebende gelten. Modellhafte Vereinfachungen, Analogien, die Extrapolation physikalischer und chemischer Gesetzmäßigkeiten auf die Welt des Lebenden werden sehr breit und fruchtbar angewandt, so daß der Eindruck entsteht, daß es in jedem einzelnen Fall praktisch nicht notwendig ist, daran zu erinnern, daß das Ziel solcher modellhafter Vereinfachungen die Erkenntnis der Gesetze des Lebens ist, und nicht der gesamten Natur als Ganzes.
Dieser Eindruck verstärkt sich durch die grundlegende Ausrichtung der Molekularbiologie auf das Erkennen „unbelebter" molekularer Strukturen, auf das Erkennen der physikochemischen Gesetzmäßigkeiten ihres Funktionierens, erst am „Ausgang", beim Übergang zu einer anderen Erkenntnisebene und zu anderen Forschungsaufgaben, die ihre biologische Determiniertheit zeigen. Die hohe Ergiebigkeit physikochemischer und mathematischer Modellierungen einzelner Lebensprozesse erzeugt die Begeisterung der Forscher für dieses oder jenes Modell als wichtigstes, wesentlichstes, wenn es gilt, seinen Platz in der Erkenntnis des Lebens zu bestimmen. Daher stammt die Verabsolutierung beispielsweise des thermodynamischen bzw. des informationstheoretischen bzw. des bioenergetischen bzw. des wahrscheinlichkeitstheoretischen Herangehens usw. an das Leben, wovon im zweiten Kapitel gesprochen werden wird. Das Fehlen eines biologischen Kriteriums beim Aufstellen eines Modells des Lebens führt zur Schaffung einer Vielzahl solcher Modelle, die ziemlich divergierend und sogar antagonistisch sind.
In diesem Zusammenhang möchten wir jene Modellvorstellungen würdigen, die in dem Buch von Green und Goldberger vorgestellt wurden. Diese Vorstellungen entspringen logisch der Konzeption von der biochemischen Universalität, d. h. sie basieren auf Grundgedanken der physikochemischen Biologie und berücksichtigen gleichzeitig die Notwendigkeit einer wirklich biologischen Charakteristik, die das Lebensmodell definiert. Es wird das klassische Erbe der Biologie benutzt, das durch den Fortschritt der Wissenschaft nicht nur nicht widerlegt, sondern zur noch unbedingteren These dafür wurde, daß die Grundlage des Lebens, die kleinste Einheit des Lebens, die Zelle ist. „Es mag sein, daß auf anderen Planeten Lebensformen existieren, denen nicht die Zelle zugrunde liegt, sondern irgendeine andere Einheit. Aber die einzige Einheit des Lebenden, über die wir Vorstellungen besitzen und deren Existenz wir sicher sind, ist die Zelle, und namentlich die Zelle muß unser Hauptobjekt und Muster sein".[18]
Die Autoren abstrahieren von der Vielfalt der Formen und Funktionen der Zelle und arbeiten jene minimale Gesamtheit ihrer Charakteristika heraus, ohne die

[18] D. E. Green and R. F. Goldberger: „Molecular Insights into the Living Process", Academic Press, New York—London, 1967, S. 7 (russ. Übersetzung: „Molekuljarnyje aspekty žizni", Moskau, 1968, S. 17; deutsche Übersetzung: „Molekulare Prozesse des Lebens", Springer-Verlag, Berlin—Heidelberg—New York, 1971).

das Leben undenkbar wäre. Eine solche „Minimal"-Zelle stellt ein Modell einer Einheit des Lebens dar und enthält die Dreieinheit der wichtigsten Systeme — des Membransystems, des Reproduktionssystems und des Systems der Energieversorgung. Die biochemische Universalität der Organismen schafft die Grundlage für die Herausarbeitung solcher Modellvorstellungen, die die „in reiner Form" grundlegenden fundamentalen Prinzipien des Lebens in sich konzentrieren. Die heuristische Bedeutung solcher Modelle ist groß, weil sie bei der Ausarbeitung der Einheit in der Vielfalt des Lebenden helfen und die Lösung des Problems der Organisationsebenen in einen solchen Rahmen der Forschung lenken, wo die Spezifik der Ebenen, ihre sichtbare Diskrepanz und Divergenz sich letzten Endes als verschiedenartige Äußerungen des allgemeinen Wesens zeigen. „Es ist erstaunlich, wie wenig Prinzipien die Natur für die Schaffung der gesamten phantastischen Verschiedenartigkeit lebender Organismen verwendete. Man könnte wahrhaftig das magnum opus des Evolutionsprozesses ein „Thema mit Variationen" nennen."[19]

Diese, wie es scheint, konsequente Schlußfolgerung aus der Konzeption von der biochemischen Universalität, bedarf nach unserer Ansicht einer besonderen Erörterung. Das Modell der „Minimal"-Zelle, aufgefaßt als „Thema" der Evolution, muß in seinem realen Wirken mit allen Folgerungen theoretischen und methodologischen Charakters, die den weiten Fragenkreis über die Entstehung und Evolution des Lebens berühren, betrachtet werden.

Die Autoren scheuen sich keineswegs, diese Fragen aufzuwerfen und beantworten sie entsprechend den akzeptierten Prämissen über die „Minimal"-Zelle, aber mitunter merken sie jene Widersprüche nicht, die bei der Unterteilung des Evolutionsprozesses in „Thema" und „Variationen" auftreten.

Das Wesen dieser Widersprüche wurzelt in der inkonsequenten Durchführung jener unbestritten richtigen Thesen, die im Schlußteil der Arbeit ausgedrückt werden: „Das Verständnis der feinsten Details der molekularen Basis lebender Systeme genügt nicht für die vollständige Beschreibung dieser Systeme. Die biochemische Ebene des Verständnisses ist nur eine von vielen Ebenen. Die Biochemie wird niemals andere biologische Disziplinen *ersetzen* können; sie führt einfach eine weitere „Dimension" ein."[20]

Dem muß man zustimmen, jedoch muß in diesem Falle anerkannt werden, daß für die Biologie insgesamt nicht nur die „Themen", d. h. die Grundprinzipien struktureller und funktioneller Organisation der Moleküle wichtig sind, sondern auch die „Variationen", d. h. die reale Mannigfaltigkeit lebender Systeme, ihre Hierarchie und ihr historischer Entwicklungsweg. Die Herausarbeitung der Grundprinzipien in der Formenmannigfaltigkeit ist tatsächlich „das höchste Ziel der Wissenschaft". Wenn dabei aber nur die Prinzipien übrigbleiben und die ganze

[19] D. E. GREEN and R. F. GOLDBERGER: „Molecular Insights into the Living Process", Academic Press, New York—London, 1967, S. 6 (russ. Übersetzung: „Molekuljarnyje aspekty žizni", Moskau, 1968, S. 15).

[20] ebenda, S. 149 (in der russ. Übersetzung: S. 392).

Vielfalt als Unwesentliches verschwindet, so bedeutet das in der Biologie die Liquidierung des Evolutionsproblems.

Das Modell der „Minimal"-Zelle führt die Autoren zu einer grundlegenden Überprüfung der Begriffe „Niederes" und „Höheres", „Einfaches" und „Kompliziertes". Ungeachtet ihrer Vieldeutigkeit werden diese Begriffe immer bei der Beschreibung des Evolutionsprozesses verwendet, und jede Neufassung ihres Inhalts oder gar ihre vollständige Aufgabe muß hinreichend begründet werden. Die Definition der „Minimal"-Zelle führt zur Liquidierung dieser Begriffe. Wenn für das Leben jenes Minimum der drei Systeme notwendig ist, das die „Minimal"-Zelle bildet, dann entstand das Leben von Anfang an in solcher Form, und die Vorgängerzellen besaßen die gleichen universalen Systeme wie auch die vollständigen Zellen. „Die weit verbreite Konzeption über primitive Zellen als Anfangspunkt der Entstehung der Arten ist tatsächlich falsch. Die Ausgangszellen waren in funktioneller Hinsicht absolut nicht primitiv. Sie enthielten im wesentlichen den gleichen biochemischen Apparat, über den die rezenten Zellen verfügen."[21]

Was nun die rezenten Organismen betrifft, so verwirrt die Anwendung des ausschließlich biochemischen Bewertungskriteriums der Einfachheit oder Kompliziertheit auf sie die Sache vollends. „Die Mikroorganismen, die die Definition der ‚Minimal'-Zelle am ehesten befriedigen, sind nicht unbedingt primitiv. Im Gegenteil, die Einfachheit solcher Mikroorganismen veranlaßt nachzudenken, ob man sie nicht zu den *höchsten* (kursiv von R. S. Karpinskaja) Formen des Lebens zählen soll, denn sie tun im Grunde das gleiche, was auch andere Zellen tun, nur mit einer minimalen Ausrüstung."[22]

Freilich erkennen die Autoren die Darwinsche Evolution, die Wirkung der Selektion im System formierter Organismen und den Mutationsprozeß usw. an. Aber wozu braucht die „Minimal"-Zelle das alles? Wenn die Grenzen der Anwendbarkeit dieses Modells, das ausschließlich im Rahmen des biochemischen Herangehens an das Leben geschaffen wurde, verletzt sind, dann muß man auch konsequent sein und die oben angeführten Auffassungen bis zur völligen Negation der Evolution führen. Die „Vorläuferin der Zelle" kann dann laut Definition auf die Evolution verzichten. Die offensichtliche Vielfalt der lebenden Formen sowie ihre Evolution haben einfach keine Beziehung zur „Minimal"-Zelle. Es ist in diesem Falle sogar unverständlich, warum zwei Begriffe — „Vorläuferin der Zelle" und „Minimal"-Zelle unterschieden werden. Beide sind sie in ihren Charakteristika universell, unveränderlich und stabil. Dem Wesen der Sache nach sind sie ein- und dasselbe, so daß die „Zellvorgängerin" wie ein Atavismus, ein Zugeständnis an den Evolutionsgedanken erscheint, der in der Konzeption der Autoren fehlt.

[21] D. E. Green and R. F. Goldberger: „Molecular Insights into the Living Process", Academic Press, New York—London, 1967, S. 403 (russ. Übersetzung: „Molekuljarnyje aspekty žizni", Moskau, 1968, S. 380).

[22] ebenda, S. 6 (in der russ. Übersetzung: S. 16).

Doch wäre es falsch, die durch sie aufgeworfene Frage nach der Entstehung dieser „Vorläuferzelle“ nicht hervorzuheben. „Die einzig wahre Antwort auf diese Frage besteht in der Anerkennung dessen, daß wir darüber noch nichts wissen.“[23] Der Übergang von den Makromolekülen zu den Zellen stellt einen solchen phantastischen Sprung dar, wofür wir vom derzeitigen Stand unseres Wissens keine rationale Erklärung geben können. „Physiker vermeiden gewöhnlich Erörterungen zum Thema, wann die Materie entstanden ist oder wann die Zeit begann, und falls sie sie manchmal doch anstellen, dann nur auf rein spekulativer Ebene. Die Frage nach dem Ursprung der ‚Zellvorgängerin‘ gehört offenbar zur gleichen Kategorie des Nichterkennbaren. Das ist ein außerordentlich packendes Problem, aber gegenwärtig sind die betreffenden Fakten unerreichbar, und das kann vielleicht für immer so bleiben.“[24]

Lassen wir die ziemlich zweifelhafte Analogie zum „Ursprung“ der Materie und der Zeit beiseite, und bemerken nur, daß solche vom philosophischen Standpunkt aus gesehen, oberflächliche Charakteristik, wonach das Nichterkannte zum Nichterkennbaren, zu einem für immer Unerrreichbaren erklärt wird, wohl kaum der Ausarbeitung einer „rationalen Weltanschauung“ dienlich ist, von deren Notwendigkeit die Autoren reden. Das Problem der Entstehung des Lebens, des Sprunges vom Unbelebten zum Belebten, wird tatsächlich in dem Maße immer komplizierter, wie die komplizierte und erstaunlich geordnete Organisation der Zelle untersucht wird. Alle ihre Strukturen und Prozesse sind nach den gleichen Gesetzen der Physik und Chemie aufgebaut, und trotzdem, je tiefer wir diese Ähnlichkeit mit dem Unbelebten in den Details erkennen, desto deutlicher wird die Unähnlichkeit mit dem Ganzen, desto unverständlicher wird, wie ein solch unikales Gebilde, wie die Zelle, entstehen konnte. J. BERNAL schreibt: „Die Kluft zwischen Lebendem und Unbelebten scheint jetzt sogar breiter als sie je zuvor war zu sein. Aber sie, diese Kluft, wird schon nicht mehr als Folge prinzipieller Unterschiede betrachtet, sondern eher als Folge der Unterschiede in der Kompliziertheit und in den Entwicklungszeiträumen ... Diese Vorstellungen sind genauso weit vom Vulgärmaterialismus wie vom mystischen Vitalismus entfernt. Der Schlüssel zum Rätsel des Lebens wurde im Mechanismus der exakten Reproduktion der Moleküle gefunden, der seit Jahrmillionen wirkt.“[25]

Wie aus den letzten Sätzen ersichtlich, ist BERNAL's Position bedeutend optimistischer. Dieser Optimismus beruht auf der Anerkennung der Tatsache, daß die moderne Wissenschaft bereits über eine Reihe ausgearbeiteter Prinzipien, wie das Schlüsselproblem der Entstehung des Lebens anzusprechen ist, verfügt. Das wesentlichste ist das Prinzip der Evolution, und zwar sowohl der präbiolo-

[23] D. E. GREEN and R. F. GOLGBERGER: „Molecular Insights into the Living Process“, Academic Press, New York—London, 1967, S. 403 (russ. Übersetzung: „Molekuljarnyje aspekty žizni“, Moskau, 1968, S. 380).

[24] ebenda, S. 407 (in der russ. Übers.: S. 381).

[25] J. BERNAL: „The Origin of Life“, London 1967. zit. nach der russ. Übersetzung: „Vozniknovenije žizni“ (A. I. OPARIN, Red.), Moskau 1969, S. 210.

gischen als auch der biologischen Evolution. Weiter unten werden wir die Unterteilung der biochemischen Evolution in eine Etappe bis zur Entstehung des Lebens und eine Etappe nach der Entstehung des Lebens, noch näher erörtern. Hingegen muß hier hervorgehoben werden, daß die Anerkennung der Konzeption der biochemischen Universalität keineswegs zur Verneinung der Evolution auf molekularer Ebene führt, wie es GREEN und GOLDBERGER scheint. J. BERNAL spricht im Gegenteil ständig von einer molekularen Evolution, vom Wirken der Selektion im Stadium der präbiologischen Evolution und von einer spezifischen Äußerung der Selektion auf der Ebene der Moleküle innerhalb der Organismen.

In der besprochenen Schrift dagegen gerät die Selektion irgendwie in eine schiefe Situation. Einerseits werden ständig solche Ausdrücke verwendet wie „Selektion der Moleküle", „Moleküle wurden ausgelesen", denn ohne Selektion ist es wirklich unmöglich, die entstandene biochemische Unikalität und Universalität des Lebenden zu erklären. Andererseits wird geschrieben, daß der Begriff der Selektion eine rein verbale Annahme ist und daß von ihr nur in einem „indirekten" Sinne gesprochen werden kann. Was dieser Sinn bedeutet, bleibt unklar. Der einfache Hinweis auf die Tatsache, daß die Selektion bekanntlich auf der Ebene der Organismenpopulationen wirkt, hebt keineswegs das Problem der Entstehung und Entwicklung der biochemischen Einheit des Lebenden auf.

Die Konzeption der biochemischen Universalität hat es nicht mit Organismen, sondern mit Molekülen zu tun und die Begriffe „Evolution" und „Selektion" müssen sich auf diese Objekte beziehen. Wenn man den Evolutions- und Selektionsprozeß vor der Entstehung der „Minimal"-Zelle verneint, wie will man dann heute irgendwelche anderen rationalen Wege zur Erforschung des Problems des Lebens, seiner Entstehung, finden? Wenn man die Evolution der „Minimal"-Zelle, die Evolution ihrer molekularen Strukturen nach ihrer Entstehung, in den Organismen, negiert, wie will man dann die Evolution der Organismen mit den Prozessen verbinden, die auf der molekularen Ebene verlaufen? Beide Fragen sind eng miteinander verknüpft und wir haben bereits darauf verwiesen, daß man auf die „Minimal"-Zelle vom Standpunkt der Evolution verzichten kann, denn ihre Vorgeschichte ist unklar, ja, sogar unerkennbar. Und einer weiteren Geschichte nach ihrer Entstehung bedarf es wegen der von Anfang an vorhandenen Vollkommenheit ihrer Prinzipien auch nicht.

Bedeutet das, daß das Modell der „Minimal"-Zelle nicht haltbar ist und nicht als Arbeitsbegriff verwendet werden kann? Keineswegs. Es wurde bereits gezeigt, daß die „Minimal"-Zelle als Verallgemeinerung auftritt, als Resultat der Konzeption der biochemischen Universalität, als praktisches Verfahren zur Modellierung der Grundprinzipien des Lebens, deren Entdeckung das Verdienst der Molekularbiologie ist.

Im Grunde geht es nur darum, daß Biochemie und Molekularbiologie andere biologische Disziplinen tatsächlich nicht ersetzen können und in die Erkenntnis des Lebens nur eine zusätzliche, nämlich ihre „molekulare" Dimension einbringen. Daher betrifft das Modell der „Minimal"-Zelle diese Dimension, bezieht sich auf das biochemische Herangehen an das Leben, auf das Problem der biochemischen

Universalität. Wenn dabei die Wechselbeziehung zu anderen Dimensionen außer acht gelassen wird, entsteht ein Widerspruch zum Evolutionsprinzip, und dieser Widerspruch behindert eine tiefere Begründung der Konzeption der biochemischen Universalität selbst. In diesem Falle ist es unmöglich, die Entstehung der biochemischen Universalität sowie die Verfahren ihrer Aufrechterhaltung in der mannigfaltigen und sich verändernden Welt der Lebewesen zu erklären.

Das Modell der „Minimal"-Zelle ist, wie jedes Modell, eine Vereinfachung des realen Bildes, ist eine gewisse Abstrahierung von der konkreten Mannigfaltigkeit sowohl des biochemischen Prozesses als auch des Lebensprozesses als Ganzes. Die Rückkehr zur Mannigfaltigkeit, zu deren Verständnis und Erklärung, setzt die Einbeziehung anderer Konzeptionen über das Wesen des Lebens voraus, unter denen die Evolutionskonzeption und die Konzeption von den Organisationsebenen die wichtigsten sind.

Die Hierarchie der Strukturebenen, die den spezifischen und zugleich allgemeinen Gesetzmäßigkeiten der Entwicklung unterworfen sind, deckt die Unzulänglichkeit auf, die in der Heraushebung der Zelle oder des Moleküls als fundamentaler Grundlage liegt. Systembildungen anderer, höherer Organisationsebenen sind ebenso notwendig für die Existenz des Lebens und dessen Evolution. Aus diesem Grunde hebt die Konzeption der biochemischen Universalität die Notwendigkeit eines komplexen Herangehens an das Studium des Lebens, das alle Organisationsebenen und die Wechselbeziehungen zwischen ihnen umfaßt, nicht auf. Die Verabsolutierung der biochemischen Modellvorstellungen führt zu einer Unterbewertung anderer nicht minder wesentlicher Charakteristika des Lebens, anderer Systemgebilde des Lebenden. Das hat zur Folge, daß die Aufgabe, die universalen Prinzipien des Lebenden zu finden, aus einem Erkenntnismittel des Lebens in das einzige Ziel verwandelt wird.

Die Konzeption der biochemischen Universalität stellt somit eine neue Etappe in der Beweisführung der Einheit der organischen Welt dar. Aufbauend auf einer äußerst feinen physikalisch-chemischen Analyse der Ultrastruktur der Zelle enthüllt diese Konzeption allgemeine Organisationsprinzipien von Prozessen der Lebenstätigkeit, formuliert bestimmte empirische Gesetzmäßigkeiten des einheitlichen Bauplanes von Strukturen und Prozessen und entwickelt fruchtbare Modellvorstellungen über die „Grundlagen" des Lebens. Das alles steht in unmittelbarem Zusammenhang mit jenem sich rapid entwickelnden Erkenntnisprozeß, dessen Ziel die Schaffung der modernen theoretischen Biologie ist.

Um die methodologische Bedeutsamkeit der Konzeption der biochemischen Universalität und ihren Beitrag zur Erarbeitung der erkenntnistheoretischen Grundlagen der modernen Biologie zu präzisieren, müssen wir uns erneut dem scheinbar gelösten Problem der „Zurückführung" oder des Reduktionismus zuwenden.

2. Und wiederum über den Reduktionismus

Die erfolgreiche Entwicklung der Molekularbiologie hat scheinbar die Auseinandersetzung darüber beendet, ob sich die komplizierten biologischen Prozesse auf wesentlich einfachere zurückführen und dadurch neue Kenntnisse über diese komplizierten Prozesse gewinnen lassen oder nicht. Der Vorwurf des Mechanizismus, des Reduktionismus gegenüber jenen Forschungsrichtungen, die von der Prämisse der Einheit der physikalischen und chemischen Gesetzmäßigkeiten in der belebten und unbelebten Natur ausgingen, gehören der Vergangenheit an. Der Ergebnisreichtum der physikochemischen Biologie war der überzeugende Beweis nicht nur für die Berechtigung, sondern auch für die unumgängliche Notwendigkeit jener Erkenntnismethodologie, die bedingt als Konzeption der „Zurückführung“ bezeichnet wurde.

Und trotzdem können wir zu Recht davon sprechen, daß die Auseinandersetzung um das Problem der „Zurückführung“ noch nicht beendet ist. Es hat nur den Anschein als sei diese Frage gelöst, in Wirklichkeit jedoch gibt ihr jetziger Stand absolut keinen Grund zur Selbstzufriedenheit. Dem Wesen der Sache nach wurde das „Reduktions“-Prinzip bestätigt. Seine fruchtbare Nutzung in der experimentellen Arbeit hat allerdings nicht automatisch seine theoretische Durchdringung zur Folge. Die Methodologie des molekularbiologischen Wissens wird nur in allgemeinen Zügen erfaßt, wenn wir mit ENGEL'GARDT[26] die Molekularbiologie als „Herrschaft des Reduktionismus“, als „Geschöpf des Reduktionismus“ bezeichnen, d. h. die breite Anwendung des Prinzips der „Zurückführung“ hervorheben.

Der ganze Komplex von traditionellen und neuen Problemen um die „Zurückführung“ bedarf in diesem Falle noch seiner Lösung: Was ist unter Reduktionismus zu verstehen? Worin liegen seine Stärken und gleichzeitig gewisse Grenzen in der Anwendung? Wie wirkt der Reduktionismus mit anderen Erkenntnismethoden zusammen, da er nicht nur allein für die molekularbiologische Forschung charakteristisch ist? Auf welchen Wegen schlägt der Reduktionismus bei der „Aufwärtsbewegung“ auf der Stufenleiter der biologischen Hierarchie in sein Gegenteil um?

Alle diese Fragen berühren unmittelbar das „Prestige“ der Molekularbiologie, die Bewertung ihrer Entschlossenheit, das Verständnis für komplizierte Erscheinungen an einfachen Objekten zu geben. Deshalb wird das Problem der „Zurückführung“ unvermeidlich zum Problem der „Nicht-Zurückführung“. — Die gesamte Biologie läßt sich nicht auf die Molekularbiologie reduzieren, und letztere muß, da sie das Prinzip der „Zurückführung“ anwendet, dessen Wert bei der Lösung allgemeinbiologischer Probleme theoretisch begründen.

[26] s. V. A. ENGEL'GARDT: „Integratizm — put' ot prostogo k složnomu v poznanii javlenij žizni“ („Integratismus — ein Weg vom Einfachen zum Komplizierten bei der Erkenntnis der Lebenserscheinungen“. Voprosy filosofii 1970, No. 11.

Wenn man den Reduktionismus nur unter dem Gesichtswinkel der Bewegung vom Komplizierten zum Einfachen, vom Ganzen zum Teil charakterisiert, riskiert man, ihn in der Methode der Analyse aufgehen zu lassen. Die Zerlegung eines Ganzen in Teile, die Erkenntnis dieser Teile für die nachfolgende Rückkehr zum Ganzen, dieses Vorgehen der Erkenntnis ist so alt wie die Welt. Die Dialektik dieser Bewegung wurde von ENGELS als ein endloser Prozeß der Lösung des Widerspruchs zwischen Analyse und Synthese aufgefaßt. Es handelt sich um zwei ziemlich einseitige Methoden, die einander ausschließen, aber sich gleichzeitig gegenseitig ergänzen und ineinander übergehen.

Wie jede exakte Wissenschaft trug die Molekularbiologie zunächst einen vorwiegend analytischen Charakter, der durch die Notwendigkeit konkreter Kenntnisse von den molekularen Strukturen bedingt war. Aber bereits hier zeigte sich eine Eigenheit, die es verbot, die Methode der Analyse für die entscheidende zu halten: Die Molekularbiologie übernahm ein solides Erbe von der Biochemie und operierte auf dieser Grundlage ohne weiteres mit synthetischen Begriffen und Methoden, die sie aus der Physik, Chemie und Kybernetik entlehnte. Allein schon die Tatsache, daß das Problem der Eiweißbiosynthese sofort zum wichtigsten praktischen und theoretischen Problem wurde, zeugt vom unzertrennbaren Zusammenhang zwischen Analyse und Synthese. Kompliziertes wurde nicht nur auf Einfaches zurückgeführt, sondern es wurde auch umgekehrt aus Einfachem Kompliziertes aufgebaut.

Auf alle diese gnoseologischen Situationen, die sich in der experimentellen Tätigkeit eines Wissenschaftlers ständig ergeben, braucht man durchaus nicht den Begriff Reduktionismus oder umgekehrt Integratismus anzuwenden. Analyse und Synthese, ihre getrennte Anwendung und ihre unvermeidlichen Übergänge ineinander bringen die Bewegung vom Einfachen zum Komplizierten und umgekehrt völlig adäquat zum Ausdruck.

Höchstwahrscheinlich trat die Problematik des Reduktionismus als Problem nicht der Methode, sondern der Methodologie bedeutend später auf; und zwar in dem Maße, wie sich die Konzeption der biochemischen Universalität herausbildete und Beweiskraft erlangte. In der Tat, wenn sich die wichtigsten Mechanismen der Lebenstätigkeit und vor allem der Vererbungsmechanismus als universell für alles Lebende erweisen, dann erhebt sich die Frage, ob das nicht die Grundlage für das Verständnis des Lebens als Ganzes ist? Ist das nicht der Ausgangspunkt für die Erforschung der ganzen Kompliziertheit des Lebens?

Solange keine Brücken zu den oberen Rängen des Lebens geschlagen sind, zu seiner gesamten Komplexität, solange bewegt sich die Erkenntnis gleichsam in der Horizontalen, innerhalb z. B. der molekularen Ebene. In diesem Falle wird die Korrelation von Einfachem und Kompliziertem völlig mit den konkreten Methoden der Analyse und Synthese erfaßt. Sobald aber der Übergang auf andere Ebenen vollzogen wird, sobald die Bewegung in der Vertikalen beginnt, und zwar sowohl in räumlicher als auch in zeitlicher Beziehung, erwiesen sich die konkreten Methoden als hilflos. Sie verlieren den genau bezeichneten Forschungsgegenstand, verlieren die Basis für das Experiment, und an die Stelle der konkreten empirischen Methoden treten unbestimmtere, zugleich aber mehr theoretische Prinzipien. Sie bieten die Grundlage für das Vergleichen, für die Einschätzung der allgemeinbiologischen Bedeutsamkeit der auf molekularer Ebene gewonnenen Ergebnisse.

Diese Prinzipien liefern keinen konkreten Komplex von Tätigkeitsregeln, sie umreißen lediglich die allgemeine Forschungsrichtung und formulieren Werturteile in bezug auf diese Richtung. Solche methodologischen Postulate betreffen zumeist grundlegende, in der Geschichte der Wissenschaft wiederholt aufgetretene Fragen, die mit den Schwierigkeiten und Widersprüchen der Erkenntnis zusammenhängen. Auf ihre Lösung haben in der jeweiligen konkreten Situation der Stand der Erkenntnis, die Spezifik der gnoseologischen Situation und die Aufgabe der Selbstbestimmung des neuen Wissens Einfluß. Alles das führt zu einer „Neuauflage" des alten methodologischen Problems, zum Auftauchen jenes neuen Inhalts in ihm, ohne dessen Berücksichtigung die Aktualität des Problems schwer nachzuweisen ist. Das Fehlen einer tiefgehenden Begründung des Prinzips der „Zurückführung" war und bleibt jene objektive Ursache, die in hohem Maße die nicht verstummenden Diskussionen um dieses Problem bedingt.

Vor allem fehlt Klarheit in der Struktur des Prinzips der „Zurückführung" selbst. Was wird zurückgeführt und worauf wird zurückgeführt? — Diese, wie es scheint, naive Frage hört auf naiv zu sein, sobald wir auf die Vieldeutigkeit in den Auffassungen über diese zwei Prädikate stoßen. Die Biologie wird auf die Physik und Chemie zurückgeführt, das ist eine der Antworten, die berechtigte Einwände nicht nur seitens der Gegner der physikochemischen Biologie hervorrief. Will man diese Einwände aus der Welt schaffen, muß man lange und umfassend über den Wert physikochemischer Forschungsmethoden sprechen und gleichzeitig die Biologie vor einer völligen Absorption durch die Physik bewahren, muß man Fragen lösen, die mit den Entwicklungsperspektiven nicht nur der Physik und der Biologie, sondern der gesamten Naturwissenschaft zusammenhängen usw. Das alles wird außerordentlich umfangreich, umfaßt so viele komplizierte Probleme, daß letzten Endes der Sinn des eigentlichen Begriffes „zurückgeführt werden" völlig unklar bleibt. Bekanntlich haben solche bedeutenden Physiker der Gegenwart wie Niels Bohr und Werner Heisenberg, die lebhaftesten Anteil an der Schaffung einer physikochemischen Biologie nahmen, solche kategorischen Schlüsse vermieden, daß die Biologie sich auf Physik und Chemie reduzieren ließe. Sie erörterten die breiten Möglichkeiten zur Anwendung von Methoden und Konzeptionen der Physik in der Biologie, trafen Vorhersagen über Wege zu einer Synthese dieser Wissenschaften, haben dabei aber ständig die Unikalität des Lebenden und die Notwendigkeit ernsthafter schöpferischer Arbeit entsprechend den Methoden seiner Erforschung hervorgehoben.[27]

Das Prinzip der „Zurückführung" wird korrekter verstanden, wenn man davon

[27] s. W. Heisenberg: „Physik und Philosophie" (deutsche Übersetzung, 1959, S. 90—94). „Physics and Philosophy" in „World Perspective Series" 1958. (russ. Übersetzung: „Fizika i filosofija", Moskau, 1963, S. 77—80).

spricht, daß Kompliziertes auf Einfaches zurückgeführt wird. Aber das ist eine zu allgemeine Charakteristik die, wie weiter oben bereits gesagt, mit der Gesamtheit der analytischen Methoden des Experiments zusammenfällt. Man kann es auch so ausdrücken: Die Molekularbiologie untersucht, indem sie das Prinzip der „Zurückführung“ umfassend und erfolgreich zur Anwendung bringt, Eigenschaften lebender Objekte an unbelebten. Das ist einfach und verständlich, aber das bedeutet doch sicher nicht, daß lebende Objekte auf unbelebte reduziert werden, und wenn ja, dann wiederum in welchem Sinne? Unbelebte Objekte, d. h. Moleküle, gehören zu jedem Organismus, bilden die Grundlage seiner strukturellen und funktionellen Charakteristika; daher ist zwar die Anwendung aller empirischen Analysenmethoden auf sie eine notwendige Bedingung für ihre Erkenntnis, aber absolut keine ausreichende Begründung für die Fragestellung nach der „Zurückführung“.

Unserer Ansicht nach sind die Prinzipien der „Reduktion“ oder des Reduktionismus, wenn man ihn nicht im vereinfachten, wörtlichen und mechanistischem Sinne versteht, nichts anderes, als eine partielle unvollständige, lediglich in allgemeinen Konturen umrissene Auslegung eines der wichtigsten gnoseologischen Probleme: des Problems des Aufbaus des theoretischen Wissens.

In allgemeinster Form wurde die Logik des Aufbaus des theoretischen Wissens von Marx im „Kapital“ ausgearbeitet: Die Untersuchung einer komplizierten Erscheinung muß mit einem Objekt beginnen, das einen Teil, ein Element dieser komplizierten Erscheinung darstellt. Es muß aber ein solches Element sein, das den Widerspruch der jeweiligen komplizierten Erscheinung in seiner vollständigsten, wenn auch komprimierten und nicht entfalteten Gestalt in sich konzentriert. Die Wahl der Ware als klassischen Untersuchungsgegenstand führte zur Schaffung der wissenschaftlichen Theorie der kapitalistischen Gesellschaft, zur Voraussage ihrer Entwicklungswege und der Unvermeidbarkeit ihrer Ablösung durch die kommunistische Gesellschaft. Der weitgespannte Kreis von Problemen politökonomischen, sozialen und politischen Charakters wurde von Marx auf der Grundlage des konsequenten Aufstiegs vom ausgewählten theoretischen Objekt, von der Grundabstraktion, der Ware, zur konkreten Vielfalt der Charakteristika der Arbeit, des Wertes, des Mehrwertes, des Kapitels usw. gelöst. Die Grundabstraktion, die als Ausgangspunkt für die Untersuchung einer komplizierten Erscheinung dient, erhielt die Bezeichnung „Erkenntniszelle.“

In der Literatur zu philosophischen Fragen der Biologie wurden bereits Versuche unternommen, die für die Biologie spezifische Ausgangsabstraktion oder „Erkenntniszelle“ zu definieren. Die einen halten das Protoplasma für die Zelle der biologischen Erkenntnis, andere die Eiweiße, dritte die Biopolymere als Ganzes. Dieses Nichtübereinstimmen zeugt von der Notwendigkeit einer weiteren Erörterung der Frage.

Als Ausgangsabstraktion der theoretischen Biologie kann ein solcher Begriff fungieren, der erstens die Funktionsweise eines biologischen Objektes widerspiegelt, und zweitens den Widerspruch dieser Funktionsweise. Anders gesagt, die Ausgangsabstraktion muß eine hinreichend allgemeine, lediglich in den Hauptkonturen umrissene Charakteristik eines biologischen Prozesses, seines immanenten Widerspruchs sein.

Die strukturelle Formulierung der Ausgangsabstraktion (Protoplasma, Eiweißkörper, Biopolymer) ist jedoch mit jener empirischen Konkretheit belastet, die selbst einer Erklärung bedarf und erst im Ergebnis der Untersuchung verstanden werden kann. Tatsächlich ist das Protoplasma in seiner strukturell-funktionellen Organisiertheit so kompliziert, daß eine Orientierung darauf als „Erkenntniszelle“ unvermeidlich zum einfachen Beschreiben, zum bloßen Konstatieren einer Vielzahl widersprüchlicher, physikochemischer Eigenschaften übermolekularer und molekularer Strukturen führen wird, die das Leben in seiner einfachsten zellulären Existenz ausmachen. Es verschwindet die Möglichkeit einer Darstellung jenes führenden Widerspruchs im Lebensprozeß, der sich auf den verschiedenen Ebenen der strukturellen Organisation des Lebenden als Allgemeines im Einzelnen realisiert.

In dieser Beziehung bietet das funktionelle Herangehen an das Wesen des Lebens, das von den Kybernetikern vorgeschlagen wird, begründetere Ausgangsabstraktionen, wie z. B. den Begriff „Schaffung von Information“ als Ausdruck für die Spezifik des Lebenden.[28] Die Bedeutung dieses Begriffes kann bei der Untersuchung aller Strukturebenen der Organisation, von den präbiologischen an, durchgehend verfolgt werden. Neben den Fragen „wie“ und „warum“ die Entwicklung verläuft, existiert jedoch auch die Frage nach ihrer Gerichtetheit. Ein rein informationstheoretisches Herangehen läßt jene substratiellen und energetischen Charakteristika biologischer Systeme außer acht, die zusammen mit den Informationsmerkmalen erst die Gerichtetheit eines biologischen Prozesses als wachsende Angepaßtheit der Organismen an die sich ändernden Existenzbedingungen erklären können.

Somit besteht das Wesen der „Zurückführung“ komplizierter biologischer Prozesse auf einfachere in der Aufdeckung solcher für alles Lebende grundlegenden Charakteristika auf molekularer Ebene, die es bei ihrer theoretischen Verallgemeinerung gestattet, einen gewissen abstrakten Begriff zu formulieren, der als Ausgangspunkt für die „Aufwärts“-Bewegung „der Erkenntnis“ zu immer komplizierteren Organisationsebenen auftreten kann. Dieser Begriff muß hinreichend allgemein sein, damit er auf allen Ebenen „wirken“ kann, wobei er mit immer konkreterem, immer reicherem Inhalt angefüllt wird. Nur in diesem Falle wird sich die „Zurückführung“ als notwendige und gesetzmäßige Etappe des „Aufstiegs“ erweisen, d. h. der Ableitung eines komplexen theoretischen Wissens aus seinen fundamentalen Grundlagen. Dabei muß nochmals daran erinnert werden, daß die methodologische Auffassung des „Reduktions“-Prinzips nicht mit den konkreten methodischen und empirischen Aufgaben vermischt werden darf, die auf die Aufdeckung der einheitlichen Prinzipien dieser oder jener Mechanismen der Lebenstätigkeit gerichtet sind. Als „Herrschaft des Reduktionismus“ ist die Mole-

[28] s. H. Quastler: „The Emergence of Biological Organization“, New Haven. London, Yale Univ. Press 1964,

kularbiologie nicht nur eine Vielzahl realisierter Wege der Zurückführung des Komplizierten zum Einfachen, ist sie nicht nur eine Gesamtheit von empirischem Material, das die Fruchtbarkeit des Reduktionismus bestätigt, sondern stellt auch ein Objekt theoretischer Erkenntnis dar, die die zahlreichen Fakten der „Zurückführung“ zu einem einheitlichen Ergebnis verallgemeinert, mit dessen Hilfe die nachfolgende Bewegung vom Teil zum Ganzen, vom Einfachen zum Komplizierten möglich wird.
Dieses Resultat muß, wie gesagt, ein abstrakter Begriff sein, der in sich sowohl die Spezifik der molekularen Ebene als auch die Spezifik der biologischen Bewegungsform als Ganzes enthält. Ein solcher Begriff ist der Begriff des biologischen Elementaraktes. Er ist in der Fachliteratur allgemein anerkannt und wird zur Bestimmung des Gegenstandes der Molekularbiologie benutzt. Die methodologische Bedeutung dieses Begriffes bedarf jedoch einer speziellen Erörterung.

3. Über den Begriff biologischer Elementarakt

Dank der Erfolge der Physik orientiert sich das moderne wissenschaftliche Denken beharrlich auf das Verständnis der „Elementarität“ der Objekte als einer relativen Charakteristik einer bestimmten Etappe ihrer Erkenntnis, nicht aber einer absoluten „endgültigen“ Diskretheit der Materie selbst. Es ist bekannt, daß die fundamentale Begründung für die These von der Unerschöpflichkeit der Materie von Lenin in seinem Werk „Materialismus und Empiriokritizismus“ gegeben wurde. Diese Arbeit antizipierte das später in der Naturwissenschaft selbst entstandene Suchen nach einer neuen Forschungsmethodologie, die von „letzten“ Bausteinen des Weltgebäudes nichts wissen will und bestrebt ist, jedes Element in ein höheres Ganzes einzubeziehen, seine Bedeutung nicht so sehr aus ihm selbst heraus zu verstehen, als vielmehr aus jenem ganzheitlichen System, dessen Element es ist. Die Ideen des Systemcharakters, der Ganzheitlichkeit und der hierarchischen Gliederung der Organisationsebenen der Materie usw. waren eine Weiterentwicklung und Konkretisierung jener dialektischen Gesetzmäßigkeiten der Erkenntnis, die in der marxistisch-leninistischen Philosophie aufgedeckt wurden. Es ist wichtig zu unterstreichen, daß es namentlich Gesetzmäßigkeiten der Erkenntis und nicht nur der objektiven Welt sind. Die Leninsche Auffassung von der Unerschöpflichkeit der Materie bedeutet durchaus keine Anerkennung der schlechten Unendlichkeit in ihren Strukturmerkmalen. Sie postuliert die Unendlichkeit der Erkenntnis, einen sich ständig vollziehenden Prozeß des Übergangs von einer Forschungsebene zu einer anderen, tieferen, fordert das ständige Bewußtwerden jener Grenze, bis zu der wir die Materie kennen, als einer relativen Grenze, die unweigerlich vom Fortschritt der Wissenschaft überwunden wird. Das gnoseologische Herangehen an die neuen Ergebnisse der Naturwissenschaft zerstört endgültig die Vorstellung von einer realen Existenz „letzter“ elementarer Grundlagen der Materie.
Die entschiedenste Kritik an der alten ontologischen Vorstellung von der Elementarität wird vom Standpunkt der Systemauffassung her geübt. Es ist durchaus

gesetzmäßig, daß die sich aus dem Systemaspekt ergebende Forschungsstrategie den primitiven Atomismuskonzeptionen gegenübersteht, die davon ausgehen, daß die Wesenscharakteristika eines Objektes in seinen Elementen, in einfachsten, empirisch nicht weiter zerlegbaren Einheiten konzentriert sind. Eine übermäßige Orientierung auf den ontologischen Aspekt der „Elementarität" führt zur Behauptung einer Additivität der Eigenschaften eines Ganzen, einer völligen Definierbarkeit des Ganzen durch die Summe der Eigenschaften seiner Teile oder Elemente. Das Ganze wird zur Fiktion, entgleitet als eine Realität, die dem Teil wie auch einem anderen Ganzen gegenüber spezifisch ist. Die Erkenntnis der Elemente schließt sich in sich selbst ab, ohne zum Begriff des Ganzen zurückzukehren.

In dem Maße, wie die Bedeutung der Strukturuntersuchungen wächst, die buchstäblich alle Wissensgebiete umfassen, wird sowohl die allgemeine Betrachtung der Korrelation zwischen Struktur und Element, als auch die konkrete Definition dessen, was im jeweiligen Falle unter Element verstanden wird, immer prinzipieller.

Das Element wird in Abhängigkeit vom herausgehobenen System als ein Objekt aus der Klasse von Objekten definiert, die das eine oder das andere System bilden. In diesem Sinne wird jede beliebige Ebene einer Organisationsstruktur auf der Basis der Isolierung von Elementen untersucht, die minimal und in den Grenzen des jeweiligen Systems nicht weiter zerlegbar sind. Solche Elemente sind z. B. im System DNS die Nucleotide und im System Eiweiß die Aminosäuren. Diese Elemente sind nicht weiter zerlegbar, da sie die Spezifität des Systems tragen und jene Eigenschaft zeigen, die eine unmittelbare Beziehung zur Funktionsweise des Systems als Ganzes haben. In diesem Falle „unter" die Nucleotide bzw. Aminosäuren hinaubzusteigen bedeutet, von der Aufgabe, die biologische Spezifität zu erforschen, abzugehen. Freilich müssen wir bei dieser Aufgabenstellung die Kenntnis dessen voraussetzen, worin diese Spezifität eigentlich besteht. Es ist keineswegs ausgeschlossen, daß gerade auf tieferliegenden, dem Atom und dem Elektron angehörenden Strukturebenen die Grundlagen der biologischen Spezifität entdeckt werden; vorläufig jedoch wird die biologische Spezifität auf molekularer Ebene mit der Ganzheit des Systems der DNS und des Eiweißes in Zusammenhang gebracht.

Die Definition der Elemente als unteilbare, im jeweiligen Forschungsbereich nicht weiter zerlegbare Erscheinungen wird in der Monographie von N. F. Ovčinnikov „Erhaltungsprinzipien" (Moskau, 1966) genauer untersucht. Schon die Verwendung des Strukturbegriffes wird von N. F. Ovčinnikov als ein Verfahren zur theoretischen Aneignung der Welt angesehen, das aus einem unerschöpflichen Objekt einen Gegenstand macht, der innerhalb eines bestimmten theoretischen Systems auszuschöpfen ist. Da das theoretische Denken die gegebene Struktur als den Erkenntnisgegenstand fixierte und sich auf ihre Untersuchung konzentrierte, wird die Struktur (im Rahmen des jeweiligen theoretischen Systems) zu einem ausschöpfbaren, der Erforschung zugänglichen Objekt und die Elemente der Struktur nehmen die Merkmale der Unteilbarkeit und Nichtzerlegbarkeit an.

Dabei ist zu beachten, daß die Elemente stets auch strukturierte Gebilde darstellen, aber als Strukturen zu einer Strukturebene gehören, die tiefer liegt als jene, auf der die Untersuchung durchgeführt wird. Deshalb sind im betreffenden theoretischen System die Strukturen einer tieferliegenden Ebene nur in den Eigenschaften vertreten, die das Wesentlichste und Stabilste ausdrücken. Das Herausstellen solcher Eigenschaften gestattet es, sie als „Ausgangselement einer Theorie" zu benutzen. Infolge seiner Unteilbarkeit und Stabilität erlaubt es dieses Element, sich ständig „aufwärts" als auch „abwärts" zu bewegen; einerseits zum Verständnis der Mechanismen der höheren zu untersuchenden Struktur, und andererseits zur Erkenntnis der Struktur der tieferliegenden Ebene vorzudringen.

Eine solche Bewegung „aufwärts" und „abwärts" ist deshalb möglich, weil sich die herausgestellten Elemente gegenüber den verschiedenen Strukturebenen invariant verhalten. Dieser Begriff der Invarianz, der von N. F. Ovčinnikov in einem weiteren Sinne als sonst üblich verwendet wird, erregt mitunter Anstoß. Es ist aber nicht nur die innere Logik der aufgeführten Arbeit, die ihn überzeugend erscheinen läßt, sondern auch die Art, in der dieser Begriff in anderen Untersuchungen von Nutzen ist, wie beispielsweise in den originellen Arbeiten J. Urmanzevs über die Symmetrie.[29]

Unter Invarianz versteht N. F. Ovčinnikov die „Erhaltung von Objekten jeder Art —, von Dingen, Eigenschaften, Beziehungen —, die jedem beliebigen Typ von Veränderungen entspricht."[30] Daher seine Definition der Struktur als des invarianten Aspektes eines Systems, daher die Auffassung der Elemente als Invariante in bezug auf die verschiedenen Strukturebenen, die es gestatten, sie beim Übergang von einer Ebene zu einer anderen zu benutzen und rationale Wege zur Untersuchung eines der schwierigsten Probleme zu markieren: der Untersuchung des Wesens des Überganges selbst.

Also ist die Herausstellung von Elementen, die invariante Eigenschaften besitzen, eine notwendige Stufe in der Erkenntnis dieser oder jener Strukturebene und des Überganges von einer Ebene zur anderen. Wenn man die Elemente nicht einseitig formal-ontologisch deutet, wenn man im Auge behält, daß sich unvermeidlich im Erkenntnisprozeß die Relativität der Auswahl der Elemente selbst herausstellt, die durch den Übergang aus einem theoretischen System in ein anderes oder durch Veränderungen in unserem Wissen bedingt ist, dann beweist die Konzeption der „Elementarität" ihren heuristischen Wert und erlangt wesentliche methodologische Bedeutung beim Aufbau eines theoretischen Systems.

Bevor wir zur Molekularbiologie übergehen, wollen wir einen unserer Meinung nach äußerst erfolgreichen Versuch der Anwendung des Begriffes der „Elementarität" auf die Analyse biologischer Probleme erwähnen. Zwar wurde er im Bereich der Evolutionstheorie, d. h. in für die Biologie äußerst breiten histori-

[29] s. J. A. Urmanzev: „Izomerija v živoj prirode. I. Teorija.". („Isomerie in der lebenden Natur. I. Theorie"). — Botaničeskij žurnal 55, 1970, No. 2, S. 153—169.

[30] N. F. Ovčinnikov: „Prinzipy sochranenija" („Erhaltungsprinzipien"), Moskau 1966, S. 268.

schen und theoretischen Maßstäben unternommen, aber hier interessiert allein die Logik des Aufwerfens und des Lösens der Frage nach der Elementarität.
Es geht um das gehaltvolle Buch von N. V. TIMOFEEV-RESOVSKIJ, N. N. VORONCOV und A. V. JABLOKOV „Kurzer Abriß der Evolutionstheorie". „Eine genaue und hinreichend exakte Analyse der Erscheinungen der uns umgebenden Welt", schreiben die Autoren, „ist, gleich um welchen Wissenschaftszweig es sich handelt, nur in dem Falle möglich, wenn in dem zu analysierenden Material die strukturellen Elementareinheiten und die in ihnen ablaufenden Elementarerscheinungen aufgefunden sind."[31] Das ist um so notwendiger, wenn die „Start"-mechanismen des Evolutionsprozesses untersucht werden, wenn vom allgemeinen Bild der Grundetappen, Phänomena und Erscheinungen der Evolution zur Erforschung der Mikroevolutionsprozesse übergegangen wird, die in letzter Konsequenz für den gesamten Evolutionsprozeß verantwortlich sind.
Die Lehre von der Mikroevolution entstand und entwickelt sich dank der Synthese zwischen der klassischen Evolutionsstheorie und der modernen Genetik. „Das Eindringen moderner genetischer Konzeptionen in die allgemeine Evolutionslehre gestattete es, in ziemlich konkreter und gleichzeitig exakter Form eine Reihe von Elementarbegriffen zu formulieren, die der Erforschung der Evolution zugrunde liegen."[32] Dies sind Begriffe der Elementarstruktur, der Erscheinung, des Materials und der Evolutionsfaktoren. Die elementare Evolutionsstruktur ist die Population, die elementare Evolutionserscheinung ist die Veränderung ihres genotypischen Bestandes, das elementare Evolutionsmaterial sind verschiedenartige Mutationen und die elementaren Evolutionsfaktoren sind der Mutationsprozeß, die Populationswellen, die Isolation und die natürliche Selektion.
Wie aus diesen Definitionen zu ersehen ist, umfassen die elementaren Evolutionsbegriffe die fundamentalsten Charakteristika des Evolutionsprozesses. Natürlich kann nicht der gesamte, sich ständig in Raum und Zeit vollziehende, vielgestaltige Evolutionsprozeß mit Hilfe dieser vier Begriffe beschrieben werden, aber sie sind es eben, die in sich jene Eigenschaften des Evolutionsprozesses konzentrieren, ohne die es ihn einfach nicht gäbe, nämlich das ständige Auftreten gerichteter Veränderungen. „Solche vektorisierten innerartlichen Veränderungen nennen wir auch Startmechanismen der Evolution; sie vollziehen sich in der Regel im Bereich einer bestimmten Zeitebene durch eine allmähliche evolutionär hinreichend wesentliche Veränderung einer Art in der Zeit."[33] Die Evolution als ganzes wird begleitet von Adaptationen, ontogenetischen und phylogenetischen Differenzierungen und einem Evolutionsprozeß, und alles das basiert auf jenen Startmechanismen, die durch die elementaren Evolutionsbegriffe beschrieben werden.
Eine Population stellt ein dynamisches System dar, in dem laufend Mikro-

[31] N. V. TIMOFEEV-RESOVSKIJ, N. N. VORONCOV und V. A. JABLOKOV: „Kratkij očerk teorii evoljuzii", Moskau, 1969, S. 63 („Kurzer Abriß der Evolutionstheorie").
[32] ebenda: S. 200.
[33] ebenda, S. 158.

evolutionsprozesse stattfinden, sich die Dominanz des einen oder anderen Elementarfaktors der Evolution ändert, und auf dem Hintergrund des ununterbrochen ablaufenden Mikroevolutionsprozesses vollziehen sich makroevolutionär bedeutsame Ereignisse: es bilden sich Arten heraus, es entstehen zwischenartliche Beziehungen, die im weiteren die Prozesse der phylogenetischen Differenzierung bestimmen. Deshalb bestehen ungeachtet der Tatsache, daß die Grenze zwischen der Mikro- und der Makroevolution die Etappe der Herausbildung der Arten, die Artbildung ist, zwischen diesen beiden Prozessen keine prinzipiellen Unterschiede. Sie stellen zwei Seiten des einheitlichen Evolutionsprozesses dar.

Das Studium der Mikro- und Makroevolution vollzieht sich auf zwei Erkenntnisebenen der Evolution, die durch die aufgestellten Elementarbegriffe vereinigt sind. Offensichtlich läßt sich diese Vereinigung nicht als ein völliges Verschmelzen vorstellen, sonst wäre eine Einteilung in zwei Erkenntnisebenen nicht notwendig. Es steht noch bevor, die Besonderheiten des Funktionierens elementarer Evolutionsbegriffe auf der Erkenntnisebene der Makroevolution im Unterschied zu ihrem Inhalt bei der Erforschung des Mikroevolutionsprozesses zu untersuchen. Wenn diese Begriffe aus dem Bestreben hervorgingen, die Mikroevolutionsbasis der „Start-Mechanismen“ der Evolution aufzudecken und gleichzeitig ihr einheitliches Bild darzustellen, dann müssen in ihnen jene invarianten Charakteristika deutlicher herausgehoben werden, auf Grund derer man die Variabilität der Evolutionsmechanismen auf den verschiedenen Ebenen der Verwirklichung des Evolutionsprozesses verfolgen kann. Beispielsweise eröffnen sich je nach Präzisierung des Begriffs natürliche Selektion Möglichkeiten solcher Definitionen seiner invarianten Charakteristika, die es erlauben, ohne Mühe diesen Begriff als einen Begriff darzustellen, der bei der Erforschung der Mikroevolution „wirkt“ und gleichzeitig die Spezifik des Evolutionsprozesses auf höheren Organisationsebenen des Lebenden enthüllt.

Diese Bemerkungen schmälern nicht den zweifellos vorhandenen Wert der versuchten Aufstellung einer Evolutionstheorie. Dank der ständigen und konsequenten Anwendung der ausgewählten Elementarbegriffe ist die ganze Konzeption der Autoren eine außerordentlich logische und beweiskräftige Evolutionstheorie, und zwar eine Theorie und keine Beschreibung der ganzen Mannigfaltigkeit der modernen Vorstellungen vom Evolutionsprozeß. Die innere Logik der Darlegung des neuesten Materials über die Evolution, die die Arbeit zweifellos auszeichnet, gestattet es davon zu sprechen, daß ihr strenge methodologische Voraussetzungen zugrunde gelegt sind. Die Realisierung dieser Voraussetzungen führte zur Schaffung eines unbestritten originellen Werkes, das unserer Meinung nach bei der Aktivierung der Evolutionsforschung und bei der Ausarbeitung von Wegen zum Aufbau der theoretischen Biologie eine große Rolle spielen wird.

Hier ist es angebracht, noch ein Beispiel für die Anwendung des „Elementar“-Begriffes zu erwähnen, der bereits nicht mehr nur der Evolutionstheorie, sondern auch dem gesamten System der theoretischen Biologie zugrunde liegt. Die Konzeption der theoretischen Biologie von E. S. BAUER,[34] so deskriptiv sie heute auch erscheinen mag, war auf einer einheitlichen logischen Basis, auf einem „Elementar"-Begriff aufgebaut, der alle Erkenntnisebenen des Lebens umfaßt. BAUER definierte alle lebenden Organismen als Ungleichgewichts-Systeme, die immer auf Kosten der freien Energie ihren Ungleichgewichtszustand aufrecht erhalten, wobei sie Arbeit leisten, die dem von den Gesetzen der anorganischen Natur geforderten Gleichgewicht entgegenwirkt. Dieses Prinzip des stabilen Ungleichgewichtes ist ein allgemeingültiges Gesetz der biologischen Bewegungsform der Materie. Das stabile Ungleichgewicht lebender Systeme beruht auf einem besonderen angeregten Zustand der molekularen Struktur des lebenden Stoffes. BAUER untersuchte mit den ihm zugänglichen Mitteln die molekulare Struktur des Lebenden und fand, daß beim Sterben ein Übergang in den Gleichgewichtszustand erfolgt, der von einer Verkürzung der biopolymeren Moleküle, einer Verringerung ihres Dipolmomentes und einer Veränderung der paramagnetischen Eigenschaften begleitet wird. Alle diese Veränderungen sprechen dafür, daß der lebende Zustand durch eine Ungleichgewichtigkeit charakterisiert wird. Der Begriff des stabilen Ungleichgewichtes müßte nach BAUERS Ansicht gründlich studiert werden.

Der gegenwärtige Stand der biologischen Wissenschaften hat die von BAUER verwendete empirische Basis wesentlich korrigiert und stellt an die Grundprinzipien für den Aufbau der theoretischen Biologie neue Anforderungen. Dennoch ist die Logik des Aufbaus dieser Theorie, die von einer einheitlichen Basis, von nur einem „Elementar"-Begriff ausgeht, einer speziellen logisch-methodologischen Analyse wert, die daran interessiert ist, das gegenwärtige Suchen nach Wegen zur Schaffung der theoretischen Biologie zu unterstützen.

Ziehen wir einige Schlußfolgerungen über die Bedeutung des Prinzips der „Elementarität" bei der Erörterung des Problems des Reduktionismus.

Erstens kann die Konzeption der „Zurückführung", des Reduktionismus, nicht ausschließlich als Methode der Aufgliederung einer komplizierten Erscheinung in ihre Bestandteile, als empirische Analyse, behandelt werden. Ein „Aufstieg" vom gefundenen Einfachen zum Komplizierten ist nur dann möglich, wenn der „Abstieg" als Suche nach Fundamentalbegriffen, nach Grundabstraktionen vollzogen wurde, die umfangreich genug sind, die besonderen Charakteristika einer komplizierten Erscheinung auszudrücken. In einem solchen Fall erlangt der Reduktionismus einen methodologischen Klang und geht in den vielen konkreten analytischen Untersuchungsmethoden auf, die im Laufe der experimentellen Forschung ausgearbeitet und unter dem Druck ihrer Erfolge vervollkommnet

[34] s. E. S. BAUER: „Teoretičeskaja biologija" („Theoretische Biologie"), Moskau—Leningrad, 1935.

* In dem vorliegenden Werk verwendet die Autorin mehrfach den russischen Ausdruck „Принцип сведения". Dieser Terminus wird in der deutschen Ausgabe als „Reduktions-Prinzip" übersetzt. Das bedeutet jedoch nicht, daß der in diesem Sinne gebrauchte Ausdruck „Reduktions-Prinzip" ohne weiteres auf den Reduktionismus als Konzeption weist (A. H.)

wurden. Die Grundabstraktionen müssen für jede Untersuchungsebene der jeweiligen komplizierten Erscheinung allgemeingültig sein und beim Vorwärtsschreiten nach „oben" zur Wiederherstellung des ganzheitlichen Bildes dieser Erscheinung durch einen immer konkreteren, immer vielgestaltigeren Inhalt ergänzt werden. Anders ausgedrückt, die Konzeption der „Zurückführung" ist keine Konstatierung einer empirisch entstandenen Situation, sondern ein Erkenntnisinstrument, ein Mittel zur theoretischen Untersuchung komplizierter ganzheitlicher Systeme.

Zweitens, und das ist für die Methodologie der molekularbiologischen Forschung nicht weniger wichtig, berücksichtigen die Grundabstraktionen, die dem Studium einer biologischen Erscheinung zugrunde liegen, notwendigerweise nicht nur die fundamentalen Strukturen der betreffenden Erscheinung, sondern auch die an ihnen vorgehenden Veränderungen. Diese Spezifik des biologischen Wissens ist deutlich sichtbar in den vier betrachteten elementaren Evolutionsbegriffen. Die einen charakterisieren Strukturen, andere Veränderungen der Strukturen, Faktoren und Gesetzmäßigkeiten dieser Veränderungen, und es ist unmöglich, sich eine getrennte Existenz dieser zwei Seiten vorzustellen: sie ergänzen einander sowohl auf der Ebene der „Elementarität" selbst als auch bei der Verwendung der Elementarbegriffe auf „höheren" Untersuchungsebenen des Evolutionsprozesses. Die Einheit von Struktur und Prozeß wird sofort bei der Auswahl des Kriteriums, dem der Begriff der elementaren Evolutionseinheit entsprechen muß, fixiert: sie darf „nicht weiter unterteilbar" (nicht zerlegbar) sein, und muß gleichzeitig fähig sein, sich in der Zeit erblich zu verändern, d. h. im Wechsel der biologischen Generationen.

Die Verwendung einer solchen Diskussionslogik kann zu einem anderen Inhalt des Begriffes Struktur und Prozeß führen, aber die Logik selbst bleibt unverändert. Andere Untersuchungsobjekte als die Evolution werden einen anderen elementaren Ausgangsbegriff, vielleicht nur einen und nicht vier, vorschreiben, jedoch bleibt als prinzipielle Richtlinie für das Auffinden solcher Ausgangsbegriffe die Forderung bestehen, in ihnen Struktur und Prozeß zu vereinigen. Ohne das ist selbst auf höchster Abstraktionsebene eine adäquate Widerspiegelung der Existenzweise des Lebens undenkbar.

Im Lichte des Dargelegten können wir zur Analyse des Begriffes „biologischer Elementarakt" übergehen. Die Berechtigung und sogar die Notwendigkeit der Extrapolation eines molekularbiologischen Elementarbegriffes wird sowohl durch die allgemeinen Aufgaben beim Aufbau des theoretischen Wissens begründet, wovon oben die Rede war, als auch durch die spezielle Aufgabe der Bestimmung des gnoseologischen Wertes der Molekularbiologie, ihrer Rolle beim Studium allgemeinbiologischer Probleme, ihrer Stellung im System der biologischen Wissenschaften. Diese spezielle Aufgabe ist offensichtlich bescheidener als die mit der Evolutionstheorie betrachtete Situation. Aber in Anbetracht der zunehmenden Bedeutung der Molekularbiologie in der modernen biologischen Wissenschaft läßt sich erkennen, wie wichtig es ist, solche Voraussetzungen einer theoretischen Verallgemeinerung zu schaffen, die innerhalb der Molekularbiologie entstehen und die sich insbesondere in der Anwendung des Begriffes des biologischen Elementaraktes ausdrücken. Es ist charakteristisch, daß man bei der Bestimmung des Gegenstandes der Molekularbiologie unmittelbar davon ausgeht, daß das Ziel der molekularbiologischen Forschung die Erkenntnis der elementarbiologischen Erscheinungen auf der molekularen Ebene lebender Organismen ist.

Der biologische Elementarakt muß als Prozeß angesehen werden, als gesonderte Existenz des allumfassenden „Lebensstroms". Genauer gesagt, wenn man V. A. ENGEL'GARDTS Vorstellungen über die drei „Ströme des Lebens" folgt, dem Strom der Stoffe, der Energie und der Information. „Sie sind qualitativ sehr unterschiedlich, vereinigen sich aber zu einer gewissen Einheit höherer Ordnung, die charakterisiert werden könnte als ‚biotische Trinität', die die dynamische Grundlage des Lebens ausmacht."[35]

Beim Studium jeder dieser drei „Lebensströme" vollzogen sich in den letzten 10—20 Jahren wesentliche Veränderungen. Der Stoffwechsel wurde nicht nur in einzelnen „Blöcken" untersucht, die ziemlich exakt reproduzierbar und modellierbar sind, sondern er wurde auch immer mehr in der Einheit mit Informations- und energetischen Prozessen erkannt, d. h. er tritt in ganzheitlicher Gestalt als Existenzweise biologischer Systeme auf. Die Untersuchung des Energiestromes entdeckte spezifische Mechanismen der Energietransformation in lebenden Systemen, spezifische Erscheinungen thermodynamischer Gesetzmäßigkeiten, die die Geordnetheit molekularer Strukturen des Lebenden gewährleisten. Schließlich tritt am prinzipiellsten und am neuesten für die Erkenntnis einheitlicher Prinzipien des Lebens die Untersuchung des Informationsstromes in den lebenden Systemen auf, die sich auf molekularer Ebene als genetischer Code darstellt. Im Laufe der letzten 5—6 Jahre sind so entscheidende Erfolge bei der Untersuchung des genetischen Codes erreicht worden, daß es auf Grund der untersuchten Nucleotidsequenzen in den Tripletts (Arbeiten von NIRENBERG[36], OCHOA[37], CRICK[38] u. a.) möglich wurde, an die Erkenntnis der spezifischen und unikalen Nucleotidsequenz des gesamten Gens heranzukommen. Das ist der direkte Weg zur Lösung der größten Aufgabe — der Steuerung der Erblichkeit der Organismen.

Die Verschiedenheit und die Einheit der drei Lebensströme, von denen V. A. ENGEL'GARDT spricht, sind an sich ein überzeugender Beweis der komplizierten

[35] V. A. ENGEL'GARDT: „Problema žizni v sovremennom estestvoznanii" („Das Problem des Lebens in der modernen Naturwissenschaft"). Kommunist 1969, No. 3, S. 86.

[36] M. NIRENBERG u. J. H. MATTHAEI: „The Dependence of Cellfree Protein Synthesis in E. coli upon Naturally Occurring or Synthetic Polyribonucleotides." Proc. Natl. Acad. Sci. USA **47**, 1961, S. 1588—1602. [A. H.]

[37] J. F. SPEYER, P. LENGYEL, C. BASILIO u. S. OCHOA: „Synthetic Polynucleotides and the Amino Acid Code" I—V, Proc. Natl. Acad. Sci. USA **47**, 1961, S. 1936—1942, **48**, 1962, S. 63—68, S. 282—284, S. 441—448, S. 613. s. auch: S. OCHOA: „Der genetische Code 1966", Naturwissenschaftliche Rundschau **19**, 1966, S. 483—493. [A. H.]

[38] F. C. H. CRICK: „The Genetic Code", Scientific American **207**, 1962, S. 66—74. [A. H.]

Natur jener Prozesse, die sich auf der molekularen Ebene der lebenden Organismen vollziehen und ihrer Lebenstätigkeit zugrunde liegen. Das konkrete Studium dieser „Dreieinigkeit" ist die Aufgabe des experimentellen Wirkens der Wissenschaftler, aber der logische Ausdruck dieser „Dreieinigkeit" ist eingeschlossen in den Begriff des biologischen Elementaraktes.

Dieser Begriff enthält keinen Hinweis auf den konkreten Prozeß, der sich mit den molekularen Strukturen vollzieht, sondern er umreißt in äußerst abstrakter Form jene Grenzen der ganzheitlichen Auffassung des biologischen Prozesses, hinter denen sich nur noch sein Fragment, ein Teil, ein „Halbfabrikat", eine Potenz, befindet.

Dem modernen Stand der Molekularbiologie entspricht am besten ein solches Verständnis des biologischen Elementaraktes, in dem alle drei Lebensströme berücksichtigt werden, da Selbstregulierung und Autoreproduktion auf der Grundlage von Struktur- und Energieumwandlungen und der Weitergabe von Erbinformationen realisiert werden.

Eine konkretere Auffassung vom biologischen Elementarakt kann gewonnen werden, wenn die für alles Lebende gemeinsamen Prozesse der Selbstregulation und Autoreproduktion (Vermehrung) in die Sprache der molekularen Prozesse übersetzt werden, d. h. auch gleichzeitig jene Spezifik des Ablaufs der Lebensprozesse hervorgehoben wird, die die molekulare Ebene der lebenden Organismen charakterisiert. Ungeachtet der Unterschiede in den Hypothesen von der Entstehung des Lebens, stimmt die Mehrzahl von ihnen in der Anerkennung jenes Umschlagpunktes in der Evolution der Materie überein, der mit dem Auftreten biologisch aktiver und sich reproduzierender Makromoleküle verknüpft ist. „Es ist vollkommen klar" — schreibt N. V. TIMOFEEV-RESOVSKIJ —, „daß das Leben auf unserem Planeten eine außerordentlich komplexe Erscheinung ist. Dabei besitzt das Leben, im Unterschied zu jenen Erscheinungen, mit denen sich die Physiker und teilweise die Chemiker beschäftigen, als Grundcharakteristikum die Fähigkeit zur identischen Selbstwiederherstellung, die man als Autoreproduktion oder k o n v a r i a n t e *R e d u p l i k a t i o n bezeichnen kann."[39]

Der Begriff der konvarianten Reduplikation ist ein wenig kompliziert für den in die Grundlagen der modernen Biologie nicht Eingeweihten. Man muß wenigstens allgemeinste Vorstellungen über die DNS haben, über ihren Aufbau und ihre Fähigkeit, nach dem Aufdrehen der Spirale zwei Tochtermoleküle „zu erzeugen", wobei diese streng bestimmt sind durch die spezifische Nucleotidsequenz im „Muttermolekül". Man muß wissen, daß die DNS-Struktur nicht nur während

* (A. H.) Der Begriff ‚konvariante Reduplikation' wurde in den dreißiger Jahren von TIMOFEEV-RESOVSKIJ auf Grund seiner physikalisch-chemischen Untersuchungen und der darauf aufbauenden theoretischen Erörterungen eingeführt. Er kam dabei zu der Auffassung, daß sich der Träger des Erbmaterials, der damals noch nicht genau bekannt war, offenbar exakt reproduzieren muß. Der Begriff war damals also ein rein abstrakter.

[39] N. V. TIMOFEEV-RESOVSKIJ: „Strukturnyje urovni biologičeskich sistem" („Strukturebenen der biologischen Systeme") — „Sistemnyje issledovanija" (Systemuntersuchungen"), Jahrbuch 1970, S. 80.

des Reduplikationsprozesses (dieser „Erzeugung“ neuer Moleküle), sondern auch im Ruhezustand, in dem sie die Doppelspiralstruktur bewahrt, zu Veränderungen fähig ist, die in Abhängigkeit von den Bedingungen erhalten bleiben oder verschwinden können und dadurch zum Auftreten einer Mutation auf molekularer Ebene führen bzw. nicht führen.

Im Begriff der konvarianten Reduplikation ist vor allem die Einheit von Wiederholbarkeit und Nichtwiederholbarkeit, Stabilität und Instabilität fixiert. Der Redupliktionsmechanismus hat, wie schon sein Name sagt, die Aufgabe, einen gegebenen qualitativen Zustand des Lebens zu festigen und zu erhalten (molekularer Prozeß, Organismus, Art, Population usw.). Aber dieser Mechanismus ist aus vielen Gründen bei weitem nicht ideal und kann Variationen der Strukturen hervorbringen, die sich freilich notwendigerweise nur wenig von den Ausgangsstrukturen unterscheiden, da eine grundlegende Veränderung zum Tode des Organismus führen würde. Daher der konvariante Charakter der Reduplikation.

Noch in den dreißiger Jahren wurde in den von N. Bohr durchgeführten biologischen Diskussionen die Möglichkeit erörtert, den charakteristischsten Zug des Lebens herauszufinden, nachdem man ihn, Timofeev-Resovkij folgend, Eigenschaft der konvarianten Reduplikation genannt hatte. Seit dieser Zeit wird in den Arbeiten Timofeev-Resovskijs ständig dieser Terminus verwandt[40], dem allerdings Methodologen und Wissenschaftslogiker keine besondere Aufmerksamkeit schenkten. Indessen lassen sich mit Hilfe des Begriffs der konvarianten Reduplikation die Spezifik der molekulargenetischen Erkenntnisebene, die Besonderheiten molekulargenetischer Systeme, tatsächlich definieren. Ebenso kann man sich aber auch in den fundamentalen Grundlagen der vorhandenen Diskretheit der Formen des Lebenden, in den Quellen der Evolution, der Selektion usw. orientieren.

Aus dem weiten Kreis von Fragen, die mit dem Studium der Eigenschaft der konvarianten Reduplikation verknüpft sind, greifen wir nur jene heraus, die eine unmittelbare Beziehung zur Untersuchungsmethodologie haben. Den Begriff konvariante Reduplikation kann man als molekularbiologischen Elementarbegriff betrachten, der jenen Kriterien der „Elementarität“ entspricht, die oben dargelegt wurden. Wir werden uns bemühen, dies weiter nachzuweisen, wobei wir uns der Schwierigkeiten des Unternehmens bewußt sind: Der Begriff biologischer Elementarakt und insbesondere konvariante Reduplikation wird so gegenständlich, empirisch-inhaltlich angewandt, daß der Versuch, diese Begriffe auf die theoretische Ebene „zu heben“, unvermeidlich Einwände hervorrufen wird, die sich aus dem gewohnten Gebrauch dieser Begriffe ergeben.

In der Realität existiert tatsächlich eine Vielzahl biologischer Elementarprozesse, die streng spezialisiert sind und eine bestimmte Teilfunktion im kompliziert geordneten System biochemischer Reaktionen ausführen. Der Reduplikationsmechanismus kann, auch wenn er allen Informations- und Regulationsprozessen

[40] s. N. V. Timofeev-Resovskij; N. N. Voroncoc u. A. V. Jablokov: „Kratkij očerk teorii evoljuzii“ („Kurzer Abriß der Evolutionstheorie“), Moskau, 1969.

zugrunde liegt, ebenfalls als ein solcher Elementarakt dargestellt werden, der gleichfalls eine partielle, und zwar die genetische Funktion, erfüllt.

Aber solange wir beharrlich auf dem empirischen Erkenntnisniveau verweilen, ist es schwer, von irgendeiner verallgemeinernden Kraft der Molekularbiologie als einer wahrhaft neuen Etappe der Erkenntnis des Lebenden zu sprechen. Eine empirische Beschreibung der Vielzahl von Elementarakten gibt in logischer Hinsicht ein noch lockereres, unorganisierteres Bild vom Wesen des Lebens, als jenes, das wir auf der Erkenntnisebene der Organismen haben. Von der Aufzählung solcher Eigenschaften des Lebens, wie Vermehrung Stoffwechsel, Wachstum, Entwicklung, Reizbarkeit usw. muß man übergehen zu einer unvergleichlich ausführlicheren und was die Hauptsache ist, längst nicht abgeschlossenen Liste jener Elementarakte, deren summarische Berücksichtigung das Problem des Wesens des Lebens weiter vorwärts führen könnte.

Darum muß man bei der Analyse des Begriffs konvariante Reduplikation die gleichen Wege gehen wie vorher bei der Erörterung der Konzeption der biochemischen Universalität. Es ist jenes Prinzip, jene logische Begründung hervorzuheben, auf die sich der Inhalt dieses Begriffes gründet. Und dann muß überprüft werden, ob dieses Prinzip einen allgemeinen oder speziellen Charakter trägt.

Dem Begriff konvariante Reduplikation liegt das Prinzip der Komplementarität oder der Ergänzungsfähigkeit zugrunde. Im DNS-Modell von Watson und Crick wurde die Basenpaarungsregel formuliert: Adenin kann sich nur mit Thymin, und Guanin nur mit Cytosin paaren. „Unsere Struktur" — schreiben Watson und Crick — „besteht somit aus zwei Ketten, von denen jede bezüglich der anderen komplementär ist."[41] Bei der Segregation (Aufflechtung) der DNS-Spirale bleibt natürlich die Selektionsregel erhalten und es erfolgt die endgültige Synthese der komplementären Molekülhälften. Die Nucleotidsequenz des neu aufgebauten Moleküls wird vollkommen durch die Nucleotidsequenz der vorher existierenden Matrize bestimmt, so, als entstände ihr Spiegel- oder Ergänzungsbild. Das Komplementaritäts-Prinzip gewährleistet die Matrizensynthese der Moleküle, die nichts anderes ist, als die Wiederherstellung des sich selbst gleichen — das ist der molekulare Ausdruck einer allgemeinen und universellen Eigenschaft des Lebenden.

Die Gemeingültigkeit des Komplementaritäts-Prinzips bei der Biosynthese sowohl der Proteine als auch der Nucleinsäuren beweist, daß der Begriff des biologischen Elementaraktes die wirklich wesentlichen Charakteristika der Lebensprozesse beinhaltet. Das Komplementaritäts- oder Ergänzbarkeits-Prinzip ist der höchste Ausdruck der Eigenschaft der chemischen Verwandtschaft, dieser Grundlage jeder beliebigen chemischen Wechselwirkung und Umwandlung. Der höchste Ausdruck deshalb, weil sie extrem eingeschränkt, auf vier Nucleotidbasen und solche selektiven Bindungen zwischen ihnen reduziert ist, die in der Lage sind, die Erhaltung der Erblichkeit zu gewährleisten. Die Ein-

[41] J. D. Watson and F. H. Crick: „Struktura dezoksiribonukleinovoj kisloty." („Die Struktur der Desoxyribonucleinsäure"). „Problemy zitofiziologii", S. 63.

schränkung erweist sich als Bedingung einer unbegrenzten Entwicklung des Lebens, überdies einer vielfältig-individuellen Entwicklung des Lebens, das die Stabilität des Typs bewahrt. Verschiedene Äußerungen der Ergänzbarkeit der Strukturen in ihrer chemischen Wechselwirkung vollziehen sich nach dem Komplementaritätsprinzip, das nur für die Chemie lebender Organismen charakteristisch ist. Die Mannigfaltigkeit der Komponenten und Bindungen in chemischen Verbindungen der unbelebten Natur wird durch wenige Komponenten und durch das strenge Prinzip der wechselseitigen Ergänzbarkeit in den Biopolymeren ersetzt. Die Komplementarität ist die spezifische Form der Angepaßtheit molekularer Strukturen des Lebenden an die Ausführung geordneter und untereinander abgestimmter Funktionen.

Der Begriff der Angepaßtheit ist auf die molekulare Ebene „hinuntergestiegen", wobei er dort als notwendige Charakteristik der Einheit von Struktur und Funktion auftritt und die biologische Spezifität der molekularen Strukturen ausdrückt. Die chemische Substanz der unbelebten Natur ist ebenfalls spezifisch, d. h. individuell, nicht wiederholbar, sogar im Vergleich mit gleichartigen Substanzen. Im Unterschied dazu drückt die biochemische Struktur in ihrer Spezifität nicht einfach nur die chemische Individualität aus, sondern auch die Eignung des betreffenden chemischen Aufbaus für die Beteiligung an den geordneten und streng ausregulierten Prozessen des Metabolismus.

Darum kann das Komplementaritäts-Prinzip in seiner allgemeinbiologischen Bedeutung nicht verstanden werden, ohne die Spezifität nicht nur der Eiweiße, sondern auch der Nucleinsäuren zu berücksichtigen. Die Entdeckung der Spezifität der Nucleinsäuren durch CHARGAFF[42] hat eine prinzipielle Bedeutung für das Verständnis der Grundprinzipien der modernen molekularbiologischen Forschung. Im Zeitraum von 1947 bis 1950 wurde im Laboratorium CHARGAFFS festgestellt, daß die Nucleotidzusammensetzung der DNS, die aus verschiedenen Organismenarten isoliert wurde, durch ein unterschiedliches quantitatives Verhältnis ihrer Purin- (Adenin und Guanin) und Pyrimidinbasen (Thymin und Cytosin) charakterisiert ist. Das bedeutet, daß Nucleinsäuren Artspezifität besitzen, d. h. die Zusammensetzung der DNS ist charakteristisch für die jeweilige Art, aus der sie isoliert wurde. Es wurden bestimmte Gesetzmäßigkeiten des Nucleotidverhältnisses in der DNS (die sogen. CHARGAFF-Regeln) formuliert: 1) Die Summe der Purinnucleotide ist gleich der Summe der Pyrimidinnucleotide. 2) Der Gehalt an Adenin ist gleich dem Gehalt an Thymin, während die Guanin- gleich der Cytosinmenge ist. Auf Grund dieser Gesetzmäßigkeiten, die an großen Organismengruppen ziemlich breit verifiziert wurden, konnten zwei Typen von DNS unterschieden werden: — der AT-Typ (Überwiegen von Adenin-Thymin gegenüber Cytosin-Guanin) und der GC-Typ (Überwiegen von Guanin-Cytosin).

[42] s. z. B. E. CHARGAFF: „Chemical Specifity of Nucleic Acids and Mechanisms of their Enzymatic Degradation", Experientia 6, 1950, S. 201—209. [A. H.]
s. ferner: E. CHARGAFF und J. N. DAVIDSON: „The Nucleic Acids" voll. III, Academic Press, New York, 1960. [A. H.].

Die folgenden Untersuchungen zeigten, daß der AT-Typ charakteristisch ist für Tiere, höhere Pflanzen und viele Mikroorganismen, während der GC-Typ bei Mikroorganismen, besonders bei Bakterien, weit verbreitet ist. Wie im weiteren gezeigt wird, spielte gerade die Entdeckung CHARGAFFS eine entscheidende Rolle bei der Entwicklung von Untersuchungen zur Artspezifität der Nucleinsäuren, bei der Aufstellung und Lösung von Fragen über den Zusammenhang dieser Spezifität mit der Spezifik der Organismen, mit ihrer evolutionären Entwicklung. „Diese Arbeiten CHARGAFFS", schreibt A. N. BELOZERSKIJ, „muß man als epochal bezeichnen, weil sie eine völlig neue Seite in der Biologie aufschlugen, und tatsächlich grundlegend für die Entwicklung einer neuen Richtung der biologischen Wissenschaft, der Molekularbiologie, waren."[43]

Die Ermittlung streng definierter und für alles Lebende universeller Relationen der Nucleotidpaare, die miteinander nach dem Komplementaritäts-Prinzip reagieren, erlaubt die unendliche Variationsbreite der Nucleotidzusammensetzung der unterschiedlichen Organismen aufzudecken. Anders ausgedrückt, die dargelegten invarianten Beziehungen (CHARGAFF-Regeln) erweisen sich als Schlüssel zur Erkenntnis der Variabilität, der Spezifität der Nucleinsäuren. Die Einheit von Stabilität und Variabilität als charakteristische Eigenschaft des Lebenden, die sich auf den verschiedenen Organisationsebenen sehr vielfältig äußert, wird erst in der Molekularbiologie einem exakten quantitativen Ausdruck zugänglich.

Die Stabilität des Lebensprozesses fand ihre Erklärung in der physiko-chemischen Stabilität und Unikalität der Nucleinsäurenstruktur, die an die Erfüllung der Informationsfunktion angepaßt ist. Das Prinzip der Labilität, der Variabilität, polarisiert sich in den Eiweißen, die mit ihren Fermentfunktionen den offenen Charakter der molekularen Systeme des Lebenden gewährleisten, die Gesamtheit der sich vollziehenden Stoff- und Energieumwandlungen.

Freilich ist, wie das Experiment beweist, die Polarisation des stabilen und variablen Prinzips äußerst relativ. Im Prozeß der Eiweißresynthese wird die Erhaltung oder Veränderung der Realisationswege für die genetische Information durch die Tätigkeit fermentativer Systeme gewährleistet.[44] Mehr noch, der Konservatismus der Vererbung selbst, der mit der Stabilität der DNS zusammenhängt, stellt ein sich veränderndes und sich ausrichtendes System dar. Das Studium der Reparatur-Prozesse (repair) (Beseitigung von Schäden in DNS-Bereichen) bringt wesentliche Ergänzungen in die Vorstellung, daß die Erhaltung der Stabilität der DNS oder umgekehrt, die Entstehung von Mutationen, von einem ganzen System sogenannter Reparaturenzyme abhängt.[45] Diese Vorstellungen verheißen neue Perspektiven für das Verständnis des Mutagenese-Mechanismus (s. auch

[43] A. N. BELOZERSKIJ: „Molekuljarnaja biologija — novaja stupen'. poznanija prirody" („Molekularbiologie — eine neue Stufe der Erkenntnis der Natur"), Moskau, 1970, S. 103.

[44] s. S. E. BRESLER: „Vvedenije v molekuljarnuju biologiju" („Einführung in die Molekularbiologie"), J. CHANTRENNE: „Biosynthesis of Proteins", (russ. Übersetzung, Moskau, 1963) usw.

[45] s. V. N. SOIFER: „Reparirujuščije sistemy kletki" („Reparatur-Systeme der Zelle"), Moskau, 1970.

Kap. II) und bestätigen zugleich das wahrhaft dialektische Wesen des Prinzips der Matrizensynthese.

Der „Anfang" im System der Eiweißbiosynthese, d. h. die Existenz der Matrize (einer spezifischen Nucleotidsequenz des DNS-Moleküls) tritt nur dem Anschein nach als absoluter Anfang auf, der das „Ende", d. h. ein neu gebildetes Eiweiß streng determiniert. Die führende Rolle der DNS in der Matrizen-Synthese liegt außerhalb der Konzeption des Präformismus, einer vulgären Prädeterminiertheit, da der „Anfang" in Einheit mit dem „Ende" verstanden wird, die Realisierung der Matrize in Einheit mit der Existenz jener Fermentproteine, die die Realisierung der Informationsfunktion einer Matrize unterstützen oder hemmen. Der Widerspruch zwischen Stabilität und Labilität liegt im „Anfang". Schon die Tatsache einer gerichteten Existenz der DNS als Matrize für die Eiweißbiosynthese „setzt" das Eiweiß an den Anfang, sowohl als Ziel wie auch als Faktor der materiellen Bedingungen für die Realisierung der Matrizen-Funktion.

Die dialektische Vorstellung über den „Anfang" widerspricht den wörtlich verstandenen Termini „Selbstverdoppelung der DNS", „Selbstreplikation" und offenbart eine ständige Wechselwirkung von Eiweißen und Nucleinsäuren. Der ganze Charakter des Mechanismus der konvarianten Reduplikation ist durch die ständige Einheit von Momenten der Stabilität und Labilität bedingt, beginnend mit der Fähigkeit des DNS-Moleküls zum Mutieren und damit endend, daß das Komplementaritäts-Prinzip, diese starre Wechselwirkungsregel, auf allen Etappen der Eiweißbiosynthese innerhalb des allgemeinen Stoffwechselprozesses und auf seinem „Hintergrund" realisiert wird.

Wir waren bemüht, den Inhalt des Begriffes konvariante Reduplikation so darzulegen (Matrizenprinzip, Komplementarität, Angepaßtheit auf molekularer Ebene), daß offensichtlich wird, daß er in sich die spezifischsten Züge aller auf molekularer Ebene ablaufenden Ereignisse konzentriert und gleichzeitig einen besonderen Ausdruck der biologischen Spezifität insgesamt darstellt.

Tatsächlich bildet jede Eigenschaft oder Etappe der konvarianten Reduplikation eine Fortsetzung der Wirkung chemischer und physikalischer Gesetzmäßigkeiten läßt sich in diesem Sinne auf sie zurückführen und ist der Untersuchung mit Hilfe physikochemischer Methoden zugänglich. Zugleich wird die Richtung eines solchen Studiums durch die Elementarität dieses Prozesses bestimmt, d. h. durch seine weitere Nichtreduzierbarkeit auf niedrigere Strukturebenen innerhalb der Grenzen der Molekularbiologie als biologischer Wissenschaft. Die biologische Spezifität äußert sich in allen Charakteristika der konvarianten Reduplikation bis zu einer solchen eindeutig biologischen Eigenschaft, wie die Angepaßtheit auf molekularem Niveau, die erstaunliche Abgestimmtheit von Strukturen und Prozessen bei der Realisierung der biologischen Funktion. Ebenso wie der biologische Sinn der Existenz des Organismus darin besteht, sich selbst und seine Art im Verlauf der Generationsfolge zu erhalten, besteht der Sinn des ganzen feinen Molekularaufbaus der Zelle in der Sicherung der fundamentalen Grundlagen der Vermehrung.

Der Begriff „Minimal"-Zelle, über den weiter oben gesprochen wurde, besitzt

nicht die notwendigen Attribute, um als Grundabstraktion der Molekularbiologie fungieren zu können. Im Begriff „Minimal"-Zelle ist zwar der Aspekt der biochemischen Einheit des Lebenden ausgedrückt, aber es fehlt der Aspekt der Entwicklung. Davon wird bewußt abstrahiert und das führt, wie sich zeigte, immer dann zu wesentlichen Schwierigkeiten, wenn man die Existenz des Lebens unter dem Aspekt seiner Evolution betrachtet. Darum ist die „Minimal"-Zelle von enormer Bedeutung für den Nachweis der Einheit der organischen Welt. Jedoch bleibt dieses Modell der Einheit innerhalb der Grenzen des biochemischen Herangehens an das Leben, das vorwiegend auf den Nachweis seiner stabilen, universellen und unveränderten Charakteristika gerichtet ist.
Im Gegensatz dazu drückt der Begriff konvariante Reduplikation gleichzeitig sowohl den Aspekt der Einheit als auch den Aspekt der Entwicklung aus, d. h. er entspricht dem wichtigsten Kriterium der biologischen Grundabstraktion — eine Konzentration der wesentlichsten Definitionen sowohl der Struktur als auch des Prozesses zu sein. Das hat prinzipielle Bedeutung für den Aufstieg von der molekularbiologischen Erkenntnisebene zu anderen höheren Ebenen und darüber hinaus für die Mitwirkung an der Entwicklung der theoretischen Biologie insgesamt.
Tatsächlich beteiligen sich am Prozeß der konvarianten Reduplikation auf die eine oder andere Weise praktisch alle molekularen Strukturen der Zelle, und ihm ist auch die gesamte Organisation der Zelle in Zeit und Raum angepaßt. Darum bringt der Begriff der konvarianten Reduplikation die Spezifität der molekularbiologischen Forschung, ihre Existenz als besondere Form des biologischen Wissens zum Ausdruck. Die Zugehörigkeit dieses Begriffes zu den allumfassenden Charakteristika des Lebens ist vor allem dadurch bedingt, daß der Prozeß der konvarianten Reduplikation der Evolution zugrunde liegt. Ohne die Fähigkeit zur konvarianten Reduplikation würden sich die entstehenden Veränderungen in den Nachkommen nicht fixieren, sondern verloren gehen. Gleichzeitig realisiert sich die Evolution auf Grund und dank der entstehenden Matrizenvarianten, was unvermeidlich das Wirksamwerden einer Selektion hervorbringt. Wie das vor sich geht, welcher Art die Mechanismen dieser Elementarprozesse sind, muß man beim Studium einer beliebigen Organisationsebene des Lebenden, beim theoretischen Durchdringen der allgemeinsten Charakteristika des Lebens unbedingt wissen.
In diesem Sinne sprechen wir von der Zugehörigkeit des Begriffes „konvariante Reduplikation" zu derartigen Grundabstraktionen, die fähig sind, die Erkenntnis „von unten" „nach oben" zu führen, sie vom „Einfachen" zum „Komplizierten" aufsteigen, von nur wenigen sehr wesentlichen Charakteristika des Lebens zur Vielfalt seiner Definitionen insgesamt gelangen zu lassen. Vielleicht ist schon jetzt im Begriff der „konvarianten Reduplikation" selbst die Herausstellung irgendwelcher Charakteristika möglich, die das Moment des Allgemeinen und zugleich einer weiteren Unteilbarkeit genauer ausdrücken. Das würde zur Schaffung anderer Elementarbegriffe führen. Möglicherweise verändert sich mit dem Fortschritt der Wissenschaft die Vorstellung über die elementarsten Prozesse.

Auf jeden Fall bedarf jedoch heute die empirisch festgestellte Tatsache der konvarianten Reduplikation einer logischen Analyse des Begriffes „konvariante Reduplikation" als solches, bedarf seiner Definition als molekularbiologischem Elementarbegriff.
Demnach tritt der Begriff konvariante Reduplikation faktisch als eine der Grundabstraktionen der Molekularbiologie auf, da er die am weitesten konkretisierte Form des Begriffes des biologischen Elementaraktes darstellt. Mit fortschreitendem Studium des Prozesses der Eiweißbiosynthese, der Weitergabe der genetischen Information, der Photosynthese usw. wird der Begriff biologischer Elementarakt mit immer konkreterem Inhalt erfüllt und spiegelt den Grad unserer Erkenntnis des Wesens des Lebens wider. Die Bewegung vom Abstrakten zum Konkreten schließt im vorliegenden Falle alle Etappen der detaillierten physikochemischen Untersuchung der Biomoleküle ein, bei der gleichsam die biologische Spezifität ihrer Strukturen verschwindet, um dann am „Ausgang", bei der Synthese der gewonnenen Daten, nicht einfach zum Wissen zurückzukehren, sondern auch zu einem Verständnis des Wesens der biologischen Spezifik zu gelangen. Die Ergebnisse der Molekularbiologie können deshalb auch mit Fakten verknüpft werden, die auf höheren Organisationsebenen erhalten wurden (Organismus, Population usw.), weil der molekularbiologischen Forschung als methodologische Voraussetzung die Vorstellung vom biologischen Elementarakt zugrunde liegt.
Was leistet dieser Begriff nun für die Vereinigung verschiedener Erkenntnisebenen, was trägt er zur Lösung allgemeinbiologischer Fragen bei?
Betrachten wir das vor allem am Problem Wesen des Lebens.

4. Die Molekularbiologie und das Wesen des Lebens

Es gibt in der modernen Wissenschaft eine eigenartige Hierarchie von Charakteristiken zum Wesen des Lebens. Das beginnt mit philosophischen und endet mit konkret-empirischen Merkmalen, die in der konkreten Untersuchung eine stabile Reihe von Parametern fixieren, nach welchen man darüber urteilen kann, ob ein belebtes oder unbelebtes System als Untersuchungsgegenstand dient. Die Kompliziertheit der Situation besteht darin, daß molekularbiologische Forschungen auf Schritt und Tritt gleichsam von dem Verständnis des Kriteriums des Lebenden absehen und sich mit der Sammlung empirischen Materials zufrieden geben.
So sieht die Situation oberflächlich betrachtet aus, wenn man in der täglichen Arbeit der zahlreichen Forscher nur ein allmähliches Fortschreiten von einer Aufgabe der Strukturforschung zur anderen erblickt. Jedoch ist die Tatsache nicht zu übersehen, daß die Grundlagen der dialektisch materialistischen Methodologie in den Prozeß der theoretischen Interpretation des empirischen Materials eingedrungen sind, ob dies die Naturwissenschaftler selbst anerkennen oder nicht.
Ein fundamentaler Beweis für die Nutzung der Methodologie des dialektischen

Materialismus ist die Anerkennung einer qualitativen Spezifik der biologischen Form der Bewegung durch die meisten Naturwissenschaftler. Es ist außerordentlich charakteristisch, daß ENGEL'GARDT in dem erwähnten Artikel über das Problem des Lebens in der modernen Naturwissenschaft nicht irgendeine neue Definition des Lebens gibt, nicht versucht, die Ergebnisse der Molekularbiologie „Punkt für Punkt" in sie einzugliedern. „Eine prinzipielle methodologische Bedeutung für die moderne Naturwissenschaft", schreibt V. A. ENGEL'GARDT, „hat die Definition des Lebens, die vom dialektischen Materialismus ausgearbeitet wurde, wonach das Leben eine besondere, im Vergleich zur physikalischen und chemischen höhere Existenzform der Materie ist."[46] Die nachfolgende Analyse ENGEL'GARDTS über die modernen Ergebnisse der Molekularbiologie in der Erkenntnis des Lebens wird als naturwissenschaftliches Material gesehen, das das philosophische Herangehen an das Wesen des Lebens konkretisiert, aber nicht mit ihm zusammenfließt.

Indessen ist man in der philosophischen Literatur bei der Erörterung des Problems des Lebens oft bestrebt, eine konkrete Definition des Lebens zu geben, die faktisch eine Kopie der naturwissenschaftlichen ist und fast immer mit ihnen einfach verschmilzt. Die Definition des Lebens, die ENGELS gab, wird durch die modernen naturwissenschaftlichen Vorstellungen ergänzt. An die Stelle von Eiweiß und Eiweißkörpern treten Eiweiß, Nucleinsäuren und andere Biopolymere, die Vorstellung vom Stoffwechsel erweitert sich, die „Selbsterneuerung" wird mit Hilfe der Begriffe Autoreproduktion, Autoregulation, Information usw. konkretisiert.

Um Mißverständnisse zu vermeiden, muß man sofort einwenden, daß strukturfunktionelle Definitionen des Lebens berechtigt sind und den wichtigsten Aspekt naturwissenschaftlichen Herangehens an das Problem des Lebens ausmachen. Namentlich in dieser Form äußert sich das konkrete Wissen über das Leben, welches die Wissenschaft im Ergebnis des komplexen Studiums aller Ebenen biologischer Organisation gewann.

Die einfache Wiederholung dieser Art der Definition des Lebens beim philosophischen Herangehens liquidiert faktisch die Spezifik des letzteren. Genau genommen ist der Begriff Leben in seinem naturwissenschaftlichen Inhalt kein philosophischer Begriff. Dieser Begriff kann und muß infolge seiner prinzipiellen Bedeutung einer Analyse vom Standpunkt der dialektischen Logik aus unterzogen werden. Aber eine solche Analyse reduziert sich nicht auf die einfache Konstatierung naturwissenschaftlicher Ergebnisse, auf eine Summierung von Fakten. Vielmehr ist anzunehmen, daß das neue Niveau der naturwissenschaftlichen Auffassung vom Leben die Aufgabe der Korrelation von Philosophie und Naturwissenschaft auf neue Art stellt. Konkreter, es akzentuiert die Aufmerksamkeit auf das Absolute und Relative in der Erkenntnis der Bewegungsformen der Materie, es zwingt dazu, die Grundprinzipien der dialektischen Logik als

[46] V. A. ENGEL'GARDT: „Problema žizni v sovremennom estestvoznanii" („Das Problem des Lebens in der modernen Naturwissenschaft."), Kommunist 1969, No. 3, S. 84.

Methodologie zur Erforschung des Entwicklungsprozesses deutlicher zu formulieren, und stellt die Aufgabe, den Begriffsapparat, den die moderne Biologie für die Beschreibung der Entwicklung benutzt, logisch zu analysieren.
Das philosophische Herangehen an das Wesen des Lebens gründet sich auf jene allgemeinen dialektischen Prinzipien, die von ENGELS in seiner Lehre über die Bewegungsformen der Materie angewandt wurden. Die Einteilung der universellen allgemeinen Bewegung in ihre einzelnen Existenzformen widerspiegelt unser Streben nach konkreter Kenntnis der qualitativen Vielfalt der Bewegung. Jedoch ist die Vorstellung vom Prozeß die allgemeine methodologische Voraussetzung für das Studium jeder einzelnen Bewegungsform. Die biologische Bewegungsform der Materie ist vor allem ein Prozeß, der vom Moment seiner Entstehung an die Eigenschaft der Selbsterneuerung besitzt. Indessen unterscheidet sich die Art und Weise dieser Selbsterneuerung in der biologischen Bewegungsform von denen in der chemischen und sozialen Form. Die Spezifität der Methoden bestimmt die konkrete Existenz des Prozesses und macht dadurch die reale Existenz des Allgemeinen und Spezifischen in der jeweiligen Bewegungsform der Materie untrennbar. Die philosophische Aufgliederung allgemeiner und spezifischer Züge des biologischen Prozesses trägt dazu bei, ihn als eine historisch notwendige und zugleich vorübergehende Etappe des allgemeinen Entwicklungsprozesses darzustellen, die in der sozialen Bewegungsform ihre „Aufhebung" gefunden hat.
Man kann sich drei „Ränge" beim Studium der biologischen Spezifität und entsprechend die Stellung der philosophischen und naturwissenschaftlichen Analyse auf jedem dieser „Ränge" vorstellen.
1. Die Spezifik der biologischen in der Reihe der anderen Bewegungsformen. Die biologischen Wissenschaften untersuchen in diesem Falle die organische Welt als Ganzes, als evolutionierende Ganzheit. Die philosophische Analyse ist auf die Untersuchung des Allgemeinen und Spezifischen in der biologischen Entwicklung gerichtet: wie äußern sich die allgemeinen Entwicklungsgesetze in der organischen Welt, worin bestehen die allgemeinen Gesetzmäßigkeiten der Erkenntnis dieser Entwicklung, wie ist die Wechselbeziehung dieser Gesetzmäßigkeiten mit der konkreten Untersuchungsmethodik gestaltet?
Auf diesem oberen Untersuchungs-„Rang" der biologischen Spezifität ist die Verknüpfung von Philosophie und Naturwissenschaft am offensichtlichsten. Die Fragen nach dem Wesen des Lebens, nach dem Wesen der Evolution und ihren allgemeinen Gesetzmäßigkeiten konfrontieren die Naturwissenschaftler nolens volens mit der philosophischen Problematik, während vor den Philosophen ständig die Aufgabe der weltanschaulichen und methodologischen Analyse naturwissenschaftlicher Grundkonzeptionen steht, die zur Lösung dieser Fragen dienen.
2. Die Spezifik des Biologischen innerhalb der biologischen Bewegungsform, aber auf verschiedenen Organisationsebenen des Lebenden. Hier erfolgt gleichsam eine Abstraktion von der gesamten Vielfalt der Bewegungsformen. Die Aufmerksamkeit konzentriert sich auf die Vielfalt von Erscheinungen des Biolo-

gischen; besser gesagt, auf den Nachweis der Einheit in dieser Vielfalt. Die biologische Spezifität ist eben jenes Einheitliche, das sich in den vielfältigen Formen lebender Systeme und auf verschiedenen Ebenen ihrer strukturellen Organisation äußert.

Auf diesem mittleren „Rang" der Erforschung der biologischen Spezifität bleibt die Philosophie gleichsam im Schatten; sie tritt die Führungsrolle an die Naturwissenschaft mit ihrer Kleinarbeit zur Sammlung gesicherter Daten über die einheitlichen Prinzipien der Lebenstätigkeit der Organismen ab. Die Suche nach diesen Prinzipien in der submolekularen Biologie (G. Szent-Györgi), in der Molekularbiologie und Biokybernetik zeigt ihre Einheit mit den traditionellen Richtungen der biologischen Wissenschaften darin, daß alle diese Wissenszweige von verschiedenen Gesichtspunkten aus solche fundamentalen allgemeinen Eigenschaften des Lebenden untersuchen, wie die Autoregulation und die Autoreproduktion. In der theoretischen Biologie sind in dieser Hinsicht die Arbeiten zur Hierarchie biologischer Systeme und das Prinzip der Systemuntersuchung des Lebenden als solches interessant (z. B. L. Bertalanffy[47], K. M. Zawadskij, K. M. Chailov u. a.).

Aber auch hier ist, ungeachtet des Bedürfnisses vor allen Dingen an konkreten Daten über die Einheit des Biologischen, der philosophische Aspekt vorhanden. Schon die Frage nach dem Wesen der Organisationsstufen, die Analyse der Begriffe „Organisation", „System", „Organisationsebene", „Vielfalt und Einheit", führt zur Methodologie, und die Naturwissenschaftler vollziehen diesen Schritt ständig selber.

3. Die Spezifik der biologischen Bewegungsform im Vergleich mit ihren unmittelbaren genetischen Vorläufern. Das ist die Bewegung von der Biochemie zur Chemie, die Erforschung der spezifischen Äußerung jener Gesetzmäßigkeiten, welche bereits den chemischen Systemen eigen waren und das Auftreten der biologischen bedingten. Im naturwissenschaftlichen Sinne geht es um das Problem der Entstehung des Lebens auf der Erde, um das Problem des Verhältnisses der chemischen, biochemischen und organischen Evolution. Im methodologischen Sinne ist das gleichsam eine Rückkehr zum ersten, zum „oberen Rang", in der Auffassung der biologischen Spezifität. In der Tat wird die biologische Bewegungsform wieder neben andere gestellt und mit ihnen verglichen. Aber das ist nur eine „als ob Rückkehr". In voller Übereinstimmung mit dem Gesetz der Negation der Negation sind wir nach dem Durchlaufen der Etappen — Betrachtung der biologischen Ganzheit im Verhältnis zu einem anderen Bereich (1) und innerhalb ihrer selbst (2) — in der Lage, wesentlich differenzierter an den Vergleich zwischen Physikalischem, Chemischem und Biologischem heranzugehen. Das Neue der dritten Etappe besteht darin, daß an die allgemeinen molekularen

[47] L. von Bertalanffy: „Theoretische Biologie", II. Band. (1. Aufl.: Borntraeger, Berlin, 1942; 2. Aufl.: Franke, Bern, 1951).
s. auch „Vom Molekül zur Organismenwelt" (Grundlagen der modernen Biologie), 2. verb. Aufl., Akad. Verlagsgesellschaft Athenaion, Potsdam, 1949. [A. H.]

Grundlagen des Lebens genetisch herangegangen wird. Damit wird die Analyse der biologischen Spezifitat über den Rahmen der biologischen Wissenschaften hinausgeführt, während in die Lösung des Problems der Entstehung des Lebens praktisch der gesamte Komplex der modernen Naturwissenschaften einbezogen wird.

Das umfassende Herangehen an das Problem der biologischen Spezifität auf diesem unteren „Rang“ ermöglicht in philosophischer Hinsicht das Kriterium des Unterschiedes der Bewegungsformen gründlicher zu betrachten und den philosophischen Zugang zu den Fragen nach der Spezifik des materiellen Trägers und des Charakters der Wechselwirkung zu finden.

Der Sinn dieser Einteilung der biologischen Spezifität in „Ränge“ liegt in einer genauen Bestimmung jenes Fragenkreises, den einzelne Zweige der Biologie zu lösen berechtigt sind. Er liegt auch in jenem Grade der Kompetenz der Philosophie und sogar des Bedürfnisses nach ihr, der wesentlich vom Charakter der konkreten gnoseologischen Situation abhängt. So verändert sich die Anwendungsbreite des philosophischen Herangehens beim Übergang vom bedingt abgeteilten ersten „Rang“ zum dritten: das Verhältnis der Bewegungsformen der Materie und die Evolutionsproblematik sind mit der philosophischen Analyse unmittelbarer verbunden, als etwa das Problem des konkreten Übergangs von einer Organisationsebene zur anderen. Das bedeutet natürlich kein völliges Verschwinden der methodologischen Problematik, aber sie nimmt spezifischere Züge an, wird zu einem konkreteren Ausdruck jener philosophischen Schlußfolgerungen, die bei der Analyse der sehr umfassenden allgemein-biologischen Probleme gewonnen wurden.

Die Bedeutung der Molekularbiologie jedoch wächst mit dem Übergang vom ersten „Rang“ zum dritten. Ein immer größerer Fragenkreis gerät namentlich in ihre Kompetenz, und die biologische Spezifität wird nicht nur unter Berücksichtigung des auf den oberen „Rängen“ gewonnenen Wissens erforscht, sondern auch hinsichtlich dessen, wie aus dem Unspezifischen, aus den Gesetzmäßigkeiten der unbelebten Materie das entsteht, was wir biologische Spezifität nennen. Nach Zurückführung des Spezifischen auf die scheinbar unspezifischen physikochemischen Gesetzmäßigkeiten, die der ganzen Natur eigen sind, beginnt, wie oben mehrfach betont wurde, eine umgekehrte Bewegung vom dritten „Rang“ zum zweiten und danach zum ersten. Somit darf unser Schema der „Ränge“ nicht als ein lineares, einseitig ausgerichtetes verstanden werden, sondern es stellt eher eine spiralförmige Bewegung mit einer fortwährenden Rückkehr vom dritten zum ersten „Rang“ und umgekehrt dar, mit einem ständigen Fallen und Steigen des spezifischen Wertes der molekularbiologischen Forschungen auf jeder der folgenden Spiralwindungen. Mit diesem Spiralschema läßt sich die Tatsache, illustrieren, daß der Begriff der biologischen Spezifität auf den verschiedenen Erkenntnisebenen einen gewissen Sondersinn annimmt und daß zugleich alle diese „Sondersinne“ in den allgemeinen und längst noch nicht abgeschlossenen Prozeß der adäquatesten Formulierung dessen, was die biologische Spezifik eigentlich ist, verwoben sind.

In der Molekularbiologie stellt sie sich vor allem als Spezifität der biochemischen Strukturen und Prozesse dar. Das ist ein ziemlich vieldeutiger Begriff, dessen Definition man gewöhnlich vermeidet, insofern als im konkreten Kontext offenkundig wird, was darunter zu verstehen ist. Der Begriff Spezifität kann nicht wiederholbare Besonderheiten im Aufbau des Makromoleküls, in seiner räumlichen Konfiguration, in den Gesetzmäßigkeiten der Wechselbeziehungen der Molekülbestandteile usw. ausdrücken. In allgemeiner Form ist das alles das, was die Individualität der Moleküle biologisch aktiver Stoffe schafft. Dank der Erfolge der Molekularbiologie wurde offensichtlich, daß die Organismen individuell sind, nicht wiederholbar sowohl in phänotypischen Merkmalen als auch in ihrer biochemischen Zusammensetzung. Sogar die für verwandte Gruppen gemeinsamen biochemischen Strukturen unterscheiden sich unvermeidlich in Strukturdetails, und dieser Fakt schafft früher nie dagewesene Möglichkeiten für das Studium der Individual- und Stammesentwicklung.

Vor der Entdeckung der biologischen Rolle der Nucleinsäuren wurde die Spezifität der Organismen vor allem mit der Spezifität der Eiweiße in Verbindung gebracht. Darunter versteht man, daß die Aminosäurensequenz die sogenannte Primärstruktur des Proteins bestimmt, und diese Sequenz für jedes Eiweiß unikal ist. In den letzten Jahren wurde die Sequenz einiger Dutzend Eiweiße aufgeklärt und jene für die Eiweißchemie prinzipielle Tatsache festgestellt, daß namentlich in der Primärstruktur die Information für den Aufbau der Sekundär- (Art der Polypeptidkette; z. B. α-Helix oder Faltblattstruktur) und Tertiärstruktur des Eiweißes verschlüsselt ist, wobei letztere die dreidimensionale räumliche Konfiguration der Polypeptidketten widerspiegelt. Eine solche Informationskonzentration für den Aufbau eines Eiweißes auf der Ebene der Aminosäurensequenzen, d. h. auf der Ebene der Primärstruktur, hat wahrscheinlich große evolutionäre Bedeutung, da sie die notwendige Organisation des Eiweißes mit der geringsten Gefahr für eine Abweichung gewährleistet.

Jedoch waren die Entstehung einer unikalen Aminosäurensequenz im Eiweiß und die Ursachen für die Existenz dieser Unikalität so lange unklar bis Anfang der fünfziger Jahre die Spezifität der Nucleinsäuren, d. h. eine bestimmte Gesetzmäßigkeit der Nucleotidverhältnisse, festgestellt wurde.

„Nach dieser hochwichtigen Entdeckung, deren Priorität Chargaff zukommt, haben sich in den letzten zwanzig Jahren sehr vielseitige experimentelle Fakten angesammelt, die von ein und demselben zeugen —, und zwar von der außergewöhnlich hohen Spezifität der Nucleinsäuren. Mit Recht begann man diese Verbindungen in hochpolymerem Zustand als materielle Form der Erhaltung der Erbinformation der Art zu betrachten, als chemische Strukturen, die die Eigenschaft einer Matrize besitzen und folglich die Spezifität jener Substrate bedingen, an deren Synthese sie beteiligt sind, und zwar in erster Linie der Eiweiße.“[48]

Die Schule A. N. Belozerskijs untersucht seit 15 Jahren einen großen Kreis

[48] A. N. Belozerskij: „Nukleinovyje kisloty“ („Nucleinsäuren“) — II. Allunionskongreß für Biochemie, Verlag „FAN“, Uzbekische SSR, 1969, S. 5.

von Fragen, die mit der Spezifität der Nucleinsäuren zusammenhängen, mit der Bedeutung dieser Spezifität für die Lösung einer ganzen Reihe wichtiger Fragen zur Systematik der Organismen, ihrer Phylogenese und Evolution. In diesen Jahren wurden Ergebnisse gewonnen, die international wissenschaftliche Anerkennung fanden und unmittelbare Beziehung zur methodologischen Problematik der Molekularbiologie haben. Im zweiten Kapitel wird die Frage nach der Bedeutung dieser Arbeiten bei der Herstellung von Kontakten zwischen Molekularbiologie und Evolutionslehre genauer betrachtet. Hier dagegen gehen wir nur auf die wesentlich engere Frage nach der eigentlichen Spezifik der Nucleinsäuren ein.

Die experimentellen Untersuchungen zur Spezifität der Nucleinsäuren weisen eine für den gesamten Erkenntnisprozeß gemeinsame Gesetzmäßigkeit auf: zunächst wird die Zusammensetzung einer Verbindung, danach ihre Struktur aufgeklärt. Das eine wie auch das andere ist wesentlich für die Bestimmung der Spezifität, aber die Untersuchung der unikalen Nucleotidsequenz im DNS-Molekül stellt eine erheblich schwierigere Aufgabe dar. Im Laboratorium Belozerskijs wurde vor allem die Aufgabe gestellt zu klären, inwieweit die von Chargaff auf der Grundlage der Untersuchung der DNS einer begrenzten Zahl von Untersuchungsobjekten gefundenen Gesetzmäßigkeiten der Nucleotidverhältnisse im DNS-Molekül universell sind. Untersucht wurde die Nucleotidzusammensetzung der DNS verschiedener Bakterien, Strahlenpilze (Actinomyceten), Pilze, Algen, höherer Pflanzen, Wirbeltiere und Wirbelloser. Die Schlußfolgerung, die im Ergebnis der Untersuchungen gezogen wurde, ist heute allgemein anerkannt: Die DNS der gesamten organischen Welt, aller Vertreter sowohl niederer als auch höherer Formen setzt sich im Grunde aus ein und denselben vier Nucleotiden zusammen, wobei das DNS-Molekül bei allen Organismen nach ein und demselben Typ aufgebaut ist und seinem Aufbau ein und dieselbe Gesetzmäßigkeit der Nucleotidverhältnisse zugrunde liegt, wie es die sogenannten Chargaff-Regeln ausdrücken.

Der Beweis für die Universalität der Grundgesetzmäßigkeiten in den Nucleotidverhältnissen eröffnete ein breites Feld von Möglichkeiten für die vergleichende Analyse verschiedenartiger Variationen der Nucleotidzusammensetzung, für die Feststellung einer Korrelation zwischen der sytematischen Stellung des Organismus und dem für ihn charakteristischen Nucleinsäurentyp. So wurde gefunden, daß die Nucleotidzusammensetzung der DNS von Bakterien, Algen, Pilzen, aber auch von einigen niederen Tieren (Einzeller, Schwämme) durch eine breite Variabilitäts-Amplitude von Art zu Art charakterisiert ist. Wie oben schon erwähnt wurde, ist es üblich, zwei Grundtypen der DNS zu unterscheiden, den sogenannten GC-Typ (mit Vorherrschen von Guanin- und Cytosinnucleotiden) und den AT-Typ (mit Überwiegen von Adenin- und Thyminnucleotiden). Die DNS der Mikroorganismen zeigt eine derartige Variabilität der Nucleotidzusammensetzung von solchen mit stark ausgeprägtem GC-Typ bis zum stark ausgeprägten AT-Typ, daß die Zusammensetzung der DNS als eines der wichtigsten Merkmale beim Aufbau einer Systematik der Mikroorganismen benutzt werden kann und muß.

„Sehr oft erwiesen sich Arten, die früher zur gleichen Gattung gezählt wurden (z. B. Azotobacter-Arten), genotypisch (nach der Primärstruktur, d. h. nach der Nucleotidsequenz in den DNS-Strängen) als sehr entfernt voneinander, was direkt dafür spricht, daß sie früher nach rein äußerlichen Merkmalen falsch systematisiert waren.“[49] Die Analyse des Genotyps, die auf immer genaueren Methoden zur Bestimmung der DNS-Zusammensetzung und -Struktur beruht, wird zu einer notwendigen Ergänzung der Gesamtheit der phänotypischen Merkmale und muß bei der Lösung von Fragen über die Systematik und Phylogenie dieser oder jener Organismengruppen berücksichtigt werden. Bislang betrifft das im wesentlichen die Mikrobenwelt, es ist aber keineswegs ausgeschlossen, daß dies später auch für andere, höher organisierte Organismengruppen Bedeutung haben wird.
Die DNS praktisch aller höheren Pflanzen und aller Wirbeltiere und Wirbellosen gehört zu ein- und demselben AT-Typ und ist durch eine relativ geringe Variationsbreite ihrer Nucleotidzusammensetzung charakterisiert. Allerdings folgt hieraus keineswegs, daß die DNS bei höheren Formen weniger spezifisch ist, da in diesen Fällen die Spezifität der DNS überwiegend auf der Linie der Nucleotidsequenz realisiert wird. „Bisweilen kann eine zufällige Übereinstimmung der Nucleotidzusammensetzung bei Formen auftreten, die in der systematischen Stellung weit voneinander entfernt sind. Dieser Gedanke kann durch das Anführen einiger Daten zur Nucleotidzusammensetzung, die erhalten wurden ... für Vertreter verschiedener Typen der Tierwelt, illustriert werden. So sind Schwämme, Mollusken (Nucella), Stachelhäuter (Holothurien) und Chordaten (Schildkröte) fast nicht unterscheidbar, während Hohltiere (Actinia), Mollusken (Pecten), Crustaceen (Garnele) und Chordaten (Taube) nach der DNS-Zusammensetzung praktisch identisch sind.
Darüber hinaus ist es in einer Reihe von Fällen unmöglich, die tierische DNS nach dem Spezifitätskoeffizienten der Zusammensetzung von der DNS vieler Mikroorganismen zu unterscheiden. Die Spezifik der Primärstruktur der DNS dieser Arten wird schon nicht mehr bei der Analyse der Zusammensetzung erfaßt. Namentlich in diesen Fällen erlangt das vergleichende Studium der Nucleotidsequenz ihrer DNS eine besondere Bedeutung.“[50]
Die spezifische unikale Nucleotidsequenz im DNS-Molekül liegt allen Erscheinungen der Spezifität biochemischer Strukturen zugrunde, insofern als diese Sequenz die Matrize für die Eiweißbiosynthese bildet. Von der Nucleotidsequenz hängt der Charakter des genetischen Codes ab, die Besonderheiten der Translation und der Realisierung der Erbinformation, die Spezifität der sich bildenden Eiweiße und schließlich die Individualität des komplexen Organismus. Deshalb würde die Erkenntnis dieser Sequenz den Anfang einer neuen Ära bewußter und gerichteter Veränderung der Organismen, der Umgestaltung ihrer Erblichkeit entsprechend venünftigen und humanitären Zwecken bedeuten.

[49] ebenda, S. 23.

[50] A. N. Belozerskij: „Nukleinovyje kisloty“ („Nucleinsäuren“) — II. Allinnonskougreß für Biochemie, Verlag „FAN“, Uzbekische SSR, 1969, S. 16.

Die sehr komplizierten Probleme einer natürlichen und künstlichen Steuerung biologischer Prozesse auf molekularer Ebene stoßen heute auf die ungelöste Frage nach den Gesetzmäßigkeiten der Nucleotidsequenz. Vielleicht wird diese Lösung, ähnlich der Entdeckung der Doppel-Helix-Struktur der DNS, einmal gefunden werden, indem man dem empirischen Material zu allen möglichen Sequenzen in allen vorhandenen Strukturen der Nucleinsäuren vorauseilt. Oder umgekehrt wird man vielleicht ziemlich lange auf die Akkumulation dieses konkreten Wissens warten müssen, d. h. sich etappenweise vorwärts bewegen müssen, vom Detail zum Allgemeinen. Die Wege wissenschaftlicher Erkenntnis sind schwer vorauszuahnen. Jedoch läßt sich auf Grund der vorliegenden Erfahrungen diese Erkenntnis schon jetzt voraussagen, daß wir auch im Falle der Entdeckung der Gesetzmäßigkeiten der Nucleotidsequenz schwerlich das Problem der biologischen Spezifität als gelöst betrachten können. Man wird die Grundlagen der biochemischen Spezifität, die Grundprinzipien ihres Aufbaus, tiefer erforschen, aber das Phänomen der Spezifität der biochemischen Strukturen selbst wird weder verschwinden noch sich in seinen Ursachen auflösen. Und um so weniger wird das Problem der biologischen Spezifität als Ganzes verschwinden, das in sich alle drei Erkenntnis-„Ränge" einschließt und berufen ist, die ganze Vielfalt biologischer Spezifität auf allen Organisationsebenen des Lebenden zu erklären.

Eine solche Schlußfolgerung erlaubt das gerade angeführte Material über die Spezifität biochemischer Strukturen zu ziehen. Tatsächlich ist in methodologischer Hinsicht das Problem der Spezifität auf molekularer Ebene dadurch interessant, weil es jenen Aspekt des Studiums molekularer Strukturen bestätigt, der dem früher betrachteten Aspekt der biochemischen Universalität direkt widerspricht. An Stelle der Einheit steht die Vielfalt, an Stelle der Universalität — die Unikalität.

Beide Formen des Herangehens sind berechtigt, da sie einen realen Widerspruch in der Organisation molekularer Strukturen widerspiegeln: ihren Typen nach sind sie extrem standardisiert für alles Lebende und trotzdem sind sie in ihrer individuellen Existenz unikal und nicht wiederholbar. Sowohl die eine als auch die andere Eigenschaft ist in das Wesen des Lebens eingeschlossen, das ein diskret kontinuierlicher Prozeß ist. Diskrete Formen des Lebenden, von den individuellen Makromolekülen bis zu einzelnen großen taxonomischen Einheiten, können erhalten bleiben und ihre „Gattung" unter der Bedingung fortsetzen, daß sie, wenn auch nur unbedeutende Variationen zum Gesamt-„Thema" werden. Diese Variationen sind nicht nur unvermeidlich als Ausdruck endlicher Stabilität einer beliebigen Struktur, sondern sogar vorteilhaft für die Realisierung des Anpassungsprozesses, für die Suche jener optimalen Existenzbedingungen, unter denen die Struktur irgendeinen Vorteil gegenüber anderen erwirbt. Individualität der Makromoleküle, Spezifität der biochemischen Strukturen liegt allen Formen der Individualität zugrunde.

Aber wenn für ihre Existenz die Unikalität biochemischer Strukturen ebenso notwendig ist, wie auch die biochemische Universalität, kann man hieraus schließen, daß sie nicht aufhört zu existieren, auf wie wenige einheitliche Prinzipien man sie auch reduzieren mag. Genauer gesagt, daß alles das zum Erkenntnisprozeß gehört: welche einheitlichen Prinzipien der molekularen Ebene wir auch entdecken, man darf nicht vom Aspekt der Vielfältigkeit, von der Spezifität biochemischer Strukturen abstrahieren, die den Schlüssel zur Erkenntnis der realen Vielfalt des Lebens gibt, zur Erklärung dessen, wie und warum seine Evolution abläuft.

Folglich ist der Widerspruch zwischen der Universalität und der Unikalität biochemischer Strukturen nichts anderes als eine besondere Form des Ausdrucks des allgemeinen Widerspruchs von Einheit und Vielfalt des Lebens, der Diskretheit und Kontinuität seines Realisierungsprozesses. Das Prinzip der Kontinuität ist in der Tatsache der Existenz außerordentlich alter und konservativer Mechanismen der molekularen Reduplikation, die den Lebensfaden bewahren, selbst enthalten. Das Prinzip der Diskontinuität, der Diskretheit, liegt ebenso im Reduplikationsmechanismus, aber schon nicht mehr in seinen Grundprinzipien, sondern in den individuellen Charakteristika seiner Strukturkomponenten — in der spezifischen unikalen Nucleotidsequenz, die die Qualität der Vererbung, die Individualität des Organismus bestimmt.

Beide Momente entstanden in den ersten Lebensformen, wie diese auch gewesen sein mögen, als eine spezifische Methode zur Lösung des Widerspruchs zwischen System und Umwelt. Als hochstabiler Stoffzustand fand das Leben solche Formen des Verhältnisses zur Umwelt, die den Widerspruch zwischen System und Umwelt auf eine qualitativ neue Stufe hoben, als sich die selbständigen Größen Umwelt und System bis zu den in der Natur denkbaren Grenzen polarisierten und damit in einem solchen einheitlichen Über-System vereinigt waren, außerhalb dessen man unmöglich die Besonderheiten jedes einzelnen verstehen kann.

Die relative Selbständigkeit des biologischen Systems wuchs nicht nur durch Entstehung neuer Konservierungsmechanismen, neuer Erhaltungsreaktionen und der Umwandlung des Systems in ein offenes, das über eine Selbstkontrolle der inneren Regulation verfügt. Den offenen Charakter erwarb das gesamte Leben als solches, nachdem es den Prozeß der Selbsterneuerung über Generationswechsel, Instabilität, Endlichkeit und Aufhebung der individuellen Existenz geschaffen hatte. Die Stabilität des Lebens wird durch die Instabilität seiner individuellen Formen garantiert. Obwohl sich je nach Zunahme der Organisiertheit eines biologischen Systems der Grad seiner Unabhängigkeit von der Umwelt vergrößert (I. I. Šmalgauzen), muß jedes hochstabile Individualleben die Grundforderung der Erhaltung des Lebens als solches erfüllen, d. h. es muß seinen Platz der nach ihm kommenden Generation überlassen. Nur unter dieser Bedingung werden sich jene genetischen Veränderungen akkumulieren, jene geringen Mutationen, die eine progressive Entwicklung der Art und damit den Prozeß der Artenbildung garantieren.

In diesem Zusammenhang ist es angebracht, den außerordentlich interessanten und zweifellos seiner Zeit voraus eilenden Gedanken S. S. Četverikovs über die

Korrelation zwischen dem Alter der Art, ihrer Existenzzeit und ihrer Veränderlichkeit anzuführen: „... Bei uns bildet sich eine Vorstellung heraus, die der gängigen Ansicht über die Wechselbeziehungen zwischen dem ‚Alter' einer Art und ihrer Veränderlichkeit genau entgegengesetzt ist. Gewöhnlich wird behauptet, daß sich junge Arten noch nicht fixiert haben, daß ihre Merkmale sich erst formieren und sie deshalb stark schwanken und die ganze Art einen hohen Grad an Instabilität, an Variabilität besitzt. Erst nach und nach prägen sich mit dem ‚Alter' der Art ihre Merkmale mehr und mehr aus, werden genetisch fixiert und die Art wird stabil und monomorph.

In Wirklichkeit verhält es sich, wie wir sahen, gerade umgekehrt. Je älter die Art, desto mehr häufen sich innerartliche Genvariationen, desto häufiger wird bald diese und bald jene im homozygoten Zustand beobachtet und desto mehr wird die Art phänotypisch veränderlich. Allgemein gesagt, wächst bei Gleichheit aller übrigen Bedingungen die genotypische Variabilität proportional zum Alter."[51]

Der aufeinanderfolgende Generationswechsel und die freie Kreuzung innerhalb der Populationen schaffen eine Stabilität des Lebens im Ganzen und vergrößern gleichzeitig den Variabilitätsgrad der Art als diskreter Existenzform des Lebens. Die Art als biologische Individualität gewährleistet den Fortschritt des Lebens insgesamt dadurch und in dem Maße, wie unwiederholbar, spezifisch und reich an inneren Genvariationen (Mutationen) sie ist.

Die Unikalität ist Voraussetzung für die Existenz der Universalität. Das ist die gleiche Logik der Beziehung, die auch auf der molekularen Ebene vorhanden ist. Der Unterschied besteht nur darin, daß, wenn das Leben als ganzes das Verhältnis Organismus—Umwelt übermäßig polarisierte und zu einem einheitlichen System machte, dann auf der molekularen Ebene die Polarisation der Seiten des Widerspruchs zwischen Einheitlichem und Vielfalt, Universalem und Unikalem als solche besser sichtbar ist. Tatsächlich ist die Universalität biochemischer Strukturen innerlich erstaunlich arm und einförmig und umfaßt nur einige Typen chemischer Verbindungen. Was die Universalität der molekularen Grundlagen der Vererbung betrifft, so ist ein solcher „Standard" bisher in keinem Naturprozeß gefunden worden. Elementarteilchen als Substrat physikalischer Prozesse, Atome und Moleküle in chemischen Reaktionen — das alles zählt nach Typen Hunderte oder Tausende Grundmuster, während insgesamt nur vier Nucleotide für die ganze Universalität des genetischen Codes verantwortlich sind.

Aber eben diese Einförmigkeit wird durch die Polarisation der Unikalität kompensiert — sie wird ungewöhnlich brüchig und empfindlich gegenüber kleinsten Veränderungen: Mutationen auf molekularer Ebene entstehen als Punktmutationen. Es genügt die Liquidation (Deletion), das Einsetzen oder Ersetzen von nur einem

[51] S. S. Četverikov: „O nekotorych momentach evoljuzionnogo prozessa s točki zrenija sovremennoj genetiki" („Über einige Momente des Evolutionsprozesses vom Standpunkt der modernen Genetik"). „Bulletin MOIP" (Bulletin der Moskauer Gesellschaft der Naturforscher), serija biologičeskaja, 1965, No. LXX, H. 4, S. 49.

Nucleotid aus hunderten oder tausenden von einem DNS-Molekül, um unter entsprechenden Bedingungen eine Mutation hervorzurufen. Deshalb ist die genaue Kenntnis der spezifischen Nucleotidsequenz so wichtig, weil vor allem in ihr dann in der Gesamtheit von Verfahren und Ebenen der biologischen Verstärkung die Natur ihr wichtigstes Geheimnis verborgen hat: — wie mit Hilfe unbedeutender Ursachen sehr bedeutende Wirkungen erzielt werden.

Die Startmechanismen für die Vererbung sind bei aller Primitivität des „Baumaterials von der Natur mit einer solchen Feinheit ausgerüstet, daß sogar die unbedeutendste Abweichung in der Individualität biochemischer Strukturen nicht unbemerkt ablaufen kann, ohne die im jeweiligen Moment herrschende Harmonie und Ausreguliertheit zu stören. Deshalb ist die biochemische Spezifität um vieles sensibler als die Spezifität eines Organismus, der eine Menge von Merkmalen, Funktionen besitzt, durch Überlagern dieser Funktionen, Ersatz der einen, Erwerbung anderer usw. Freilich, je höher das Organisationsniveau des Lebenden ist, desto mannigfaltiger wird die Erscheinungsform der Spezifität, aber jene für molekulare Strukturen charakteristische enge Spezialisierung ist nicht weniger bedeutend für die Realisierung des Anpassungsprozesses. Die strenge Erhaltung der Spezifität ist notwendige Bedingung für die sich unendlich wiederholenden Stoffwechselzyklen, für die geordneten und abgestimmten Prozesse, welche die grundlegende Basis der Lebenstätigkeit bilden.

Somit trägt die Erkenntnis der molekularen Grundlagen des Lebens ihr Schärflein zur Erarbeitung methodologischer Herangehensweisen an das Problem biologische Spezifität bei.

Die Begriffe Diskretheit und Kontinuität, die in der theoretischen Analyse jeder beliebigen Bewegungsart angewandt werden, tragen zum Erkennen der Spezifität der biologischen Bewegungsform auf jeder beliebigen biologischen Organisationsebene bei. Jedes Mal werden bestimmte diskrete Formen des Lebenden (Organismen, Art, Population usw.) und spezifisch biologische Äußerungen des kontinuierlichen Prozesses (Individualentwicklung, Stammesentwicklung, Evolution insgesamt) dargestellt. Die Diskretheit hängt mit der Individualität zusammen, die Kontinuität mit der Existenz bestimmter allgemeiner Grundlagen, allgemeiner Gesetzmäßigkeiten der Entwicklung. Die Einheit dieser Seiten fand ihren theoretischen Ausdruck im Darwinismus. Der Begriff der Art als spezifischer diskreter Lebensform wurde verbunden mit dem Begriff der Evolution, mit dem allmählichen Veränderungsprozeß aller organischer Formen, mit dem Prozeß der Formbildung. Als verbindendes Glied trat der Begriff der natürlichen Auslese (Selektion) auf, welcher die ständigen Übergänge von Diskretheit zu Kontinuität und umgekehrt erklärt, sowie die Grundlagen für das Verständnis der Ursachen des Evolutionsprozesses selbst schafft. Die Dialektik von Diskretheit und Kontinuität innerhalb der Evolutionstheorie ist dem Problem der Evolution, der Erforschung ihrer verschiedenen Phänomene und Triebkräfte untergeordnet.

Die Molekularbiologie betrachtet einen etwas anderen Aspekt der Spezifität des biologischen Prozesses. Auf Grund der physikochemischen Analyse von Prozessen der Lebenstätigkeit wird eine neue Aufgabenstellung möglich: Auf welche Weise

entsteht aus Nichtspezifik Spezifik? Die endgültige Antwort auf diese Frage bedeutet das Problem der Entstehung des Lebens auf der Erde zu lösen. Aber das wird dann schon die zutiefst liegende Ebene sein, auf deren Weg es eine Menge einzelner Teilerfolge sowohl naturwissenschaftlicher als methodologischer Art zu erreichen gilt.
Bisher jedoch kann man auf der Grundlage der modernen Kenntnisse über molekulare Strukturen des Lebenden mit Sicherheit behaupten, daß der Widerspruch von Universalität und Unikalität biochemischer Strukturen das Problem um die Verfahren der Selbsterneuerung eines biologischen Prozesses wesentlich deutlicher macht. Es gibt keine zwei oder mehr Strukturen als Träger entweder der Eigenschaft der Diskretheit oder der Kontinuität. Der eigenartige Dualismus von Diskretheit und Kontinuität besteht in ein- und demselben Prozeß, im Prozeß der konvarianten Reduplikation. Diese Zwei-Einheit wird dadurch garantiert, daß die Informationsmakromoleküle gleichzeitig sowohl universell als auch unikal sind.
Folglich beweist die Molekularbiologie mit außerordentlicher Anschaulichkeit die „Spaltung" des Einheitlichen in gegensätzliche Seiten und orientiert sich sowohl auf ein Einzelstudium dieser Seiten (Probleme der biochemischen Universalität und Spezifität) als auch auf eine Reproduktion des ganzheitlichen, in sich widersprüchlichen Prozesses (Mechanismus der konvarianten Reduplikation).
Der Begriff der konvarianten Reduplikation beweist erneut seine fundamentale Bedeutung für das Verständnis der allgemeinen und besonderen Charakteristika des Lebenden auf seiner molekularen Untersuchungsebene. Die für alles Lebende gemeinsame Einheit von Diskretheit und Kontinuität des biologischen Prozesses ist erstens extrem lokalisiert in Zeit und Raum, wobei sie Teil des einheitlichen Prozesses der konvarianten Reduplikation wird. Zweitens, die gegensätzlichen Seiten dieser Einheit zeigen eine ungewöhnliche Polarisation: Die Universalität, das Moment der Einheit konzentriert sich auf vier Nucleotide, während die Unikalität, die Vielfalt, ihren Niederschlag in den Möglichkeiten einer riesigen Anzahl von Kombinationen ihrer linearen Sequenz findet. Eine solche Polarisation, ein solches Hinführen der Momente der Einförmigkeit und Vielfältigkeit bis zur denkbaren Grenze und zugleich ihre Verschmelzung kennen wir in den Erscheinungen der unbelebten Natur nicht.
Die Widersprüchlichkeit des Erkenntnisprozesses der molekularen Grundlagen des Lebens führt logischerweise zum Problem der Entwicklung: Auf welche Art kann und muß die Konzeption der biochemischen Universalität, die auf dem Widerspruch von Einheit und Vielfalt, von universell und unikal als wesentlichem Moment in den modernen Untersuchungen des Evolutionsprozesses aufbaut, dargestellt werden. Dies wird auch der Gegenstand der weiteren Erörterung sein.

Kapitel II

DIE MOLEKULARBIOLOGIE UND DIE ENTWICKLUNG DER ORGANISCHEN WELT

Das Studium der Prozesse der Entstehung und Entwicklung von materiellen Systemen ist eine notwendige Bedingung, um zu begreifen, warum sie nicht nur einheitlich in den Grundprinzipien, sondern auch vielgestaltig und qualitativ verschieden sind. Das Abstrahieren vom Entwicklungsaspekt kann zu einer einfachen Konstatierung der Fakten führen, welche einerseits Zeugnis von der Einheit der strukturell-funktionellen Grundlagen der Systeme, andererseits von der Vielgestaltigkeit dieser Systeme ablegen.

Um diese Fakten miteinander zu verbinden, um eine kausale Erklärung der Wechselbeziehung zwischen Einheit und Vielgestaltigkeit zu finden, muß man von der Anerkennung der Universalität der Entwicklung ausgehen. So schrieb Engels, „daß die gesamte Natur, vom Kleinsten bis zum Größten, von den Sandkörnern bis zu den Sonnen, von den Protisten bis zum Menschen, in ewigem Entstehen und Vergehen, in unaufhörlichem Fluß, in rastloser Bewegung und Veränderung ihr Dasein hat.“[1]

Die allgemeinen Gesetze dieser Bewegung und Veränderung werden von der materialistischen Dialektik untersucht, die Lenin als die vollkommenste Entwicklungslehre bezeichnete. Die Dialektik in den theoretischen Verallgemeinerungen der Naturwissenschaft anzuwenden bedeutet auch, den Entwicklungsgedanken in ihnen durchzusetzen, heißt eine solche komplexe Betrachtung des Untersuchungsgegenstandes zu realisieren, in der die Entstehung dieses Gegenstandes, seine genetischen Wechselbeziehungen zu vorausgegangenen und nachfolgenden Gliedern des einheitlichen Entwicklungsprozesses, seine, um mit Hegel zu sprechen, innere „Unruhe“, welche den Entwicklungsprozeß selbst und den widersprüchlichen Charakter seiner Erkenntnis bedingt, erfaßt werden.

Die Wahl der gnoseologischen Mittel für die Lösung dieser Aufgabe wird wesentlich dadurch bestimmt, welcher Inhalt in den Entwicklungsbegriff gelegt wird. Das Entwicklungsproblem erörtern sowohl Philosophen als auch Biologen und Nichtbiologen, die auf diese oder jene Weise am Fortschritt des biologischen Wissens interessiert sind. Die Meinungen stimmen mitunter nicht überein, und manchmal widersprechen sie einander direkt. Scheinbar wissen alle, was Entwicklung ist, trotzdem besteht „keine Übereinstimmung in der Welt“.

[1] F. Engels: „Dialektik der Natur“ in K. Marx/F. Engels: Gesamte Werke, Band 20, S. 320.

Der Entwicklungsbegriff ist tatsächlich kein einfacher Begriff, wenn man an ihn nicht von der Position des gesunden Menschenverstandes herangeht, sondern in ihm eine der wichtigsten philosophischen Kategorien sieht, welche die historische Erfahrung der Erkenntnis der sich ewig verändernden Welt aufgenommen hat. Deshalb müssen wir, ehe wir uns der methodologischen Rolle des Entwicklungsprinzips in der molekularbiologischen Forschung zuwenden, eingehender seinen eigentlichen philosophischen „Status", seinen Inhalt und seine Stellung im System der philosophischen Wissenschaft betrachten. Das wird helfen, die wechselseitigen Beziehungen zwischen Philosophie und Naturwissenschaft in ihrer allgemeinen Orientierung auf das Studium des Entwicklungsprozesses zu bestimmen.

1. Die Dialektik als Entwicklungstheorie

Die empirische Tatsache der Existenz einer Entwicklung ist seit jenen uralten Zeiten fixiert, da die Erkenntnis sich gerade zu formieren begann. Eine gegenständliche Tätigkeit des Menschen ist nicht möglich, ohne Trennung der einen Qualität von der anderen, ohne die Verfolgung des Wechsels der Qualität, des Anfangs und Endes irgendeines konkreten Seins. Die Zielgerichtetheit als Charakterzug der menschlichen Tätigkeit hängt unmittelbar mit dem zeitlichen Aspekt zusammen, mit der Unterteilung in Vergangenheit, Gegenwart und Zukunft sowohl in bezug auf den Menschen selbst als auch auf die Welt der Dinge, in der er existiert. Das aktive Verhalten des Denkens zu dieser Welt der Dinge zwingt ständig zu ihrer gedanklichen Systematisierung, zur Herausstellung bestimmter hierarchischer Zusammenhänge, in denen ein Ereignis dem anderen folgt, ein anderes hervorbringt und dadurch einen unendlichen Wechsel der Zustände in der Zeit schafft. Die Feststellung der Wechselbeziehung zwischen den Dingen, die Klärung der Entstehung und Determination der Ereignisse ist nichts anderes als das Erfassen, als der Ausdruck der Entwicklung in der Logik der Erkenntnis.

Das heißt nicht, daß die Entwicklung nicht spezieller Gegenstand der Erkenntnis ist. Die Entwicklungstheorie kann nicht auf induktivem Wege, durch das Aufzählen anschaulich-allgemeiner Eigenschaften der Dinge geschaffen werden, sondern ist immer Ergebnis des schöpferischen Denkens, das neue verallgemeinernde Begriffe schafft, die in ein bestimmtes System eingeordnet sind. Das empirische und theoretische Material der Naturwissenschaft erweist sich als verständlich in seiner Gesamtheit, d. h. es wird mit den fundamentalen Grundlagen der Weltauffassung in Übereinstimmung gebracht, die im Rahmen der philosophischen Theorie ausgearbeitet wurde. Das Erfordernis, die Entwicklung theoretisch auszudrücken, hängt eng mit den weltanschaulichen Bedürfnissen der Erkenntnis zusammen, weshalb die Entwicklungstheorie in der Regel unter die Kompetenz der Philosophie fiel.

Lenin unterscheidet zwei grundlegende beziehungsweise zwei mögliche, zwei in der Geschichte zu beobachtende Entwicklungskonzeptionen — die metaphysische und die dialektische.
Die Frage nach der inneren Widersprüchlichkeit der Dinge, nach der Anerkennung des Prinzips der Selbstbewegung, der Selbstentwicklung der Materie, stellt die wesentlichste Scheide zwischen diesen beiden Konzeptionen dar. „Spaltung des Einheitlichen und Erkenntnis seiner widersprechenden Bestandteile ... ist das Wesen (eine der „Wesenheiten", eine der grundlegenden, wenn nicht die grundlegende Besonderheit oder Seite) der Dialektik."[2] Aber warum und auf welche Weise sind die inneren Widersprüche die Quelle der Entwicklung? „Die Richtigkeit dieser Seite des Inhalts der Dialektik", schrieb Lenin, „muß an Hand der Geschichte der Wissenschaft geprüft werden."[3] Nicht eine Summe von Beispielen, sondern die konsequente Analyse vor allem des naturwissenschaftlichen Materials kann uns den überzeugenden Beweis des spontanen Charakters der Entwicklung „aller Prozesse der Welt" liefern.
Ungeachtet des prinzipiellen Unterschiedes zwischen der dialektischen und der metaphysischen Konzeption werden beide als Entwicklungskonzeptionen betrachtet. Die Vorstellung, daß der Entwicklungsgedanke nur von der dialektischen Philosophie ausgearbeitet wurde, entspricht nicht der realen Lage der Dinge in der Geschichte der Philosophie. Den komplizierten und widersprüchlichen Werdegang der Entwicklungsidee nicht zu berücksichtigen, würde bedeuten, daß das Entwicklungsprinzip auf das Entwicklungsprinzip selbst nicht anwendbar ist.
Indessen waren philosophische Schulen der verschiedensten Richtungen und praktisch alle Bereiche der Naturwissenschaft in einem bestimmten Maße an seiner Herausbildung und theoretischen Begründung beteiligt. Ein Verzicht auf das unberechtigte Streben nach Monopolisierung der Entwicklungsidee wird helfen, sich in ihrer reichen Geschichte zurechzufinden und erst dann den wirklichen Vorzug der Dialektik als Theorie der Entwicklung zu sehen.
Dies ist besonders wichtig bei der Beurteilung der Suche nach Merkmalen der Entwicklung, wie sie für die theoretische Naturwissenschaft charakteristisch ist.
In den verschiedenen Bereichen der Naturwissenschaften existierten und werden sicher weiterhin solche arteigenen Methoden zur Erforschung der Entwicklung existieren, welche sich nicht in eine eindimensionale und gleichzeitig hinreichend bestimmte Bewertung der Entwicklungstheorien als „Bestätigungen der Dialektik" einordnen lassen.
Es ist verständlich, daß die Naturwissenschaften in der Lage sind, jede beliebige Kategorie der Dialektik zu illustrieren, da sowohl das experimentell-theoretische Material als auch die Methoden seiner Erforschung dem Wesen nach zutiefst dialektisch sind. Anders ausgedrückt, die Versuchung, einen solchen illustrativen Weg zu beschreiten, ist deshalb sehr groß, weil es dafür gewisse

[2] V. I. Lenin: „Zur Frage der Dialektik" in Werke, Band 38, S. 338 (Berlin, 1964).
[3] ebenda, S. 338.

objektive Grundlagen gibt. Jedoch darf dabei nicht die reale Gefahr nicht nur einer gewissen Abwertung der naturwissenschaftlichen Theorie, sondern auch des Verlustes der Spezifik einer philosophischen Analyse theoretischer Probleme der Naturwissenschaft übersehen werden. Wenn der Philosoph bei der Erforschung naturwissenschaftlicher Probleme die spezifisch philosophische Seite ungenügend herausstellt, so führt das dazu, daß das verwendete wissenschaftliche Material durch seine Beweiskraft und seine Ergebnisfülle erdrückend wird. Letzten Endes erlangt eine solche Tendenz der „Verallgemeinerung" der Naturwissenschaft Popularität, bei welcher kein Unterschied zwischen naturwissenschaftlichen und philosophischen Begriffen, ontologischen und eigentlich methodologischen Aspekten gemacht wird. Die Philosophie wird von der Naturwissenschaft absorbiert.

Als Wissenschaft von der Entwicklung verwirklicht die Dialektik das komplexe Herangehen an die Erforschung ihres Erkenntnisgegenstandes (der Entwicklung) nur dann, wenn aus ihr nicht isolierte Bereiche der Dialektik der Natur, der Dialektik der gesellschaftlichen Entwicklung und der Dialektik der Erkenntnis ausgegliedert werden. Bei einer solchen Aufgliederung löst sich die Philosophie auf und verschwindet in einer konkreten Entwicklungstheorie, die von Disziplinen der Natur- oder Gesellschaftswissenschaften geschaffen wurden. Die Spezifität und der Wert einer philosophischen Entwicklungstheorie bestehen in der Bewahrung der Eigen-Problematik, nämlich der Grundfrage der Philosophie und des Gegenstandes der Philosophie als Wissenschaft von der Entwicklung des theoretischen Denkens in seinem gegenständlichen objektiven Inhalt. Deshalb bedeutet die philosophische Analyse einer naturwissenschaftlichen Entwicklungstheorie die Betrachtung der jeweiligen Theorie unter dem Aspekt gnoseologischer Erkenntnismittel des Entwicklungsprozesses.

Im Unterschied zur Naturwissenschaft selbst interessiert die Philosophie vor allem die Erkenntnisweise der Entwicklung und nur in ihr und durch sie der sich objektiv vollziehende Entwicklungsprozeß. Die Philosophie ist nicht imstande, beispielsweise das Problem der natürlichen Selektion (Auslese) zu lösen, aber sie ist berechtigt, jene Struktur der Grundbegriffe der Evolution zu analysieren, in deren System der Begriff natürliche Selektion sich heute befindet, und die Veränderung im Inhalt dieses Begriffes zu untersuchen. Durch eine solche Analyse ergibt sich die Möglichkeit, in die neue Art des Herangehens an die Untersuchung der Entwicklung einzudringen, die die moderne Naturwissenschaft hervorgebracht hat und die durchaus nicht nur partielle Bedeutung hat.

Die philosophische Analyse der bestehenden Erkenntnisformen ist berufen, für harmonische Beziehungen zwischen den verschiedenen Arten des Herangehens an die Erforschung des Entwicklungsprozesses zu sorgen. Diese regulierende Rolle ist nicht etwas Äußerliches, wenn sie auf der Analyse der tatsächlich in der Wissenschaft verwendeten Erkenntnismethoden beruht und mit einem objektiven Herangehen an die in der Wissenschaft bestehende Logik der Begriffe verbunden ist. Gewisse Vorbehalte von Naturwissenschaftlern gegen eine „regulierende Rolle" der Philosophie, lassen sich durch verschiedene Mißerfolge bei der Verwirklichung des Bündnisses von Philosophie und Naturwissenschaften erklären. Das erschwert mitunter die Einsicht in die Tatsache, daß die Philosophie auf ein allgemeines Entwicklungsbild nur deshalb Anspruch erhebt, weil es außer der Realität der Dinge auch eine Realität ihrer Erkenntnis gibt, die in allgemeinen, d. h. in kategorialen Formen ihren Ausdruck findet. „Für die philosophische Methode ist nicht ihre allseitige Anwendbarkeit das wichtigste, sondern vielmehr, daß sie versucht, die Bewegungs gesetze des menschlichen Denkens zur Wahrheit aufzudecken.“[4] Während die Naturwissenschaft den Entwicklungsprozeß untersucht, so erforscht die Philosophie, wenn man es so ausdrücken darf, wie der Entwicklungsprozeß analysiert wird und deckt somit seine allgemeinsten Gesetzmäßigkeiten auf. Das ist auch jene, der Philosophie zugängliche Methode zur Erkenntnis der objektiven Realität, die in der Lage ist, die konkret-empirische und die theoretische Erkenntnis zu ergänzen.

Das Hauptproblem besteht darin, die Wege dieser Ergänzung festzulegen, und zwar: Welchen Teil der Arbeit zur Klärung des Wesens der Entwicklung übernimmt die Philosophie und auf welchen Wegen realisieren ihre Resultate „die Rückkopplung“ zur Naturwissenschaft?

Der erste Weg hängt mit der allgemeinen Ausarbeitung der marxistischen Dialektik zusammen, mit der Herausstellung jener aktuellen Probleme, welche in der Lage sind, das Verständnis für die allgemeinen methodologischen Grundlagen der Lösung des Entwicklungsproblems zu geben. In dieser Richtung liegt bis heute eine ziemlich reichhaltige und interessante Literatur vor (Arbeiten von B. M. Kedrov, P. V. Kopnin, E. V. Il'enkov, V. A. Bosenko, V. G. Bibler, M. M. Rozental u. a.).[5] Die Logik dieser Arbeiten macht deutlich, daß schon die Fragestellung, ob sich die Dialektik im Entwicklungsproblem erschöpft, unberechtigt ist. Die Autoren gehen von der Leninschen These über die Einheit von Logik, Dialektik und Erkenntnistheorie als der bei der Analyse aller Probleme der Dialektik grundlegenden These aus. In diesem Falle tritt das Entwicklungsprinzip oder die Entwicklungskonzeption als einheitliche methodologische Grundlage der Forschung auf und kann prinzipiell nicht als ein relativ selbständiger Teil der Philosophie angesehen werden.

Lenin definierte die Dialektik als „umfassendste, inhaltsreichste und tiefste Entwicklungslehre ...“[6], und diese Definition widerspricht nicht nur nicht den anderen Aspekten der Dialektik, sondern stellt wahrhaftig ihr Wesen dar. Ob wir die marxistisch-leninistische Philosophie Dialektik oder dialektische Logik,

[4] P. V. Kopnin: „Logičeskije osnovy nauki“ („Logische Grundlagen der Wissenschaft“), Kiev 1968, S. 229.

[5] s. z. B. auch „Dialektik in der modernen Naturwissenschaft.“ Materialien der II. Allunionskonferenz zu philosophischen Fragen der Naturwissenschaft, Moskau 1970. Akademie-Verlag, Berlin, 1973. (A. H.)
ferner auch: B. M. Kedrov: „Engels o chimii.“ („Engels über Chemie.“), „Nauka“, Moskau, 1971. (A. H.)

[6] V. I. Lenin: „Karl Marx. Kurzer biographischer Abriß mit einer Darlegung des Marxismus“, in Werke, Band 21, S. 41 (Berlin, 1964).

Wissenschaft von den allgemeinen Gesetzen der Bewegung, sowohl der äußeren Welt wie des menschlichen Denkens, oder marxistische Gnoseologie nennen, diese verschiedenen Definitionen sind deshalb ein- und dasselbe, weil der Ausgangspunkt unserer Philosophie das Verständnis der Allgemeingültigkeit der Entwicklung ist. Die Einheit der Entwicklungsgesetze der materiellen Welt und des Denkens bringt sowohl die Fähigkeit zur Erkenntnis selbst als auch ihren objektiven Gehalt hervor.

Die reale Arena des Aufeinandertreffens und der Wechselwirkung „zweier Reihen von Gesetzen", wie sie ENGELS bezeichnete, ist der Prozeß der Tätigkeit, in welchem diese Reihen einander „erkennen" und ihre Verwandtschaft entdecken. Auf diesem „Erkennen" beruht die gesamte Praxis des Menschen bei der Ausnutzung und Umgestaltung der Außenwelt. Dieses „Erkennen" ist nur dadurch möglich, daß die Tätigkeit selbst ein Prozeß, die konzentrierteste, vollständigste Form der Realisierung der Entwicklung ist. Die endgültige Realisierbarkeit der Entwicklung — nicht im Sinne einer Vollendung, sondern des Reichtums entfalteter Charakteristika — wird in ihrem theoretischen Ausdruck gegeben. Das Begreifen der Entwicklungsgesetze macht den Vorteil des Menschen gegenüber der allmächtigen Natur aus oder kompensiert auf jeden Fall die Vergänglichkeit seiner Existenz im unendlichen Fluß des ewigen Seins der Materie.

Mit anderen Worten, das Verständnis der Entwicklungsgesetze stellt die Grundlage der Weltbetrachtung eines Menschen dar. Deshalb ist die Entwicklungstheorie kein Moment, kein Element oder einer der Bestandteile der marxistischen Philosophie. Die Gesamtheit der Gesetze und Kategorien der Dialektik ist auf die Erschließung des Wesens der Entwicklung gerichtet, auf die Erforschung dessen, wie diese Entwicklung möglich ist und verläuft. Die Philosophen sind Zeugen (oder Teilnehmer) der Erörterung der für die Naturwissenschaft so bedeutungsvollen Fragen, was „Selbstorganisation" und „Selbstregulation" sind. Und dabei vergessen sie zum Schaden ihres Berufsstolzes mitunter, daß das Problem der Selbstentwicklung, der Selbstbewegung das Wesen der marxistischen dialektischen Philosophie darstellte und darstellt. Das bedeutet nicht, daß das Problem an sich schon gelöst ist, oder gar etwa in bezug auf die konkreten Mechanismen der Selbstentwicklung. Hier entfaltet sich gerade erst jene Forschungsfront, die durch den Übergang auf die molekulare Ebene lebender Organismen, zur kybernetischen Untersuchung komplizierter Systeme, bedingt ist. Das Problem als solches und seine logische Bearbeitung jedoch existierte bereits viel früher im Bereich der dialektischen Philosophie und die Anerkennung dieser Tatsache ist keineswegs nur eine Frage des Prestiges, sondern besitzt objektiv auch eine wissenschaftliche Bedeutung.

Somit kann die methodologische Rolle der Dialektik als Wissenschaft von der Entwicklung nur in dem Falle aufgeklärt werden, wenn die philosophische Analyse an der Betrachtung der Entwicklungswege der gnoseologischen Fähigkeiten der Wissenschaft interessiert ist, wenn der kategoriale Ausdruck der Dialektik der Entwicklung in Gestalt der Erfolge der schöpferischen Tätigkeit des Menschen auftritt.

Wenn man die Frage direkter stellt, welcher Art im gegebenen Falle die Bindungen zwischen Philosophie und Naturwissenschaft sind, muß man anerkennen, daß die Philosophie keinerlei eindeutige und genaue Regeln oder Rezepte der Erkenntnis liefert. Freilich ist schon die Fragestellung an sich nicht so korrekt, wie es auf den ersten Blick scheinen mag. Was gibt die Philosophie dem Chemiker, was gibt die Philosophie dem Biologen, was gibt die Philosophie dem Ingenieur, Metallurgen, Agronomen und anderen. Solche „direkten“ Fragen sind oft von Fachwissenschaftlern zu hören und, was das Traurigste ist, manche Philosophen versuchen ernsthaft und entsprechend ihren Möglichkeiten zu erklären, was denn nun die Philosophie dem Physiker, im Unterschied zum Chemiker, Ingenieur, Agronom usw. wirklich „gibt“. Den Fachleuten im Bereich der konkreten Wissenschaften ist die Unkenntnis der Tatsache zu verzeihen, daß Versuche, dieses Problem in dieser Form zu lösen, entweder zur Naturphilosphie oder zum Positivismus führten. Dem Philosophen ist jedoch bekannt, daß diese scheinbar entgegengesetzten Konzeptionen sich in der Vorstellung vereinigen, daß die Philosophie nicht nur mit naturwissenschaftlichem Material operieren darf, sondern auch innerhalb der Naturwissenschaft neue Konzeptionen und Begriffe entwickeln kann. In diesem Falle scheint der unmittelbare Nutzen der Philosophie auf der Hand zu liegen. Das Problem jedoch besteht darin, daß die tatsächliche Entwicklung der Wissenschaften diesen „Nutzen“ ablehnt. Bei der Naturphilosophie liegt er in den künstlichen Konstruktionen eines Weltbildes, beim Positivismus in der Aufgabe der für die Naturwissenschaft bedeutsamen Frage nach dem objektiven Gehalt unseres Wissens. Die Folge davon ist, daß die für die Wissenschaft wirklich wichtigen Erkenntnisprobleme, Methoden und Formen zur Erlangung der Wahrheit nicht gelöst, sondern noch mehr verwirrt werden. Der Wunsch, die Philosophie in Form eines Kochbuches in der „Küche“ des wissenschaftlichen Laboratoriums zu sehen, führt nur zur Enttäuschung. Allerdings trifft die Philosophie hier selbst keine Schuld, nicht sie hat diese Enttäuschung verursacht.

Wäre es nicht richtiger zu sagen, daß, je selbständiger und unabhängiger die Philosophie sich fühlt, desto offensichtlicher wird ihre Bedeutung für die Naturwissenschaft. Unter Unabhängigkeit ist der spezifische Gegenstand der Philosophie und die spezifische Betrachtungsweise jenes Prozesses der Gewinnung naturwissenschaftlicher Erkenntnisse zu verstehen, der ganz unter die Kompetenz der Fachwissenschaftler fällt.

Die Untersuchung der allgemeinen Entwicklungsgesetze der Erkenntnis durch die Philosophie, die die Entwicklungsgesetze des Seins zum Ausdruck bringt, hat für den reflektierenden Naturwissenschaftler deshalb Bedeutung, weil die Ergebnisse dieser Untersuchung in den „intellektuellen Hintergrund“ der Tätigkeit des Wissenschaftlers einfließen.

Insgesamt ist die intellektuelle Atmosphäre, in der die Wissenschaftler tätig sind, eine sehr komplizierte Erscheinung. „Intellektueller Hintergrund“ seiner Untersuchungen ist die aufgenommene, transformierte und individualisierte Einwirkung der intellektuellen Atmosphäre, die ein bestimmtes Niveau an Kenntnissen, den betreffenden Charakter der verbreiteten Weltanschauung, den Umfang des Gesichtskreises und der Interessen der miteinander im Gedankenaustausch stehenden Wissenschaftler und schließlich verschiedene Faktoren sozialer, politischer und kultureller Natur in sich einschließt.

Unter diesen Momenten gibt es die sogenannte Kultur des Denkens eines Wissenschaftlers. Ihre Herausbildung ist durch den Untersuchungsgegenstand nicht streng determiniert, obwohl manchmal der Eindruck entsteht, daß die Logik des Denkens, seine Elastizität und Eleganz vollständig und automatisch durch die Logik des Gegenstandes selbst bestimmt wird. ENGELS schrieb, daß die Kunst, mit Begriffen zu operieren, erlernt werden muß. Das Erlernen dieser Kunst setzt den bewußten Wunsch voraus, der Logik des Gegenstandes zu folgen und die Untersuchungsmethoden zu vervollkommnen. Wenn man die wachsende Spezialisierung innerhalb der Wissenschaft in Betracht zieht, dann zeigen sich nicht wenig Situationen, in denen eine enge Aufgabe und ein begrenzter Untersuchungsgegenstand es keineswegs erforderlich machen, die allgemeinen Entwicklungsgesetze zu beherrschen. Die übergreifende Bedeutung der Denkkultur besteht jedoch gerade darin, daß man imstande ist, über bestehende Grenzen hinauszugehen, daß man neue Aufgaben stellen und lösen kann, die die Grenzen des früheren Wissens zerstören. Deshalb kann man als Hauptinhalt der Kultur des Denkens seine Fähigkeit bezeichnen, den Widerspruch wahrzunehmen und Möglichkeiten seiner Lösung zu finden. Der beste Opponent eines schöpferischen Menschen ist er selber; er kennt besser als andere den Gegenstand und ist freier als andere im Kampf gegen jegliche Selbstzufriedenheit und Stagnation. Aber einen solchen Opponenten zu erziehen, ihm Wirkungsbedingungen zu schaffen, das bedeutet auch, den Weg zur Wahrheitsfindung durch Widersprüche als einzig zweckmäßigen gelten zu lassen.

Folglich ist eine Bedingung für das Heranziehen des Naturforschers an die Dialektik deren eigene Fundierung als moderne wissenschaftliche Weltanschauung. Die naturwissenschaftliche Weltanschauung des Wissenschaftlers erhält zusätzliche Quellen zur Vervollkommnung, wenn sie die allgemeinsten Formen der Entwicklung berücksichtigt, an deren Fundierung die Philosophie arbeitet.

Allerdings fordert die moderne Wissenschaft eine noch unmittelbarere Teilnahme der Philosophie an ihrer eigenen Entwicklung, wenn vor ihr die Frage nach der Fundierung der Erkenntnismethode steht. Hier steht es um die Sache gar nicht so einfach und selbstverständlich. Wird die Methode im exakten Sinne dieses Begriffes als Komplex von Arbeitsregeln gefaßt ist anzuerkennen, daß die Dialektik als Weltanschauung besonders gesehen werden muß, wenn sie als Erkenntnismethode erkennbar sein soll. Die Entwicklungstheorie muß als konkretisiertes System von Begriffen dargestellt werden, die in ihrer Dynamik fähig sind, ein ganzes Netz von Schlüssen und Urteilen, zu konstruieren, die als Erkenntnismethode auftreten. In diesem Falle sprechen wir von der Dialektik als Logik der wissenschaftlichen Forschung, als Wissenschaftslogik. Das ist nicht nur eine separate selbständige Richtung in der gegenwärtigen marxistischen

Philosophie, sondern auch ein spezifischer Aspekt der Entwicklungstheorie, der ihr Wesen als dialektische Logik zeigt.
Der gesamte Inhalt des dialektischen Materialismus ist ohne Zweifel in die dialektische Logik, in die Logik der wissenschaftlichen Forschung eingeschlossen. Allerdings ist das keineswegs eine einfache Umbenennung des dialektischen Materialismus in dialektische Logik, wie es bisweilen Anhänger einer Ontologisierung der Philosophie ironisch behaupten. Sie möchten ihr Privileg des unmittelbaren und allein bevollmächtigten Kontaktes mit der Natur erhalten und deshalb der dialektischen Logik einen gewissen besonderen Bereich zuweisen, den sie eindeutig von ihrem eigenen Gegenstand abgeleitet haben und der diesen damit gleichsam ergänzt. Gelingt dieses Verselbständigen nicht und tritt als Inhalt der dialektischen Logik die ganze marxistische Philosophie auf, versagen die „Ontologen" ihr gänzlich die Existenzberechtigung als eine Erfindung der „Gnoseologen", die angeblich beabsichtigen, die Philosophie in der logischen Problematik aufgehen zu lassen.
Zweifellos geht es nicht einfach um eine Umbenennung des dialektischen Materialismus in dialektische Logik. Und eigentlich kann so eine „Umbenennung" einfach deshalb nicht stattfinden, weil sie ein- und dasselbe sind. Die allgemeinen Entwicklungsgesetze, die durch den dialektischen Materialismus formuliert wurden, werden nur dann in eine Erkenntnismethode umschlagen, wenn wir sie logisch verstehen, d. h. als Art und Weise der menschlichen Tätigkeit. Darum ist jene vielfältige Suche nach logischen Wegen zum Aufbau einer wissenschaftlichen Theorie durch die die moderne dialektische Logik charakterisiert wird, auch eine Entwicklung des dialektischen Materialismus. Und umgekehrt, die Vertiefung des philosophischen Verständnisses der allgemeinen Entwicklungsgesetze bedeutet keine Entdeckung irgendwelcher der Naturwissenschaft unbekannter Eigenschaften der Materie selbst, sondern einen Schritt vorwärts in den Methoden der logischen Aneignung der Wirklichkeit.
Im Lichte dieser allgemeinen Bemerkungen über die Auffassung der Dialektik als Entwicklungstheorie muß man auf die Begriffe Bewegung und Entwicklung eingehen. Diese Begriffe werden in allen Arbeiten, die sich mit dem Entwicklungsproblem befassen, erörtert.[7]
Tatsächlich wird die Auffassung der Entwicklung vor allem dadurch bestimmt, wie der jeweilige Autor das Verhältnis von Entwicklung und Bewegung sieht. Ohne detaillierter auf die Unterschiede in der Definition der Entwicklung (irre-

[7] s. V. A. Bosenko: „Dialektika kak teorija razvitija" („Dialektik als Entwicklungstheorie"), Kiev, 1962; „Problema razvitija v sovremennom estestvoznanii" („Das Entwicklungsproblem in der modernen Naturwissenschaft"), Moskau, 1968. I. G. Gerasimov: „Prozess razvitija kak predmet naučnogo issledovanija." — „Dialektika — teorija poznanija. Problemy naučnogo metoda" („Der Entwicklungsprozeß als Gegenstand wissenschaftlicher Forschung". — „Dialektik — Erkenntnistheorie. Probleme der wissenschaftlichen Methode."), Moskau, 1964. S. T. Meljuchin: „Materija v eje jedinstve, besskonečnosti i razvitii" („Die Materie in ihrer Einheit, Unendlichkeit und Entwicklung"), Moskau, 1966; u. a.

versible Veränderungen, qualitative Veränderungen, Bewegung vom Niederen zum Höheren, usw.) einzugehen, kann man feststellen, daß die Haupttrennungslinie in der Frage liegt, ob in unseren Begriffen „Bewegung“ und „Entwicklung“ ein- und dasselbe oder etwas Verschiedenes erfaßt wird? Dementsprechend meinen manche Autoren, daß der Begriff Bewegung wesentlich breiter als der Begriff Entwicklung ist: alles bewegt sich, aber durchaus nicht alles entwickelt sich.
Ein solcher Gesichtspunkt kann einem Naturwissenschaftler imponieren, der von der Philosophie klare und unkomplizierte Rezepte für seine Tätigkeit erwartet. Die einen Systeme werden zu den sich entwickelnden gezählt, andere bewegen sich „einfach“ nur, und entsprechend müssen das Verhalten zu ihnen und die Schärfe der Erkenntnis verschieden sein.
Die Orientierung des Entwicklungsproblems auf materielle Systeme, auf ihre Klassifikation nach dem Prinzip „entwickelt sich — entwickelt sich nicht“ wirft jedoch sofort die Frage nach einem Kriterium für eine solche Unterscheidung auf. Auf welcher Grundlage kann man annehmen, daß ein entsprechendes System sich „einfach“ bewegt und als Illustration der Divergenz von Bewegung und Entwicklung dienen kann? Wie läßt sich begründen, daß umgekehrt ein anderes System sich entwickelt und dadurch wiederum besonders ausgezeichnet ist.
Es wird davon gesprochen, daß sich das betreffende System nicht zu entwickeln braucht, aber in kompliziertere Systeme eingeschlossen sein kann, die deutlich einer Entwicklung unterliegen. Das heißt also, das System zweiter Ordnung entwickelt sich zur selben Zeit, da seine Komponenten, oder die Systeme erster Ordnung sich einfach sinnlos hin- und herbewegen. Dabei kann man natürlich auf den Unterschied zwischen Ganzem und Teil, auf das Fehlen der Additivität von Eigenschaften usw. hinweisen.
Hier lohnt es sich, vor allem an die Argumentation von ENGELS zu erinnern, daß Bewegung jede Veränderung, Veränderung überhaupt ist. Alle sind damit einverstanden, trotzdem abstrahieren die Anhänger der ursprünglichen Ungleichheit der materiellen Systeme in bezug auf die Entwicklung unwillkürlich von der Tatsache, daß die Anerkennung der Bewegung als Veränderung überhaupt — heißt, sie in Beziehung zu einer anderen Veränderung zu setzen, sie in ein ganzes System von Beziehungen einzuschließen. Damit wird die Universalität der Wechselbeziehung, das Verhältnis als reales Sein eines beliebigen Systems zu einem unüberwindlichen Hindernis für eine starre Teilung der Systeme in sich entwickelnde und sich nichtentwickelnde. Selbst innerhalb eines Systems ist es schwierig, Entwicklungsperioden von entwicklungsfreien abzugrenzen, weil das bedeuten würde, den ihm eigenen einheitlichen Entstehungsprozeß künstlich zu unterbrechen. Das Wort „hervorgehen“ („происходитъ“)[8] bedeutet doch nicht nur den Augenblick des Entstehens von irgendetwas, den Zusammenhang mit dem

[8] Die Autorin spielt hier offenbar auf den Doppelsinn des Wortes „происходитъ“ im Russischen an. Es kann sowohl „hervorgehen“, „entstehen“ als auch „vor sich gehen“, „ablaufen“ bedeuten. Im Deutschen dagegen ist zwischen „hervorgehen“ und „vor sich gehen“ deutlich zu unterscheiden (A. H.).

Hervorgebrachten, Vorhergehenden, sondern auch den lebendigen Existenzprozeß selbst.

Wenn jede Bewegung Veränderung überhaupt ist und Veränderungen ständig vor sich gehen („происходят"), dann ist das Hervorgehen („происхождение") auch Entwicklung. Vergangene, gegenwärtige und zukünftige Systeme, ihr zeitliches Intervall der Existenz, das wiederum durch den Charakter der Beziehungen zu anderen Systemen bedingt ist, werden durch den Begriff Entwicklung vereinigt. Mehr noch, die Integration eines Systems in eine Kette von Ursache-Wirkung-Zusammenhängen (in eine Kausalkette) verbietet, die Existenz eines Systems als sich entwickelndes von anderen sich nicht entwickelnden zu trennen. Das partielle Interesse der konkreten Forschung darf keineswegs die Tatsache übersehen, daß das Einwirken anderer Systeme, das als Ursache betrachtet wird, nur eine der möglichen Funktionen einwirkender Systeme, nur eine der Äußerungen ihrer Eigenexistenz ist. Im Ganzen machen sie einen bestimmten Entstehungsprozeß durch, d. h., sie entwickeln sich. Eine andere Sache ist es, daß uns dieser Entwicklungsprozeß im konkreten Fall gleichgültig sein mag, wir lassen seinen inneren Odem außer Acht und konzentrieren uns auf die äußere Erscheinung des Systems, untersuchen seine Einwirkung auf ein anderes Objekt, das wir in seiner ursächlichen Bedingtheit erkennen müssen.

Freilich sind es nicht allein nur die veränderlichen Bedürfnisse der Erkenntnis, die die Frage nach der Entwicklung verwirren. Die objektiven Charakteristika von Systemen, sofern die Wissenschaft über sie urteilen kann, sprechen für eine unterschiedliche Kompliziertheit der Systeme, für unterschiedliche Zeiten ihrer Existenz, für eine verschiedene Dauer ihrer Vorgeschichte, usw. Dies alles ruft den Wunsch hervor, Ordnung in diese sich verändernde, entstehende Welt zu bringen, die Höhen und Tiefen, Verwicklungen und Vereinfachungen, Progreß und Regreß umschließt. Aber mit dem „Ordnung schaffen" hat es seine Schwierigkeiten, wenn der Entwicklungsbegriff fest an den „System"-Begriff gebunden wird und man bemüht ist, ein exaktes Kriterium dafür zu finden, wann sich ein System entwickelt, und wann es einfach nur existiert.

„Ordnung zu schaffen" brauchen wir höchstwahrscheinlich weniger in den Systemen, als mehr in unseren Begriffen von ihnen, von ihrer Existenz.

Als Existenzweise der Materie ist die Bewegung nicht ihre Eigenschaft, sondern ihre immanente Charakteristik, ihr Attribut. Das philosophische Denken „erhöhte" den Begriff Materie, Natur, die ganze uns umgebende Welt bis zum Begriff Bewegung bedeutend früher, als die Naturwissenschaft eine experimentelle Bestätigung für die Universalität der Bewegung erhielt.

Lenins Analyse des Verhältnisses von Materie und Bewegung im Zusammenhang mit der Revolution in der Physik beweist die scheinbar einfache Tatsache, daß es unmöglich ist, sich außerhalb der sich entwickelnden Erkenntnis eine Beziehung zwischen solchen Kategorien wie Materie und Bewegung vorzustellen. Die Entwicklung der Vorstellungen über die Bewegung ist eine Konkretisierung unseres Wissens über die objektive Realität, d. h. über die objektive Realität, d. h. über die Materie.

In dem Werk „Materialismus und Empiriokritizismus“[9] wird überzeugend die Abhängigkeit des neuen Charakters der materialistischen Weltauffassung vom philosophischen Herangehen an die Bewegung als Existenzweise der Sach- und Begriffswelt bewiesen. Ein solches Herangehen an die Bewegung ist eben die dialektische Denkweise, und das Bedürfnis nach ihr entsprang und entspringt der gnoseologischen Problematik innerhalb der Naturwissenschaft selbst.
Zu meinen, daß der philosophische Materiebegriff nur den Fakt der Existenz der objektiven Realität als solchen konstatiert und gegenüber den sich entwickelnden Vorstellungen über die Bewegung indifferent ist, bedeutet zwischen Naturwissenschaft und Philosophie eine solche Kluft zu schaffen, die dann nicht mehr mit Hilfe wohlwollender Worte und beteuernder Losungen überwunden werden kann.
Folglich kann die Materie als philosophische Kategorie nur als sich entwickelnder Begriff verstanden werden. Schon in dieser Behauptung ist die Anerkennung der Universalität der Entwicklung enthalten: sie ist nichts anderes, als die erste methodologische Voraussetzung für die Erkenntnis der Materie. Mit Hilfe dieser Voraussetzung sind wir in der Lage, zur Synthese des philosophischen und naturwissenschaftlichen Wissens in seiner allgemeinen Ausrichtung auf die Erkenntnis der Materie aufzusteigen. Deshalb ist die Naturwissenschaft berechtigt, Systeme zu differenzieren, berechtigt, sie in verschiedenen Zuständen und Perioden ihrer Existenz zu studieren, während die Philosophie den Entwicklungsbegriff nicht mit irgendeiner beliebigen Eigenschaft materieller Systeme identifizieren kann, die in den Systemen mal vorhanden sein, mal fehlen kann, je nach ihrer Organisation und ihren Existenzbedingungen.
Dieser Weg bedeutet ebenso wie das Bemühen, ein einfaches „Schema“ der Entwicklung (Aufstieg oder Blütezeit des Systems, dann gleichmäßiges Niveau eines stabilen Zustandes und schließlich Absinken, Abfall) zu finden, von der gnoseologischen Funktion der Philosophie zu abstrahieren, ihre prinzipiellsten Charakteristika als Wissenschaft von der Weltbetrachtung, von dem Verhältnis des Inhalts unserer Kenntnisse zum Objekt der Kenntnisse, beiseite zu lassen.
Das Entwicklungsprinzip wird nicht aus der Existenz einzelner materieller Systeme abgeleitet, sondern ist theoretischer Ausdruck einer äußerst allgemeinen Charakteristik der Materie, und deshalb methodologische Bedingung ihrer Erkenntnis. Der Ausgangsbegriff Materie wird durch die Erkenntnislogik aufgedeckt als Bewegung und dann als Entwicklung, gerade deshalb weil es notwendig ist, das Wesen dieser einheitlichen und zugleich vielfältigen Welt zu verstehen. Seine ursprüngliche und ewige Widersprüchlichkeit entfaltet sich in den sich ständig ändernden Formen und schafft jenen Prozeß der Entstehung und Entwicklung, der durch den ganzen Komplex der kategorialen Mittel der Dialektik erkannt wird. Darin besteht der organische Zusammenhang zwischen materialistischer Weltanschauung und dialektischer Methode: Die Konkretisierung des Materiebegriffs wird unter Berücksichtigung der gesamten Vielfalt

[9] V. I. Lenin: Werke, Bd. 14, Berlin 1962, S. 7–366.

der Begriffe der Dialektik vorgenommen. Die Materie als sich entwickelnder Begriff fällt mit der Dialektik als Entwicklungstheorie zusammen.

Diese Schlußfolgerung hat prinzipielle Bedeutung für jenen Zweig der philosophischen Forschung, der die Bezeichnung philosophische Probleme der Naturwissenschaft erhielt. Wesentlichster Aspekt der Wechselbeziehung von Philosophie und Naturwissenschaft bleibt das Problem der dialektischen Denkweise. Er entsteht und ändert sich im Prozeß der Entwicklung des naturwissenschaftlichen Wissens und tritt in verallgemeinerter Form im Bereich der Philosophie des dialektischen Materialismus hervor. Dabei erweist sich das Entwicklungsproblem als direktester Verbindungskanal von Philosophie und Naturwissenschaft bei ihrer gemeinsamen Erarbeitung der dialektischen Denkweise. Seine konkrete Erforschung durch naturwissenschaftliche Disziplinen hat spezifische Aufgaben, die unmittelbar mit der Ausarbeitung der Evolutionstheorien und mittelbar mit jenem sich ständig vervollkommnenden Prozeß der Entdeckung widersprüchlicher Eigenschaften der Erscheinungen zusammenhängen, der den widersprüchlichen Charakter der Erkenntnis bedingt.

Dieser innere Zusammenhang der Begriffe Entwicklung und Widerspruch ist das Wesentlichste bei der Überwindung der noch bestehenden Zurückhaltung der Naturwissenschaftler bezüglich der bewußten Aneignung der Dialektik. Die Gegensätzlichkeit von Eigenschaften eines Objekts wird im Experiment fixiert. Die Notwendigkeit eines flexiblen, vielseitigen, auf der Berücksichtigung des Widerspruchs beruhenden Herangehens wird sowohl durch das empirische Material als auch durch das Bedürfnis nach seiner theoretischen Interpretation diktiert. Und dennoch entsteht zuweilen der Schein der Entrücktheit, der übermäßigen philosophischen Interpretation und Abstraktheit des Entwicklungsproblems, das angeblich im konkreten naturwissenschaftlichen Wissen fehlt.

Indessen zeigte die dialektische Philosophie, und das ist vor allem ein Verdienst Hegels, die Unvermeidbarkeit der Anerkennung des Widerspruchs als Grundlage einer allgemeinen Weltbetrachtung, als führendes Prinzip in jener Denkweise, die Anspruch auf das Verstehen und den Ausdruck des Entwicklungsprozesses erhebt. Und umgekehrt hängt die konsequente Durchsetzung des Entwicklungsgedankens mit dem Begreifen der Bewegung als Selbstbewegung, als Widerspruch zusammen, der schon in der Existenz der sich entwickelnden Materie eingeschlossen ist. „Bedingung der Erkenntnis aller Vorgänge in der Welt in ihrer ‚Selbstbewegung‘, in ihrer spontanen Entwicklung, in ihrem lebendigen Leben ist die Erkenntnis derselben als Einheit von Gegensätzen. Entwicklung ist ‚Kampf der Gegensätze‘.“[10] Das ist dann auch jener Trennungsstrich zwischen der metaphysischen und der dialektischen Entwicklungstheorie, der die Unzulänglichkeit eines lediglichen Konstatierens des Entwicklungsfaktes selbst aufdeckt. Es ist wichtig, seine Quelle, seine Ursachen zu verstehen und ein solches System von Begriffen zu schaffen, die den Entwicklungsprozeß widerspiegeln und deren wahres Fundament und „Seele“ der Begriff des Widerspruchs ist.

[10] V. I. Lenin: „Zur Frage der Dialektik“ in Werke, Band 38, S. 339.

Die in der bürgerlichen Philosophie nach HEGEL konzipierten Entwicklungstheorien scheiterten an dieser Aufgabe, das im real historischen und wirklich dialektischen Sinne des Wortes verstandene Prinzip des Widerspruchs konsequent zu verfolgen.[11] Mechanistische Evolutionstheorien, die „schöpferische Evolution" BERGSONS[12], die Theorie der Emergenz-Evolution, die Evolutionsphilosophie WHITEHEADS, der Holismus, die neothomistische Interpretation der Evolution,[13] diese ganze Suche nach einem rationalen Ausdruck der Entwicklung, schlägt unvermeidlich in eine irrationale Appellation an einen „Schöpferdrang", einen „Geist", einen Zweck, an die Vernunft, an Gott als Quelle jenes wirklich bewunderswerten Schöpfungsprozesses, den die Natur im Laufe der Evolution vollbringt, um.

Die Philosophie des dialektischen Materialismus steht nicht abseits von der vergangenen und gegenwärtigen Erforschung der Entwicklung. Ihr Wert besteht in der Entdeckung der wissenschaftlichen Methodologie zur Untersuchung der Entwicklung, in der Verwirklichung eines ganzheitlichen Herangehens an die Entwicklung, das erlaubt, sie ohne Rückgriff auf äußere, immaterielle Kräfte, ohne Hinwendung zum Irrationalismus und zur Mystik, zu erklären.

Wird die Entwicklungstheorie in der oben dargelegten Weise verstanden, d. h. als Fähigkeit des wissenschaftlichen Denkens zur dialektischen Aneignung der Welt, als Vermögen zum Aufspüren und Lösen des Widerspruchs, dann ist der Entwicklungsgedanke notwendige Bedingung jedes beliebigen Aspektes, jedes beliebigen Zweiges der Biologie. Um dies nachzuweisen ist es notwendig, die Logik der biologischen Forschungen in der Weise zu verfolgen, daß die prinzipiellsten Begriffe, die in theoretischen Interpretationen angewandt werden, als sich entwickelnde Begriffe dargestellt werden, die bisweilen nur die traditionelle Form bei verändertem Inhalt bewahren, und umgekehrt, in neuen früher fehlenden Begriffen jenen Inhalt zu sehen, der potentiell im früheren Wissen vorhanden war und durch die vorangegangene Entwicklung der Biologie vorbereitet wurde. Das bezieht sich vor allem auf die Grundbegriffe des Darwinismus. Die Evolutionstheorie stellt jene Schule des dialektischen Denkens dar, deren Erfahrungen bei der Verallgemeinerung der konkreten Materials genutzt werden, die die Herausbildung eines breiten und komplexen allgemeinbiologischen Herangehens an dessen Interpretation fördern und die unvermeidlich einer aufkommenden Überbewertung dieser oder jener Seite der biologischen Erkenntnis, dieser oder jener Untersuchungsmethode entgegenwirkt.

Das gesamte Material des vorliegenden Kapitels ist auf die ausführliche Argu-

[11] s. A. S. BOGOMOLOV: „Ideja razvitija v buržuaznoj filosofii XIX i XX vekov" („Die Idee der Entwicklung in der bürgerlichen Philosophie des 19. und 20. Jahrhunderts."), Moskau, 1962. V. I. KREMJANSKIJ: „Strukturnyje urovni živoj materii" („Strukturebenen der lebenden Materie"), Moskau, 1969.

[12] H. BERGSON: „L'évolution créatrice.", 7. Aufl., Paris, Übers., Jena 1912. (A. H.)

[13] s. auch K. GÜNTHER: „Zur Geschichte der Abstammungslehre" (S. 3–60) und W. ZIMMERMANN: „Methoden der Evolutionswissenschaft (= Phylogenetik)." (S. 61–160) in „Die Evolution der Organismen." (G. HEBERER, Hrsgb.), Stuttgart, 1967. (A. H.)

mentation der oben geäußerten Thesen gerichtet. Sowohl die allgemeine Wechselbeziehung zwischen Molekularbiologie und Evolutionslehre, als auch die Analyse einzelner, sehr wesentlicher allgemeinbiologischer Begriffe (in ihrem Funktionieren innerhalb der Molekularbiologie) wird für das gleiche Ziel benutzt — die Darstellung der Entwicklungskonzeption als notwendige methodologische Grundlage der Molekularbiologie.

2. Molekularbiologie und Evolutionslehre

Die gegenwärtige Erarbeitung der Evolutionslehre hängt direkt davon ab, in welchem Umfang die neuesten Kenntnisse über die Einheit der organischen Welt auf Molekular-, Zell-, Populations- und anderen Ebenen der Organisation des Lebenden berücksichtigt werden. Nur eine Synthese des differenzierten biologischen Wissens kann zum Verständnis der einheitlichen Natur des Lebens und seiner unabdingbaren Eigenschaft, des ständigen Entwicklungsprozesses, führen.
Auf den Wegen zu dieser Synthese, nach der ein immer größer werdendes Bedürfnis besteht, hat die Aufklärung der Wechselbeziehung zwischen Molekularbiologie und Evolutionslehre eine wesentliche Bedeutung. Damit die Erkenntnis der einheitlichen Grundlagen des Lebenden, die von der Molekularbiologie vertreten wird, in einen organischen Zusammenhang mit dem Entwicklungsprinzip tritt, sind Kontakte zwischen Molekularbiologie und Evolutionslehre notwendig. Das ist einer der wichtigsten Wege zur Vereinigung klassischen Erbes der Biologie mit jenen Forschungsrichtungen, die mit der Anwendung exakter Methoden und mit dem Eindringen der Konzeptionen praktisch aller führenden Zweige der modernen exakten Wissenschaften in die Biologie verbunden sind. Eine unzureichende Kenntnis der Evolutionstheorie bei Molekularbiologen äußert sich ebenso negativ bei der Entwicklung der Biochemie, Biophysik, Molekulargenetik usw., wie das Fehlen einer molekularbiologischen Ausbildung einzelner Evolutionstheoretiker, Zoologen, Botaniker usw. bei der Entwicklung der Evolutionslehre.
Bevor wir jedoch die Formen der Wechselbeziehung der Molekularbiologie mit der Evolutionslehre betrachten, ist es notwendig, den problematischen Charakter der Untersuchung dieser Wechselbeziehung hervorzuheben. Die Problematik entsteht durch eine ganze Reihe von Umständen objektiven und subjektiven Charakters.
Einerseits kann die Molekularbiologie als biologische Wissenschaft im Prinzip nicht abseits von der Kernfrage der gesamten Biologie stehen, der Frage nach der Evolution. Die moderne Biologie geht von der Konzeption verschiedener Organisationsebenen des Lebenden aus, deren Wechselbeziehung nicht verstanden werden kann ohne historisches Herangehen, das die Evolutionswege von Systemgebilden aufdeckt. Das Verhältnis verschiedener Organisationsebenen, das in evolutionärem Sinne dargestellt ist, schafft eine objektive Grundlage für die Bewertung der Rolle, welche die Molekularbiologie bei der Lösung allgemein-

biologischer Fragen spielt, für die Bewertung ihrer Stellung im System der biologischen Wissenschaft. Es genügt absolut nicht, die glänzenden Erfolge in der experimentellen Erforschung der molekularen Ebene des Lebens zu konstatieren. Diese Erfolge führen zu Illusionen über die Allgewalt molekularbiologischer Kenntnisse, die angeblich fähig sind, alle Geheimnisse des Lebens zu lüften. Um Extreme in der Beurteilung zu vermeiden und zugleich jene wahrhaft revolutionäre Umwälzung in der Biologie entsprechend zu würdigen, die mit dem Studium der molekularen Ebene des Lebenden verknüpft ist, muß man das ganze System von Wechselbeziehungen der Molekularbiologie mit anderen Zweigen des biologischen Wissens berücksichtigen und ihre Existenz als biologische Wissenschaft darstellen. Aber in einem solchen Fall erhebt sich die Frage, welchen Beitrag die Molekularbiologie für die Erkenntnis des Evolutionsprozesses leistet, da die Gesamtheit des biologischen Wissens eingeschaltet ist in die Lösung dieses für die Biologie zentralen Problems.
Andererseits jedoch bleibt die Molekularbiologie heute vorzugsweise eine experimentelle, auf strukturell-funktionellen Forschungsmethoden beruhende Wissenschaft, und dieses Überwiegen des strukturellen Herangehens schafft wesentliche Schwierigkeiten für eine evolutionäre Interpretation des Materials der Molekularbiologie. Das Studium der allgemeinen strukturellen Grundlagen des Lebenden, der biologischen Universalität der Organismen ist darauf gerichtet, in den lebenden Systemen stabile Gebilde zu finden, die im Prozeß der individuellen und Stammesentwicklung ihre Charakteristika bewahren. Als invarianter Aspekt des Systems ist die Struktur der Entwicklung relativ entgegengesetzt, sie fixiert das Moment der Stabilität und Diskretheit im Unterschied zur Veränderlichkeit und Diskontinuität des Entwicklungsprozesses. Deshalb begünstigt bei einer Reihe von Forschern das umfassende strukturelle Herangehen das Aufkommen von Überlegungen, wonach die entdeckte komplizierte und zugleich universelle Organisiertheit der molekularen Zellstrukturen fast das Prinzip der Evolution des Lebenden selbst untergräbt, insofern als die moderne Wissenschaft noch nicht imstande ist, die Entstehung dieser unikalen Strukturen auf evolutionärem Weg zu erklären. Aber in diesem Fall hört der Übergang vom Nichtlebenden zum Lebenden, die Entstehung der molekularen Grundlagen des Lebens und ihrer weiteren Evolution im Bestand der lebenden Organismen auf, Objekt der Untersuchung zu sein. Es bleibt die Appellation an den reinen Zufall, der die unikale biochemische Organisation hervorgebracht hat, die infolge ihrer ursprünglichen Angepaßtheit an die Erfüllung einer biologischen Funktion unverändert bleibt.
Ein solcher Gesichtspunkt widerspricht nicht nur den bereits vorhandenen und sich entwickelnden Evolutionsaspekten der Molekularbiologie, sondern ist auch methodologisch nicht haltbar, da er eine Abweichung von der wissenschaftlich bewiesenen Tatsache der evolutionären Entwicklung der gesamten organischen Welt und folglich auch aller ihrer Organisationsebenen bedeutet. Als allgemeinste methodologische Grundlage des Systems der biologischen Wissenschaften fordert das Entwicklungsprinzip das Studium der Ähnlichkeit und der Unterschiede in der Wirkung der allgemeinen Gesetzmäßigkeiten der Evolution auf den ver-

schiedenen Organisationsebenen, das Studium der Evolution der Mechanismen des evolutionären Prozesses selbst, sowie der Beziehungen dieser Mechanismen untereinander in Zeit und Raum.

Die Lösung der Widersprüche zwischen dem strukturell-funktionellen und dem historischen Herangehen an die Untersuchung der molekularen Ebene des Lebenden setzt das Erkennen jenes prinzipiellen Momentes in der Spezifik des biologischen Wissens voraus, daß eine exakte Untersuchung von Strukturen nicht exakt sein kann, ohne die Frage nach der Herkunft und Entwicklung dieser Strukturen zu lösen, ohne die Strukturforschung letzlich auf die Bearbeitung des Evolutionsproblems allgemein auszurichten.

Das beseitigt nicht die relative Selbständigkeit jener Zweige der Biologie, welche auf dem strukturellen Herangehen basieren. Der Widerspruch zwischen der strukturell-funktionellen und der historischen Methode entsteht jedesmal von neuem, seine Lösung ist ein unendlicher Prozeß, der auf dem realen Widerspruch zwischen Stabilität und Variabilität in der Entwicklung beruht.

Um den Widerspruch und gleichzeitig die Einheit von strukturell-funktionellem und historischem Herangehen exakter ausdrücken zu können, wollen wir zwei Begriffe einführen — „Evolution der Organisation“ und „Organisation der Evolution“. Der Begriff „Evolution der Organisation“ bewahrt den Hauptakzent auf der eigentlichen Struktur. Die Wiederherstellung ihrer Geschichte ist notwendig für das tiefere Verständnis des gesetzmäßigen Charakters ihrer Organisation und des Zusammenhanges dieser Organisation mit der Funktion. Weshalb eine gegebene Struktur an die Ausübung gerade der vorliegenden Funktion angepaßt ist, stellt eines der wesentlichsten Probleme der Molekularbiologie dar. Sie setzt ein aktives Interesse an der Evolution der Struktur, an den Prozessen der allmählichen Herausbildung jener außerordentlich vollkommenen Art ihrer Organisation voraus, die ihrem komplexen biologischen Funktionieren zugrunde liegt. Das Studium der Evolution der Organisation ist heute eine der wichtigsten Aufgaben der Evolutionslehre, da sie eine exakte und konkrete Kenntnis der Objekte der Evolution, der Prinzipien ihrer Organisation und jener Gesetzmäßigkeiten, die den Formbildungsprozeß steuert, gewährleistet.[14] Das strukturelle Herausgehen an die Erforschung der Evolution abstrahiert gleichsam von der ganzen Breite des Evolutionsprozesses und konzentriert die Aufmerksamkeit auf einzelne Richtungen struktureller Umwandlungen, die den Charakter der Organisation von Systemen verändern.

Im Gegensatz dazu bringt der Begriff „Organisation der Evolution“ die Struktur des Prozesses, die Gesamtheit jener Gesetzmäßigkeiten der Evolution, die die Mannigfaltigkeit ihrer Formen und ihrer Tempi erklären, die Übergänge von

[14] s. K. M. Chailov: „Problema svjazi organisazii i evoljuzii živych sistem.“ („Das Problem des Zusammenhanges von Organisation und Evolution lebender Systeme.“) — Voprosy filosofii 1966, No. 4.
M. M. Kamšilov: „Organisovannost' i evoljuzija.“ („Organisiertheit und Evolution.“) Žurn. obščej biologii, **XXXI**, 1970, No. 2, S. 157—178.

einer Etappe zur anderen sowie die inneren Entwicklungsimpulse zum Ausdruck. Die Untersuchungen der Organisation der Evolution berühren allgemeinere Charakteristika der Spezifik des Lebenden und schließen jene Resultate ein, die in der vorangehenden Etappe beim Studium der Evolution der Organisation gewonnen wurden.

Die Organisation der Evolution ist Forschungsgegenstand verschiedener Zweige der biologischen Wissenschaften, aber vor allem Gegenstand der Evolutionstheorie. Andere Zweige der Biologie benutzen die Evolutionstheorie als methodologische Grundlage der Forschung und bereichern sie durch Ergebnisse, die bei der Untersuchung der verschiedenen Organisationsebenen des Lebenden gewonnen wurden. Das in der modernen Biologie so wesentliche Problem der Organisationsebenen hängt aufs engste mit der Ausarbeitung jener Erkenntnisweisen zusammen, die den verschiedenartigen und gleichzeitig einheitlichen Evolutionsprozeß am adäquatesten auszudrücken vermögen. Dazu ist es vor allem zweckmäßig, die Berechtigung eines solchen Herangehens an das Studium der Evolution zu erhärten, das die Existenz der verschiedenen Erkenntnisebenen der Evolution berücksichtigen könnte. In dieser Beziehung läßt sich von der Molekularbiologie sagen, daß sie nicht nur eine neue, früher unbekannte Organisationsebene entdeckte, sondern auch eigenständige Probleme der neuen Erkenntnisebene der Evolution aufwarf, und zwar der Erkenntnis ihrer molekularen Grundlagen. Diese Forschungsrichtung fördert die erfolgreiche Entwicklung, sowohl der Molekularbiologie selbst als auch der Evolutionstheorie.

Ein Unterscheiden der Begriffe „Evolution der Organisation“ und „Organisation der Evolution“ erlaubt es, die Wege der Synthese von Molekularbiologie und Evolutionslehre genauer zu verfolgen.

Die Evolution der Organisation auf der molekularen Ebene des Lebenden wird von einer so entwickelten Richtung, wie der Evolutionsbiochemie untersucht. Ihr Gegenstand ist die vergleichende Analyse biochemischer Strukturen von Organismen, die zu verschiedenen Arten gehören. Sie erforscht die Korrelationen zwischen den Artunterschieden und dem Unterschied im biochemischen Bestand und Aufbau molekularer Strukturen und stellt bestimmte Gesetzmäßigkeiten in ihrer evolutionären Veränderung fest. Auf Grund der Anwendung eines vergleichenden historischen Herangehens werden nicht nur Strukturen, sondern auch ganze Stoffwechselblöcke, grundlegende Mechanismen der Lebenstätigkeit in solchen Charakteristika entdeckt, die ein tieferes Begreifen der biochemischen Universalität des Lebenden, ihrer Stabilität als wesentlicher Definition des Lebens und gleichzeitig ihrer Labilität als Grundlage der Mannigfaltigkeit des Lebens und seiner Evolution ermöglicht.

Von Bedeutung ist, daß die Evolutionsbiochemie die Evolutionslehre nicht nur als allgemeine Methodologie benutzt, sondern auch für die Ausarbeitung konkreter methodischer Verfahren zur Auswahl der Objekte der vergleichenden Analyse sowie bei der Reproduktion von evolutionären Entwicklungslinien biochemischer Strukturen verwendet. Der vergleichenden Biochemie liegt die Systematik der lebenden Organismen zugrunde, die ein sehr wichtiger Teil der

Evolutionslehre ist. Die Aufgaben der experimentellen Untersuchung der Evolution biochemischer Strukturen und die Interpretation ihrer Resultate wurden durch jene Beziehungen zwischen Organismengruppen korrigiert, die von der Systematik festgestellt wurden. So enthalten z. B. die schon klassisch gewordenen Untersuchungen über die Evolution des Hämoglobins (PAULING[15], ZUCKERKANDL[16]) die Erörterung der Frage, welcher Art die phylogenetischen Beziehungen der ausgewählten Arten sind und wie lang dementsprechend das Zeitintervall ist, das für die Substitution einer Aminosäure durch eine andere in den Polypeptidketten des Hämoglobins notwendig ist. Die Aminosäure-Substitutionen in den α- und β-Ketten von vier Tierarten (Pferd, Schwein, Rind und Kaninchen) traten dann auf, als diese Tiere und der Mensch aus den gemeinsamen Vorfahren abzweigten. Es wurde gezeigt, daß die Zeit, die notwendig ist, damit die Substitution einer Aminosäure bei irgendeiner dieser Arten erfolgt, etwa 7 Millionen Jahre beträgt. Solche Berechnungen, die auf den Daten der Systematik basieren, haben eine große Bedeutung für die Ermittlung der Tempi der biochemischen Evolution sowie für die Lösung der Frage, auf welche Weise morphologische Veränderungen der Organismen von Veränderungen der Moleküle begleitet wurden.

Die grundlegenden evolutionären Entwicklungsrichtungen der Fermente werden auch unter Berücksichtigung der systematischen Stellung und der Evolution jener Organismen untersucht, deren Fermentsysteme sich einer vergleichenden Analyse unterwerfen lassen.[17] Das gleiche läßt sich auch von den Nucleinsäuren sagen, deren Artspezifität breite Möglichkeiten für den Vergleich von Daten der Systematik und der Molekularbiologie bietet sowie für die Ausnutzung molekularbiologischer Untersuchungen zu Zwecken einer Präzisierung der systematischen Stellung dieser oder jener Organismengruppe.

Somit liefert die Evolutionsbiochemie ein markantes Beispiel für die Vereinigung des strukturellen und des vergleichend-historischen Herangehens bei der Unter-

[15] s. z. B.: L. PAULING, H. A. ITANO, S. J. SINGER and I. C. WELLS: „Sickle Cell Anemia, a Molecular Disease." Science **110**, **1949**, S. 543—548 (und viele andere Arbeiten) (A. H.).

[16] E. ZUCKERKANDL: „Hemoglobins, Haeckel's 'Biogenetic Law' and Molecular Aspects of Development." S. 256—274 in „Structural Chemistry and Molecular Biology" (A. RICH and N. DAVIDSON, Hrsgb.), Freeman and Comp., San Francisco, 1968 (dort weitere Literatur) (A. H.).
S. ferner E. ZUCKERKANDL: „The Evolution of Hemoglobin." Scientific American 212, 1965, 110—118. (A. H.).
sowie: E. ZUCKERKANDL und L. PAULING: „Molekuljarnyje bolezni, evoljuzija i gennaja raznorodnost'." („Molekularkrankheiten, Evolution und Genheterogenität.") in „Gorizonty biochimii" (L. A. TUMERMAN, Red.), „Mir", Moskau, 1964 (Übers. der engl. Ausgabe „Horizons in Biochemistry". M. KASHA a. B. PULLMAN, Eds., AP, New York—London, 1962).

[17] D. C. WATTS: „Variation in Enzyme Structure and Function: the Quidelines of Evolution." Advances Comparative Physiology and Biochemistry, Bd. 3, New York—London 1968.

suchung der molekularen Ebene der Lebewesen. Sie zeigt die reale methodologische und methodische Rolle der Evolutionsprinzipien für die Erkenntnis der entscheidenden strukturellen Grundlagen des Lebenden auf. Das Studium der Evolution der Organisation stellt einen notwendigen Bestandteil sowohl der strukturellen als auch der evolutionären Untersuchungen dar.
Außer der Evolutionsbiochemie liefert auch die Entwicklung der Molekulargenetik einen wesentlichen Beitrag zur Ausarbeitung des Evolutionsaspektes der Molekularbiologie. Die Molekulargenetik war nicht nur eine glänzende Fortsetzung der klassischen Vererbungslehre, sondern schuf auch prinzipiell neue Möglichkeiten für die Untersuchung der entscheidenden Grundlagen des Evolutionsprozesses, für die Vereinigung von Genetik und Evolutionslehre, die mit den Arbeiten S. S. ČETVERIKOVS[18] begonnen hatte. Die Entdeckung und Untersuchung der Informationsrolle der DNS führten zu breiten Verallgemeinerungen bezüglich der Universalität des genetischen Codes und der Mechanismen der Mutagenese. Die Mutagenesetheorien stellen einen unmittelbaren Kontakt zwischen Genetik und Evolutionslehre her, da nach modernen Vorstellungen der Mutationsprozeß ein Evolutionsfaktor ist. Das Studium der Mutationen als Ausgangsmaterial der Evolution steht im Zusammenhang mit der Ausarbeitung der genetischen Theorie der natürlichen Selektion.[19] Die Selektion der Phänotypen, d. h. der Gesamtheit von Merkmalen der Organismen (Erscheinungstyp), verbindet sich mit der Selektion jener Genotypen, die die Entwicklung der betreffenden Phänotypen bestimmten.
Das informationstheoretische Herangehen an die Analyse genetischer Systeme bietet die Möglichkeit, die Evolution jener „natürlichen Sprache" zu untersuchen, die zur Übermittlung der Erbinformation dient. Wie V. A. RATNER[20] richtig bemerkt, ist es notwendig, ehe die Frage nach der Evolution genetischer Systeme gestellt wird, eine Klassifikation der Informations-Kommunikationen aufzustellen. RATNER schlägt ein hierarchisches Rangsystem der genetischen Kommunikation vor, bei dem jeder Rang in den nachfolgenden wie ein Teil ins Ganze eingeschlossen wird (Codon — Cistron — Operon — Replicon — Segregon). Die Analyse der fünf genetischen Sprachebenen verbindet sich mit dem Studium

[18] s. z. B.: S. S. ČETVERIKOV: „O nekotorych momentach evoljuzionnogo prozessa s točki zrenija sovremennoj genetiki." („Über einige Momente des Evolutionsprozesses vom Gesichtspunkt der modernen Genetik."), Žurn. eksper. biol., Ser. A, Bd. 2, H. 1 und 4 (1926). (A. H.).
s. auch: „Klassiki sovjetskoj genetiki.", „Nauka", Leningrad 1968, S. 133—170. (A. H.)
T. DOBZHANSKY: „Sergei Sergejevitsch Tschetverikov. 1880—1959.", Genetics 55, 1967, 1—3. (A. H.)

[19] s. P. R. EHRLICH and R. W. HOLM: „The Process of Evolution." (russ. Übers.: „Mir", Moskau 1966).
s. auch O. T. SOLBRIG: „Principles and Methods of Plant Biosystematics.", MacMillan Comp., London, 1970. (A. H.)

[20] s. V. A. RATNER: „Genetičeskije upravljajuščije sistemy." („Genetische Steuerungssysteme"), Novosibirsk, 1966.

der Hierarchie der Steuerungsebenen in genetischen Systemen — der Ebene des Stoffwechsels, des Operons, der Zelle, der Ontogenese und Population. Die Hierarchie dieser Ebenen widerspiegelt die zunehmende Kompliziertheit der genetischen Systeme, das sich immer mehr komplizierende Steuerungssystem.

Informationsmodelle genetischer Systeme sind nur ein Zugang zur Evolutionsproblematik, insofern als die Evolution der genetischen Systeme sich zweifellos nicht in Übereinstimmung mit den genannten Hierarchien genetischer Steuerungs-Systeme vollzog (sehr wahrscheinlich entstanden sie gleichzeitig). Allein schon die Klassifizierung genetischer Systeme kann jedoch eine positive Rolle beispielsweise bei der Lösung einer so prinzipiellen Frage spielen, wie der nach den Evolutionswegen zweier großer Organismengruppen — der Prokaryoten und der Eukaryoten, die sich durch die Organisation der Zelle unterscheiden. Die Prokaryoten (Bakterien, Blaualgen, Actinomyceten) haben keinen ausgeformten Kern, der Erbapparat wird durch chromosomenähnliche Fäden gebildet. Die Eukaryoten (alle höheren Pflanzen und Tiere, Hefen) besitzen einen hochorganisierten Kernapparat, eine Kernmembran. Ein Vergleich des genetischen Codes dieser zwei Organismengruppen wird erlauben zu bestimmen, welche der beiden existierenden Hypothesen über die Evolution der Zelle zutreffender ist: stammen die Eukaryoten von den Prokaryoten ab oder haben sie einen gemeinsamen, noch primitiveren Vorfahren und entwickelten sich parallel. Der größte Riß in der Evolution, der erst unlängst mit der Entdeckung dieser beiden Gruppen von Organismen festgestellt wurde, könnte in dem Maße erklärt werden, wie die genetischen Systeme der Pro- und Eukaryoten untersucht werden.[21] Und umgekehrt wird die Lösung dieses komplizierten Evolutionsproblems Licht in die Fragen nach der Evolution genetischer Systeme bringen.[22]

Zugleich mit der Evolutionsbiochemie und der Molekulargenetik bildet sich in der Molekularbiologie eine solche Richtung der Evolutionsforschung heraus, die umfassendere Probleme der Synthese des Wissens vom Wesen des Lebens und seiner Entwicklung aufwirft. Immer häufiger stößt man in der Literatur auf den Begriff „molekulare Grundlagen der Evolution“. Dieser Begriff reduziert sich nicht auf die Evolutionsbiochemie, da in seinem Inhalt der Akzent nicht auf die Evolution der Organisation gelegt wird, sondern auf die Organisation der Evolution, auf die Korrelation der Ergebnisse der molekularbiologischen Forschung mit allgemeinevolutionären Gesetzmäßigkeiten höherer Organisationsebenen des Lebenden. Für das Verständnis der Gesetzmäßigkeiten des Evolutionsprozesses erweist sich die Kenntnis der Evolution präbiologischer Systeme, die Untersuchung der Evolution der Gene und Eiweiße, der Veränderungen von

[21] C. D. Darlington: „Evolution of Genetic Systems.“ — Oliver & Boyd, Edinburgh—London, 1958.

[22] s. auch R. W. Kaplan: „Probleme der Lebensentstehung und der frühesten Evolution.“, S. 511—550 in „Die Evolution der Organismen.“ (G. Heberer, Hrsgb.), Stuttgart, 1967. (A. H.).

grundlegenden Mechanismen der Lebenstätigkeit auf molekularem Niveau als immer wichtiger.

Das Studium der Evolution lebenswichtiger Moleküle ist unerläßlich für das Verständnis der rezenten Lebensformen, ihrer tieferen Mechanismen, deren Beherrschung die notwendigen Voraussetzungen für die Steuerung der Lebensprozesse schafft. Hierunter fallen auch die Probleme der Entstehung des Lebens und der Möglichkeiten seiner Formenvielfalt im Universum. „In der Naturwissenschaft" — schreibt A. I. Oparin —," gibt es drei sehr wichtige Probleme, welche die Menschheit zu allen Zeiten beschäftigten. Um diese drei Probleme zu lösen, muß man sie in ihrer Einheit, in ihrem wechselseitigen Zusammenhang betrachten. Das erste ist die Natur des Lebens, das zweite, die Entstehung des Lebens und das dritte schließlich, die Verbreitung des Lebens im Weltall."[23]

Der Zusammenhang dieser, allein schon jedes für sich selbst grandiosen wissenschaftlichen Probleme, stellt die Aufgabe einer komplizierten Synthese empirischer und theoretischer Untersuchungen und es wäre falsch, die Molekularbiologie nur für einen empirischen Partner in diesem Problem zu halten. Ungeachtet dessen, daß die Evolutionsproblematik keineswegs schon in genügendem Maße das Denken der Molekularbiologen anerkennt, zeichnen sich die existierenden Forschungsrichtungen über die molekularen Grundlagen der Evolution durch das Suchen nach einer adäquaten begrifflichen Fassung des neuen Forschungsgegenstandes aus, und nehmen bestimmte theoretische Interpretationen neuer Daten der Evolutionsbiochemie und Molekularbiologie insgesamt vor.

In diesem Zusammenhang ist es nicht uninteressant, die breite Palette verschiedener Definitionen des Forschungsgegenstandes zu erwähnen, welche das Streben der neuen wissenschaftlichen Richtung nach Selbstbestimmung, nach Feststellung der Möglichkeiten und Grenzen der Anwendbarkeit des neuen Herangehens widerspiegelt.

Der oben erwähnte Begriff „molekulare Grundlagen der Evolution" wird freilich am häufigsten angewandt. Er hat den Vorzug des direkten Hinweises auf den Zusammenhang zwischen Molekülen und Evolution. Unter Evolution wird in vorliegendem Falle natürlich die sogenannte Darwinsche Evolution verstanden, die als Prinzip bereits herausgebildete Organismen hat. Streng genommen müßte die ganze präbiologische Entwicklungsperiode des Stoffes aus der Betrachtungssphäre ausgeschlossen werden; andernfalls müßte man zusätzliche Erläuterungen über den Inhalt des Begriffes „Evolution" geben. In der Regel wird eine solche Erläuterung nicht gegeben, und in den Begriff „molekulare Grundlagen der Evolution" wird ein äußerst breiter Fragenkreis eingeschlossen.

Zum Erhellen dieses Begriffes wird ein umfangreiches Faktenmaterial verwendet, das die Spezifik von Bau und Funktionen der Eiweiße und Nucleinsäuren beschreibt, die Besonderheiten ihrer Wechselbeziehungen, die Artspezifität mole-

[23] A. I. Oparin: „Istorija osnovnoj problemy simpoziuma." — „Proischoždenije predbiologičeskich sistem." („Die Geschichte grundlegender Probleme des Symposiums." — „Die Entstehung präbiologischer Systeme.", Moskau, 1966. S. 100.

kularer Strukturen, den Mechanismus der Proteinbiosynthese, den Replikationsmechanismus, mögliche Wege seiner Entstehung usw. erklärt.[24] Wahrscheinlich ist es keine Übertreibung zu sagen, daß das gesamte bis zum heutigen Tage bekannte Material der Molekularbiologie in den Inhalt des Terminus „molekulare Grundlagen der Evolution“ eingeschlossen ist. Dieser Umstand muß zu einer gewissen Verschwommenheit dieses Begriffes führen, ebenso wie zu seinem deutlich deskriptiven empirischen Charakter.

Bei aller Kompliziertheit und Unvollständigkeit der Problematik der entstehenden molekular-evolutionären Richtung darf man nicht von der Notwendigkeit einer detaillierten Definition jenes Objektes abgehen, von dem gesagt wird, daß es der Evolution unterworfen ist und von jenem zeitlichen Intervall, welches durch die Untersuchung umfaßt wird. Beide Fragen hängen eng zusammen: Wenn das Objekt die Moleküle schon ausgebildeter Organismen sind, dann ist der „Null“-Punkt der Untersuchung die Zeit, als das Leben schon entstanden war. Und umgekehrt, wenn unter Evolution die Evolution der Organismen verstanden wird, dann dürfen streng genommen nur jene Moleküle das Objekt sein, aus denen sie bestehen und die somit die fundamentalen Charakteristika aller Lebensprozesse bedingen.

Es ist klar, daß bei einem solchen Herangehen alles das unberücksichtigt bleibt, was „unter“ dem Leben, vor dem Leben liegt. Und dahinter kann sich sowohl ein gesunder Skeptizismus in bezug auf das geheimnisvolle Problem der Entstehung des Lebens verbergen, als auch eine direkte Negierung jeder anderen Evolution außer der Evolution der Organismen. In jedem Falle darf jene offensichtliche Tatsache, daß nur die heutigen (rezenten) Organismen einer vergleichend historischen Untersuchung der molekularen Grundlagen der Evolution zugänglich sind, keine geringschätzige Einstellung zur begrifflichen Fassung des theoretischen Untersuchungsgegenstandes hervorrufen, was unter Evolution und dementsprechend unter ihren molekularen Grundlagen verstanden wird. Man kann den Untersuchungsbereich nur in den Grenzen der DARWINschen Evolution umreißen, es läßt sich allerdings, wie wir weiter sehen werden, in den Begriff der molekularen Grundlagen der Evolution auch die chemische Evolution mit einschließen, aber von prinzipieller Bedeutung für den Aufbau und die Entwicklung der molekular-evolutionären Richtung ist das Streben nach einer präzisen Fassung des Forschungsgegenstandes, nach einer klaren Formulierung jener Konzeption eines Forschers, die dem von ihm ausgewählten Fragenkreis als das Wesentlichste zugrunde liegt.

In dieser Beziehung ist der Forschungsgegenstand im Begriff „chemische Paläogenetik“ genauer formuliert. J. BERNAL drückt den Inhalt dieser Richtung folgendermaßen aus: „Das Studium der Entstehung der Fermente und anderer Eiweiße im Zusammenhang mit der Systematik lebender Organismen beginnt gerade erst, jedoch erhielt diese Richtung schon ihren eigenen Namen —

[24] s. Ch. B. ANFINSEN: „The Molecular Basis of Evolution.“ John Wiley & Sons, Inc., New York, 1961. (russ. Übersetzung: Moskau 1962).

chemische Paläogenetik. Heute eröffnet sich die Möglichkeit, den Prozeß der Entstehung der Eiweiße bei verschiedenen Arten zu verfolgen und auf diese Weise zu klären, zu welchem Zeitpunkt diese oder jene Veränderungen erfolgten. Allein diese Tatsache zeugt davon, daß die chemische Evolution nicht in irgendeinem bestimmten Stadium aufhörte, sondern sich durch fortlaufende Modifikationen schon existierender Eiweiße und Fermente fortsetzte."[25] Der letzte Satz ist charakteristisch für die Position BERNALS: er leitet folgerichtig in allen Arbeiten die molekularen Grundlagen der Evolution unmittelbar aus der chemischen Evolution ab. In dem vorliegenden Falle ist jedoch nur wichtig, daß sich nach Meinung BERNALS die chemische Paläogenetik im Grunde mit der Evolution von Eiweißen und Fermenten befaßt.

In der Konzeption von E. ZUCKERKANDL erweitert sich der Kreis der zu untersuchenden Fragen; seine allgemeine Einstellung zur chemischen Paläogenetik ist gestiegen: ZUCKERKANDL meint, daß sie schon den Status einer selbständigen Wissenschaft erworben hat und die „molekularen Dokumente der Evolutionsgeschichte" untersucht. „Ihre Grundaufgabe ist das Feststellen einer wahrscheinlichen Aminosäurensequenz in den Ur-Polypeptidketten, aber auch der Basensequenz in den entsprechenden Genen. Diese Wissenschaft befaßt sich mit der Klärung des Schicksals jedes Gens im Evolutionsprozeß und versucht festzustellen, ob eine Genverdopplung stattfand, und wenn ja, dann wann? Wie war das weitere Schicksal der duplikaten Gene? Wie konnten sie in verschiedenen Genombereichen auftauchen? Welche Mutationen erfuhren sie dann? Schließlich interessiert sich die chemische Paläogenetik für die Faktoren, die die Geschwindigkeit der Syntheseprozesse verschiedener Polypeptidketten und ihre Abgestimmtheit in der Zeit regulieren."[26] Wie aus den aufgeführten Fragen ersichtlich, ist das Programm der chemischen Paläogenetik außerordentlich umfangreich und vielgestaltig. Es umfaßt sowohl die Ur-Polypeptide als auch das „Schicksal jedes Gens" und ebenso die Regulationsprozesse.

Darüber hinaus sieht E. ZUCKERKANDL als reale Entwicklungsperspektive der chemischen Paläogenetik die Möglichkeit, die statistische Vergleichsanalyse einiger Polypeptidketten für die Rekonstruktion der Aminosäurensequenzen der Eiweiße jener Organismen zu benutzen, die nicht als Fossile erhalten geblieben sind. „Wahrscheinlich besteht ein wesentlicher Wert der chemischen Paläogenetik darin, daß es mit ihrer Hilfe möglich ist, einen phylogenetischen Stammbaum auf der Basis von Daten über die molekularen Sequenzen aufzubauen, der völlig unabhängig von den phylogenetischen Daten ist, die mit den üblichen Methoden erhalten wurden. Wenn das realisierbar ist, dann werden die Wissenschaftler die Möglichkeit erhalten, phylogenetische Stammbäume zweier Typen zu vergleichen — den molekularen und den klassischen — und zu bestimmen, ob sie einander

[25] J. BERNAL: „The Origin of Life", London 1967. zit. nach der russ. Übersetzung: „Vozniknovenije žizni" (A. I. OPARIN, Red.), Moskau 1969 („Mir"), S. 115.

[26] E. ZUCKERKANDL: „Evoljuzija gemoglobina" in „Molekuly i kletki" („Evolution des Hämoglobins" in „Moleküle und Zellen"), Moskau 1966, S. 99—100.

entsprechen. Und falls es sich herausstellt, daß das so ist, dann ist die chemische Paläogenetik eine überzeugende und unabhängige Bestätigung der auch ohne dies bereits ausreichend fundierten Evolutionstheorie."[27]

Der Optimismus des Autors und seine Einstellung zu den Perspektiven einer chemischen Paläogenetik sind durch die schon erhaltenen Befunde bei der Aufstellung molekularer „Stammbäume" anhand einzelner Aminosäurereste und ganzer Polypeptidketten des Hämoglobins durchaus berechtigt. Die Begeisterung über die Resultate führte dazu, jene Tatsache etwas außer Acht zu lassen, daß dies nur ein (gesperrt, Hrsgb.) Hämoglobin ist, daß es aber zur Aufstellung molekularer „phylogenetischer Stammbäume" selbst nur der grundlegendsten lebenswichtigen Moleküle noch außerordentlich weit ist, weil die Strukturen vieler von ihnen noch unbekannt sind.

Aber es geht nicht mal um die Forschungsdauer. Schon die Idee einer möglichen Konkurrenz zwischen dem molekularen und dem klassischen „Stammbaum" baut auf einer solchen Prämisse des Autors auf, die gleichzeitig sowohl die Stärke als auch die Schwäche seiner Position ausmacht. Der Autor geht davon aus, daß morphologische Veränderungen nicht ohne Änderung biochemischer Art erfolgen, wobei er außer Acht läßt, daß diese ziemlich weit verbreitete These ihrem realen Gehalt nach noch fast nicht aufgedeckt ist und auch nicht klar ist, wie die morphologischen und biochemischen Veränderungen korreliert sind.

Das Problem des Übergangs vom Genotyp zum Phänotyp, das von der Wissenschaft der Epigenetik (Waddington) oder Phänogenetik (Timofejew-Resovskij) untersucht wird, ist von einer Lösung noch weit entfernt, und die chemische Paläogenetik kann bei all ihrer Bedeutung dem Geschehen nicht vorgreifen oder gar molekulare „phylogenetische Stammbäume" völlig unabhängig von phylogenetischen Daten aufstellen.

Die letzte Behauptung ist auch der wundeste Punkt bei der Bewertung der Perspektiven der chemischen Paläogenetik, da sie sie faktisch vom gesamtbiologischen Wissen trennt und ihr irgendeine unabhängige Rolle bei der Erforschung jenes, seinem Wesen nach schon nicht mehr chemischen, sondern biologischen Prozesse beimißt, der prinzipiell nicht nur mit den Mitteln der Molekularbiologie untersucht werden kann.

Doch darüber etwas später. Jetzt möchten wir nicht die schwachen Seiten in der Position der Enthusiasten der Entwicklung der chemischen Paläogenetik hervorheben, sondern gerade umgekehrt, diesen fruchtbaren Enthusiasmus unterstreichen, der auf der Überzeugung von der existierenden und immer vorhanden gewesenen Korrelation zwischen den Veränderungen der molekularen Strukturen der Organismen und der Veränderung ihrer Form, Funktion und ihres Verhaltens basiert.

Es ist sehr wesentlich, daß E. Zuckerkandl das wichtigste Postulat der Molekularbiologie hervorhebt und es unter dem Aspekt der Evolution betrachtet: als Kernproblem der chemischen Paläogenetik tritt die sich evolutionär ver-

[27] ebenda, S. 105–106

ändernde Wechselbeziehung der Nucleotid- und Aminosäurensequenzen hervor. In dieser Beziehung stellt sich die chemische Paläogenetik eine engere, exakter definierbare Aufgabe zur Evolutionsforschung als jene Richtung, welche ihr Ziel als Studium der „molekularen Grundlagen der Evolution" formuliert.

Während im Begriff „chemische Paläogenetik" jener spezifische Gesichtspunkt zur Evolution ausgedrückt ist, welcher durch die Hauptaufgabe der Molekularbiologie diktiert ist, geht der Begriff „Biopoese" von einem weiter gefaßten Verständnis sowohl der Evolution selbst als auch ihrer molekularen Grundlagen aus. Dieser Begriff umfaßt die Prozesse der Schaffung der Voraussetzungen des Lebens und den eigentlichen Fakt seiner Entstehung, d. h. er ist orientiert auf die Erkenntnis der Entstehung der fundamentalen chemischen Grundlagen jenes Phänomens molekularer Ereignisse, das fortan in allen lebenden Organismen realisiert ist. J. BERNAL kennzeichnet drei Stadien der Biopoese.[28] Das erste Stadium ist mit der Entstehung der Planeten, mit der Konzentration bestimmter chemischer Elemente in ihnen verbunden, die immer kompliziertere chemische Verbindungen eingehen. Es ist mit dem Entstehen einer reduktiven Erdatmosphäre und dem Auftreten jener „Urbouillon" ziemlich komplizierter Kohlenwasserstoffverbindungen im Ozean verknüpft, die die Entstehung des Lebens vorbereitete. Der Beginn des zweiten Stadiums ist bedingt gekennzeichnet durch das Auftreten von Stickstoffbasen, Zuckern und Aminosäuren. Dieses Stadium schließt mit der Entstehung geordneter Polymere — Nucleinsäuren und Eiweiße — und der Prozesse einer exakten Reproduktion komplizierter Moleküle ab. Im dritten Stadium haben wir es schon mit lebenden Organismen zu tun, die, wie J. BERNAL schreibt, das Endprodukt des ganzen Prozesses darstellen.

Die genannten Stadien der Biopoese werden nicht allgemein anerkannt, aber im vorliegenden Fall ist allein der Inhalt des Begriffes „Biopoese" wesentlich: er fließt fast völlig mit dem Begriff chemische Evolution zusammen, er hat scheinbar dasselbe Untersuchungsobjekt und besitzt gleichzeitig sein eigenes Gesicht und einen selbständigen Platz in der Sprache der Wissenschaft. Diese Selbständigkeit wird dadurch bestimmt, daß das ganze Material, das von der auf der Erde abgelaufenen chemischen Evolution zeugt, einem Problem zugewendet wird, auf eine Frage konzentriert ist — nämlich auf die Frage nach der Entstehung des Lebens. Diese spezifische Sachlage wird als biochemisches Herangehen an die chemische Evolution bezeichnet, und dieses Herangehen hat sowohl eine logische

[28] s. S. W. FOX (Hrsgb.): „The Origins of Prebiological Systems", Academic Press, New York, 1965 (russ. Übersetzung: „Mir", Moskau, 1966) (A. H.)
J. D. BERNAL: „The Problem of Stages in Biopoesis" in „The Origin of Life on Earth" (A. I. OPARIN et al., Hrsgb.). Pergamon Press, London, 1959. (A. H.)
J. D. BERNAL: „The Origin of Life", London, 1967, (russ. Übersetzung: „Mir", Moskau 1969; A. I. OPARIN, Red.).
A. P. KIMBALL and J. ORÓ: „Prebiotic and Biochemical Evolution" (Arbeiten von dem Symposium an der Universität von Texas, Houston, April 1968 und vom 6. FEBS-Meeting 1969 in Madrid). North-Holland Publishing Comp., Amsterdam—London, 1971 (A. H.).

als auch eine historische Begründung, da die Grundrichtung der chemischen Evolution nur auf dem Weg der Umwandlung der Chemie in die Biochemie, des Unbelebten in das Belebte, aufgedeckt werden kann.
Das biochemische Herangehen erscheint in den Theorien der chemischen Evolution als Mittel ihrer Erkenntnis, während es in der Konzeption der „Biopoese“ zum eigentlichen Untersuchungsgegenstand wird. Dieser Gegenstand ist klarer definiert als im Terminus „molekulare Grundlagen der Evolution“: unter Evolution versteht man hier nicht nur die Evolution der Organismen, sondern auch die ihrer Entstehung vorausgegangene chemische Evolution, während die molekularen Strukturen des Lebenden eine wirkliche Geschichte bekommen, deren Gesetzmäßigkeiten nur auf sekundärem Wege einer Bearbeitung durch die bedeutend später entstandenen allgemeinbiologischen Gesetzmäßigkeiten unterzogen wurden.
Die am stärksten entwickelten Etappen der chemischen Evolution, die mit der Entstehung von Polymeren und ihres Reproduktionsmechanismus zusammenhängen, werden durch die aktive Gerichtetheit des Evolutionsprozesses auf die Bildung präbiologischer Strukturen charakterisiert und können nach J. Bernal als biochemische Evolution bezeichnet werden. Im Ergebnis der Entstehung des Lebens trat die biochemische Evolution in eine qualitativ neue Entwicklungsetappe, in der die biologischen Gesetzmäßigkeiten die bestimmende Rolle spielen, die Gesetzmäßigkeiten der Evolution der Organismen und ihrer Verbände.
Die biochemische Evolution verlief in ihrer zweiten Etappe im Rahmen des einheitlichen Evolutionsprozesses, dem die ganze organische Welt unterworfen ist, und ist deshalb allen grundlegenden Gesetzmäßigkeiten der Evolution untergeordnet. Zugleich stellt dies eine besondere Form der Realisierung der Evolution dar, die ihre Tempi besitzt und in der die Wirkung der allgemeinen Gesetzmäßigkeiten der Evolution spezifisch geworden ist.
Eine Besonderheit der Evolution des molekularen Bereiches besteht auch darin, daß sie nicht nur einen lebendigen, nicht aufhörenden Prozeß darstellt, sondern auch eine Art „paläontologischer Reste“ jener langwierigen präbiologischen Prozesse ist, die sich auf Grund der Gesetzmäßigkeiten der chemischen Evolution vollzogen. Die Gesetzmäßigkeiten der präbiologischen Evolution wurden durch die neuen Darwinschen Gesetzmäßigkeiten der Entwicklung ausgebildeter Organismen und deren Populationen „aufgehoben“, aber gleichzeitig erhielten sie sich in aufgehobener Form auf molekularem Niveau.
Beide Etappen der biochemischen Evolution können nicht nur deshalb als molekulare Evolution bezeichnet werden, weil für sie ein einheitliches Substrat der Evolution charakteristisch ist — polymolekulare Systeme. Die Vereinigung beider Etappen der biochemischen Evolution vollzieht sich auf Grund des Hervorhebens der Gemeinsamkeit des biologischen Funktionierens. Die theoretische Verallgemeinerung des molekularen Evolutionsprozesses kann als Gesamtheit der Kenntnisse von den allgemeinen Gesetzmäßigkeiten der Entwicklung der molekularen Strukturen des „Vorlebens“ und Lebens in ihrem biologischen Funktionieren charakterisiert werden. Darin liegt der Unterschied der molekularen

Evolution von der eigentlichen chemischen, obwohl sie untrennbar miteinander verbunden sind, und die Abschlußetappen der chemischen Evolution von der Entwicklung der strukturellen Grundlagen des Lebens und der Herausbildung der Voraussetzungen für die biologischen Gesetzmäßigkeiten begleitet werden.
Vielleicht ist der Terminus „molekulare Evolution" nicht viel glücklicher gewählt als die anderen Begriffe, die zur Herstellung des Zusammenhanges zwischen Molekularbiologie und Evolutionslehre verwendet werden, beispielsweise solche Begriffe wie „molekulare Grundlagen der Evolution", „molekulare Evolution des Lebens", „biochemische Evolution", „chemische Paläogenetik" u. a. Aber die Tatsache, daß es noch keinen allgemein anerkannten, dem Charakter der molekular-evolutionären Forschung hinreichend entsprechenden Begriff gibt, erlaubt uns, der Suche nach einem solchen Begriff tolerant gegenüberzustehen.
Der Terminus „molekulare Evolution" wird von J. Bernal ohne spezifische Definitionen häufig als Synonym des Begriffes „chemische Evolution" benutzt. Aber sowohl der eine als auch der andere Begriff wird für die Begründung der Hauptidee verwendet, die als Idee der chemischen Immanenz des Lebens bezeichnet werden kann. Wie weiterhin gezeigt werden wird, betrachtet Bernal die chemische Evolution in ihrer Gerichtetheit auf die Schaffung biochemischer Strukturen, auf die Schaffung des Lebens. Und obwohl er davon sprach, daß das Problem der Entstehung des Lebens zu den spekulativen Problemen gehört, hat er bekanntlich viel darüber gearbeitet und ständig die Grundthese verteidigt, daß die Entstehung des Wendepunktes in der Evolution, nämlich des Mechanismus der Reduplikation der Moleküle, der Entstehung lebender Organismen vorausging: „Ich meine", schrieb Bernal, „daß die Entstehung einer solchen Replikation unbedingt dem Auftreten irgendwelcher Organismen vorausgehen muß und folglich werde ich bei dem ziemlich unpopulären Standpunkt bleiben, wonach das Leben vor den Organismen existierte ..."[29]
Heute ist es schwer darüber zu urteilen, wie weit dieser Gesichtspunkt richtig ist. Aber in methodologischer Hinsicht ist die allgemeine Richtung der Konzeption J. Bernals so grundlegend, daß der Begriff „molekulare Evolution" keineswegs den Stempel einer „Chemisierung" des Lebens, oder umgekehrt, einer „Belebtheit" der Moleküle trägt. Im Kontext seiner Theorie tritt der Begriff der molekularen Evolution als lakonischer Terminus auf, der den universalen Charakter der Evolution ziemlich klar bestimmt, ebenso wie auch ihr Substrat, das sich mit Notwendigkeit (obgleich auch nicht ohne Rolle des Zufalls) zu Lebendem entwickelt hat und dessen Bestand weiter evolutioniert. All das scheint genügend überzeugend zu sein, um den Terminus „molekulare Evolution" zur Kennzeichnung des Untersuchungsgegenstandes zu verwenden und ihn anderen wesentlich mehrdeutigeren und unbestimmteren Begriffen vorzuziehen.
Auf der Suche nach einer evolutionären Interpretation der Erfolge der Molekularbiologie zeigen sich also verschiedene Herangehensweisen an den Forschungs-

[29] J. Bernal: „The Origin of Life", London, 1967. zit. nach der russ. Übersetzung: „Vozniknovenije žizni" (A. I. Oparin, Red.), Moskau 1969 („Mir"), S. 187.

gegenstand (Objekt der Evolution und Zeitintervall des Evolutionsprozesses). Jeder dieser Wege ist berechtigt, da er eine speziellere oder allgemeinere Betrachtung der Evolution der molekularen Strukturen widerspiegelt.
Die einheitliche methodologische Grundlage des verschiedenen Herangehens ist die Anerkennung der Tatsache der Evolution selbst, die Anerkennung der Notwendigkeit, molekularbiologisches Material für die Entstehung der Evolutionsidee zu benutzen, und umgekehrt, der Heranziehung des Evolutionsprinzips zum Zwecke eines tieferen Verständnisses molekularbiologischer Prozesse.
Die Molekularbiologie kann nicht an die theoretische Verallgemeinerung ihrer Resultate gehen, ohne dabei in die Sphäre allgemeinbiologischer Probleme und vor allem des zentralen Problems der Biologie, des Problems der Evolution, einzudringen. Gleichermaßen ist die moderne Evolutionslehre undenkbar ohne molekularbiologische Begründung, ohne Anerkennung der Tatsache, daß sich mit der Entwicklung der Molekularbiologie eine neue Erkenntnisebene der Evolution eröffnete.
Diese wechselseitige Abhängigkeit von molekularbiologischer und Evolutionsforschung schafft ein reales Bedürfnis nach engeren Kontakten dieser biologischen Wissensgebiete und unterstützt die Schaffung einheitlicher Grundlagen der theoretischen Biologie insgesamt.
Wenn es sich so verhält, dann wird es möglich, die Bedeutung der philosophischen Entwicklungstheorie für die Molekularbiologie überzeugender nachzuweisen. Die Evolutionskonzeption führt die dialektische Denkweise unmittelbar in jedes beliebige Gebiet der Naturwissenschaft ein, darunter auch in die Molekularbiologie. Die Anerkennung des Wertes der Evolutionsidee durch die Molekularbiologen für ihre eigene Forschung hat unvermeidlich und logisch eine Hinwendung zur Dialektik als allgemeinster Wissenschaft von der Entwicklung zur Folge.
Allerdings muß eingeräumt werden, daß das oben Gesagte eine durchaus nicht von allen anerkannte Voraussetzung hat, und zwar die Identität der Begriffe „Evolution“ und „Entwicklung“. Weil dies von prinzipieller Bedeutung für das Verständnis des Verhältnisses zwischen Biologie und Philosophie ist, muß auf diese Frage ausführlicher eingegangen und untersucht werden, in welchem Sinne die Begriffe Evolution und Entwicklung in der philosophischen und naturwissenschaftlichen Forschung angewandt werden.
In philosophischen Arbeiten wurde der Begriff Evolution lange Zeit zu den philosophischen Kategorien neben und zusammen mit dem Begriff Revolution gezählt. Die Evolution wurde als Prozeß einer allmählichen Anhäufung quantitativer Veränderungen im Rahmen einer bestehenden Qualität verstanden, d. h. sie erwies sich im Vergleich zur „Revolution“, die eine radikale Veränderung in der Entwicklung vollzieht, als irgendetwas Unterentwickeltes, Infantiles. Indessen blieb solch ein Begriff wie „organische Evolution“ weiterhin in seiner ursprünglichen Gestalt erhalten und brachte den ganzen Reichtum der Dialektik des Entwicklungsprozesses der lebendigen Natur zum Ausdruck.
Jedoch gab es für solch eine Deutung der Begriffe Evolution und Revolution keine ausreichende wissenschaftliche Grundlage.

In den Arbeiten LENINS kommen mehrfach die Ausdrücke „Entwicklung, Evolution", „die beiden ... Konzeptionen der Entwicklung (Evolution) ..."[30] vor. LENIN vertrat die dialektische Auffassung der Entwicklung sowohl in allgemeinphilosophischen als auch in konkret-politischen Fragen und bezeichnete die Anhänger der Konzeption einer langsamen „friedlichen", nicht sprunghaften Entwicklung nur ironisch als „Evolutionisten". Derartige „gängige Evolutionsideen" unterschieden sich durch ihren kümmerlichen, primitiven Inhalt prinzipiell von den durch die Naturwissenschaften vertretenen Evolutionskonzeptionen, und vor allem von DARWINS Evolutionstheorie als der wissenschaftlichen Theorie von der Entwicklung der organischen Welt.

Wahrscheinlich muß man übereinkommen, daß es nicht zwei oder mehr Evolutionsbegriffe gibt oder geben kann, genau so, wie „Revolution" ein ausgesprochen sozial-historischer Begriff ist und nur metaphorisch auf Naturprozesse angewandt werden kann. Der Begriff Evolution widerspiegelt die naturwissenschaftliche Auffassung jenes realen Entwicklungsprozesses materieller Systeme, der in sich die Gegensätze zwischen Kontinuität und Diskontinuität, Einheitlichem und Mannigfaltigem, Irreversiblem und Reversiblem, Stabilem und Instabilem usw. enthält.

Die philosophische Entwicklungstheorie nutzt die naturwissenschaftlichen Evolutionstheorien zum tieferen, allgemeinen philosophischen Verständnis der Entwicklung eben deshalb, weil in ihnen das Einzelne, d. h. das Konkrete, das Spezifische als Äußerung eines einheitlichen Entwicklungsprozesses zutage tritt. Weiter oben haben wir bereits die Entwicklungskonzeption als eine Methode zur theoretischen Rekonstruktion des Abstammungsprozesses besprochen. Aus dieser Auffassung folgt die Anerkennung des Widerspruchs als der Hauptmethode zur Erkenntnis der Irreversibilität der Entwicklung, des Einschlusses aller günstigen und ungünstigen Veränderungen, progressiven und regressiven Tendenzen, Wiederholungen und Nicht-Wiederholbarkeiten, kurzum, alles dessen, was in einer bestimmten Sphäre von Erscheinungen vor sich geht, die als Objekt der theoretischen Forschung hervortreten. Die Hervorhebung des Abstammungsaspektes des zu untersuchenden Bereiches von Erscheinungen führt zur Anwendung des Entwicklungsbegriffes und aller jener dialektischen Kategorien, die den Anspruch erheben, die Entwicklung in ihrer allgemeinsten Form zum Ausdruck zu bringen.

So sind die Begriffe Evolution und Entwicklung vom philosophischen Standpunkt identisch und unterscheiden sich nur relativ, eher infolge der traditionellen Aufteilung der Anwendungsbereiche (der erste wird mehr von der Naturwissenschaft, der zweite mehr von der Philosophie gebraucht).

Allerdings kann man nicht an der Tatsache vorbeigehen, daß innerhalb der Biologie selbst die Begriffe Evolution und Entwicklung etwas anders verwendet werden. Unter Entwicklung wird vor allem die individuelle Entwicklung eines

[30] V. I. LENIN: „KARL MARX. Kurzer biographischer Abriß mit einer Darlegung des Marxismus", in Werke, Band 21, S. 42 und „Zur Frage der Dialektik", in Werke Band 38, S. 339.

Organismus, die Ontogenese, verstanden. In diesem Falle erweist sich der Begriff Evolution natürlich als umfassender und schließt den Begriff Entwicklung in sich ein. Nach der Definition von PASK ist die Entwicklung des „Subsystems eines sich selbst organisierenden Systems, das ‚Evolution' genannt wird."[31] Gehen wir noch etwas ausführlicher auf das Verhältnis dieser Begriffe ein.

Die Individualentwicklung oder Ontogenese wird von den Biologen erforscht, solange die Biologie existiert. Noch waren allgemeinbiologische Gesetzmäßigkeiten nicht entdeckt, nicht einmal rein phänomenologisch, aber Physiologie, Embryologie und andere Teilgebiete der Biologie bemühten sich bereits zu erkennen, wie aus nur einer Zelle, nämlich aus der befruchteten Eizelle, verschiedene spezialisierte Zellen entstehen, aus denen sich der erwachsene Organismus zusammensetzt. Neue Perspektiven für das Verständnis dieses komplizierten Differenzierungsprozesses eröffneten sich mit der Entstehung der Molekularbiologie, mit der Feststellung der Tatsache, daß diesem Prozeß die Ausnutzung der genetischen Information zugrunde liegt, die auf molekularer Ebene die Artunterschiede eines Organismus und alle aufeinanderfolgenden und geordneten Stadien der Individualentwicklung programmiert. Es handelt sich darum, daß alle die verschiedenartigen Typen spezialisierter Zellen ein- und dieselbe Ausstattung mit Genen besitzen, die die Synthese der verschiedenen Fermentsysteme kontrollieren. Jede Zelle enthält das vollständige Genom des Organismus und gleichzeitig unterscheiden sich verschiedene Arten von Zellen durch den Typ der Proteine und durch deren Quantität. Dieser Unterschied wird durch den Feinmechanismus der Regulierung der Genaktivität gewährleistet, wodurch die einen Gene „arbeiten", und die anderen blockiert sind. Die Kontrolle der Genaktivität wurde früher auf der Grundlage genetischer Experimente untersucht, heute kommen noch die Mittel der Molekularbiologie hinzu. Der Mechanismus der Repression und Derepression (Verbot und Erlaubnis) der Genaktivität wurde zum Objekt der molekularbiologischen Forschung, was zur Schaffung von interessanten Hypothesen über die Programmierung der Entwicklung führt.[32]

Das Studium der Regulation des Differenzierungsprozesses der Zygote (befruchtete Eizelle) bildet die wichtigste Aufgabe der ganzen Entwicklungsbiologie, darunter auch der molekularen. Nach WADDINGTON existieren vier Differenzierungstypen[33], obwohl er auch anerkennt, daß das Problem einer Klassifizierung der Differenzierungsebenen und -mechanismen noch weit von einer vollständigen Lösung entfernt ist.[34] Mit zunehmender Klärung dieser Frage wird immer offen-

[31] G. PASK: „An Approach to Cybernetics", Hutchinson, London, 1962, S. 104.
s. auch M. J. APTER: „Cybernetics and Development", Oxford, Frankfurt, Pergamon-Press, 1966 (russ. Übersetzung: „Kibernetika i razvitija", Moskau, 1970, S. 86).

[32] s. J. BONNER: „The Molecular Biology of Development", Clarendon-Press, Oxford, 1965. (russ. Übersetzung: „Molekuljarnaja biologija razvitija", Moskau 1967).

[33] s. C. H. WADDINGTON: „New Patterns in Genetics and Development", Columbia University Press, New York—London, 1962. (zit. nach der russ. Übersetzung „Morfogenez i genetika", „Mir", Moskau, 1964, S. 51).

[34] s. C. H. WADDINGTON: „Theoretical and Molecular Biology." „On the Way to a Theoretical

sichtlicher, daß eine Synthese der verschiedenen Arten des Herangehens nötig ist. Dabei ist die molekulargenetische, wenn nicht die wichtigste, so doch eine der bedeutendsten. Das folgt logisch aus der Tatsache, daß der Genotyp die Individualentwicklung bestimmt und die molekularen Prozesse, die mit der Realisierung der genetischen Informationen verbunden sind, allen chemischen Wechselbeziehungen im Stoffwechselprozeß die Richtung geben. Allerdings steht die experimentelle Erforschung der Rolle molekularer Prozesse bei der Herausbildung des Embryos gerade erst am Anfang, und das Fehlen notwendiger Daten zwingt zur Vorsicht bei der Bewertung des „spezifischen Gewichts“ des molekulargenetischen Herangehens im Rahmen der allgemeinen Untersuchung der Biologie der Entwicklung. „Was nun das Studium der Wirkung der Gene betrifft, so war es, obwohl es sehr intensiv durchgeführt wurde, bis heute doch hauptsächlich mit der Untersuchung ihres Einflusses auf Stoffwechselprozesse oder auf die Synthese spezifischer Stoffe beschäftigt. Die Frage, auf welche Weise die Gene die Wechselbeziehungen in der Entwicklung und folglich die Entstehung der organischen Form kontrollieren, stellt ein noch ziemlich unerforschtes Gebiet dar.“[35]

In diesem Zusammenhang ist der Versuch M. Apters[36] von Interesse, vom Standpunkt der Kybernetik aus einige Thesen und Modellvorstellungen über die Entwicklungsbiologie zu begründen, die dem Experiment vorauseilen. Der Autor diskutiert die theoretischen Grundthesen der Entwicklungsbiologie und gelangt zu dem Schluß, daß noch keine von ihnen in einem effektiven Modell realisiert wurde. Im Zusammenhang mit der Aufstellung der Hauptaxiome der Entwicklung, die sodann bei der Konstruktion der Modelle Verwendung finden, werden solche Begriffe, wie Entwicklung, Wachstum, Differenzierung, Lernen und Evolution erörtert.

Apter, der hervorhebt, daß ein- und derselbe Terminus von verschiedenen Autoren in verschiedenem Sinn benutzt wird, hält selbst in seiner Konzeption beharrlich an jenen Definitionen fest, die er den Grundbegriffen der Entwicklungsbiologie gibt. So schreibt er, daß sowohl Wachstum als auch Entwicklung und Lernen viele ähnliche Züge haben, weil sie mit der zunehmenden Komplizierung verbunden sind, in deren Rahmen sich sowohl die Spezialisierung als auch die Vereinigung von Elementen vollzieht. Gleichzeitig „müssen ‚Wachstum‘ und ‚Entwicklung‘ klar unterschieden werden, wobei man unter dem Wort ‚Wachstum‘ eine einfache Vergrößerung der Dimensionen versteht, während man den Terminus ‚Entwicklung‘ anwendet, wenn man auch alle anderen Prozesse berücksichtigt, durch die sich aus einer Zygote ein reifer Organismus bildet; die wichtigsten

Biology.“ (Waddington and E. Mayr, eds.) (russ. Übersetzung: „Teoretičeskaja i molekuljarnaja biologija“ — „Na putjach k teoretičeskoj biologii“, Moskau, 1970.

[35] E. W. Sinnot: „Plant Morphogenesis“, Mac Graw Hill, New York, 1960. S. 451 (russ. Übersetzung: „Morfogenez rastenij“, Moskau, 1963, S. 501).

[36] s. M. J. Apter: „Cybernetics and Development“, Oxford, Frankfurt, Pergamon-Press, 1966 (russ. Übersetzung: „Kibernetika i razvitije“, Moskau 1970).

dieser Prozesse sind in dem Wort ‚Differenzierung‘ vereinigt. Am prägnantesten formulierte WEISS[37] den Unterschied zwischen Wachstum und Differenzierung: ‚Wachstum‘ bedeutet Vergrößerung der Zahl der Elemente einer Sorte, ‚Differenzierung‘ bedeutet Vergrößerung der Zahl der Sorten‘. (Gerade durch das Vorhandensein der Differenzierung unterscheidet sich das organische Wachstum vom anorganischen, z. B. vom Wachstum der Kristalle).“[38]

Den Unterschied zwischen Entwicklung und Lernen sieht M. APTER darin, daß der Organismus seine Entwicklung selbst steuert; er ist geschlossen für Information und offen für Energie, während das Lernen mit der Informationszufuhr aus der Umgebung verbunden ist: „Im Falle der Entwicklung dienen die einen sich verbindenden Elemente als ‚Ursache‘ für die anderen, d. h., sie erzeugen einander, und jede neue Zelle war in gewissem Sinne schon in ihrer Vorgängerin enthalten, während es beim Lernen keine analogen Wechselbeziehungen zwischen den Elementen gibt; ihr Vorhandensein hängt nur von der Umgebung ab. Im Falle der Entwicklung haben wir einen ‚deduktiven‘ Prozeß, im Falle des Lernens eine Wechselbeziehung von Organismus und Umwelt.“[39]

Auf der gleichen Linie (innere oder äußere Steuerung der Prozesse) werden die Begriffe Entwicklung und Evolution unterschieden.

Die Steuerung von innen (durch Gene) oder von außen (Umwelt) schafft hinreichend feste Grenzen zwischen Entwicklung und Evolution, obwohl der Autor auch einschränkt, daß dies eine extreme Vereinfachung ist. Aber diese Vereinfachung ist sowohl der Axiomatisierung als auch der Modellierung von Entwicklungsprozessen zugrunde gelegt. Daran kann man sicherlich kaum Anstoß nehmen, solange der Gesichtswinkel der Forschung, nämlich die kybernetische Modellierung der Entwicklung gewahrt wird. Mit Hilfe dieser Vereinfachung wird in den Axiomen die Entwicklungseinheit hervorgehoben (eine Zelle, oder genauer, ein Satz genetischer Instruktionen). Ebenso wird auch festgestellt: „Die passendste Sprache für das Konstruieren eines effektiven Modells, das ist die Sprache der Modellierung der Zellinstruktionen“. Die inhaltliche Seite der genetischen Instruktionen wird in bedeutendem Maße durch die Erfolge der Molekularbiologie aufgedeckt; anders gesagt, das molekulargenetische Herangehen, das die Möglichkeit der kybernetischen Modellierung bot, gewinnt bei der Untersuchung der Entwicklungsbiologie noch größere Perspektiven.

Doch die komplizierte Problematik der Entwicklungsbiologie führte zu einer breiten, nichtutilitaristischen Erörterung ihrer Grundbegriffe, was APTER auch tut, und hier sind wir berechtigt, den Vorwurf der Verarmung und sogar einer gewissen Entstellung der Wechselbeziehungen zwischen den Begriffen Entwicklung und Evolution zu machen. Die Individualentwicklung eines Organismus erweist sich irgendwie als unvergleichlich wesentlicher und immanenter als die

[37] P. WEISS: „The Problem of Cellular Differentiation.“ Proc. of the 1th National Cancer Conference, S. 50–60, 1949. (A. H.)

[38] ebenda, S. 37 (engl. Original) (russ. Übers.: S. 50).

[39] ebenda, S. 71 (russ. Übers.: S. 87).

Evolution. Offensichtlich ist es kein Zufall, daß der Autor das Problem Präformismus und Epigenese nur erwähnt und nicht näher darauf eingeht, sondern sich empirischen Aufgaben zuwendet und darüber klagt, daß für deren Lösung diese Konzeptionen nichts geben und deshalb nur als ein Überrest philosophischer Polemik, als ein ausschließlich semantisches Problem, betrachtet werden können.

Eine Vermischung der methodologischen und empirischen Ebenen führt in diesem Fall, wie auch bei der Betrachtung der Wechselbeziehung von Entwicklung und Evolution zu der These, die schon erwähnt wurde: Die Evolution wird im Unterschied zur Entwicklung durch eine Steuerung von „außen" charakterisiert. Ganz zu schweigen davon, daß dies die Anerkennung nicht der Population, sondern des Organismus als grundlegende evolutionierende Einheit voraussetzt, kommt es insgesamt zu einer Abwertung des Evolutionsprozesses als eines Prozesses, der angeblich nicht von selbst abläuft, der nicht die innere Potenz der Selbstentwicklung und Selbstregulation besitzt, die in der Biologie der Individualentwicklung so klar zutage tritt. Später werden wir die Besonderheiten der Determination der Entwicklung auf den verschiedenen Ebenen erörtern, hier jedoch ist das nicht wesentlich. Wichtig ist etwas anderes, nämlich die bestehende Unterschätzung der methodologischen Rolle des Evolutionsbegriffs, der auch die Entwicklung ausdrückt. Er tut dies aber in einer für die Biologie so umfassenden Form, daß gerade das Evolutionsproblem die Gesamtheit der biologischen Untersuchungen zu einer Einheit zusammenfaßt und letzten Endes den wesentlichsten Unterschied zwischen Belebtem und Unbelebtem in sich zu konzentriert. Die Ferne der Empirie vom Evolutionsbegriff, die durch die Spezifik des ausgewählten Untersuchungsgegenstandes bedingt ist, wird begleitet vom Verlust der ganzheitlichen Betrachtung des Evolutionsprozesses und des Verständnisses dafür, daß alle Lebensphänomene in ihm enthalten sind.

Der Begriff „Individualentwicklung" fixiert nicht einfach den gesicherten Fakt der Umwandlung des Embryos in einen erwachsenen Organismus, sondern drückt auch die für die Biologie fundamentale Idee aus, daß es keine Individualentwicklung ohne Stammesentwicklung gibt und umgekehrt. Der Zusammenhang von Onto- und Phylogenese hat einen tiefen philosophischen Sinn, der dazu zwingt, jede individuelle Verwirklichung des Lebens als einen der unzähligen „Mikrokosmen" zu begreifen, die in sich Vergangenheit, Gegenwart und sogar in bestimmter Hinsicht die Zukunft sowohl ihrer selbst als auch ihrer Art konzentrieren. Jede beliebige Anwendung des Begriffes „Entwicklung" durchbricht sofort den engen zeitlichen Rahmen der individuellen Existenz und führt das Objekt in die Arena der Geschichte hinaus, sei es nun die Geschichte der Art oder des Lebens überhaupt.

In gnoseologischer Sicht ist dieser historische Aspekt, wie Engels bemerkte, unvereinbar mit der Verabsolutierung der Induktion, mit einem vulgär-empirischem oder gar utilitaristischem Herangehen an die Einschätzung der Entwicklung eines Systems. Bekanntlich verhielt sich Engels sehr aufmerksam gegenüber der Tatsache, daß die Fragestellung nach der Entwicklung, nach der

Evolution eine wesentliche Umorientierung der Denkweise selbst erfordert. Insbesondere kann sich dabei die Bevorzugung der induktiven Denkmethode durch die Naturwissenschaftler, können sich die Versuche, diese Methode bei der Erforschung des Entwicklungsproblems als die vorherrschende beizubehalten, als nachteilig erweisen. „Die Entwicklungstheorie durch bloße Induktion nachzuweisen unmöglich, da sie ganz antiinduktiv. Die Begriffe, womit die Induktion hantiert: Art, Gattung, Klasse, durch die Entwicklungstheorie flüssig gemacht und damit relativ geworden: mit relativen Begriffen aber nicht zu induzieren."[40]

Ein solcher gnoseologischer Aspekt des Entwicklungsproblems muß ständig im Auge behalten werden, um so mehr, als in der Biologie das Entwicklungsproblem in zweierlei Hinsicht auftritt — in Gestalt der Biologie der Individualentwicklung und der Evolution als Entwicklung der organischen Welt im ganzen. Wenn man sich nicht die methodologische Aufgabe der Vereinigung dieser Aspekte stellt, und sei es auch nur in allgemeinster Form, so ist ein unwillkürliches Abgleiten auf die Position des Induktivismus möglich, wenn von der Erkenntnis einer Einzelerscheinung der Entwicklung mehr erwartet wird als sie zu geben vermag. Wenn man vom „deduktiven" Charakter des Prozesses der Individualentwicklung[41] spricht, muß man auch konsequent sein. Die Existenz eines genetischen Programms als Ausgangspunkt für die Individualentwicklung verleiht ihr eine bestimmte Richtung, die durch den vorangegangenen Evolutionsverlauf bedingt ist. Das Resultat der evolutionären Entwicklung, das im Vererbungsprogramm fixiert wurde, erscheint als Gesamtheit von Instruktionen für die Individualentwicklung. Folglich genügt es nicht, nur die „Deduktivität" zu fixieren. Man muß sie aus der historischen Vergangenheit und der sich vollziehenden Gegenwart erklären, insofern als die ganze Realisierung der „Deduktivität" innerhalb des unaufhörlichen Evolutionsprozesses vor sich geht (beginnend mit mutativen Änderungen des genetischen Programms und endend mit der ständigen Approbation dieser Programme durch die Selektion). Modellhafte Vereinfachungen, so effektiv sie auch sein mögen, können nur ein Mittel der induktiven Erkenntnis sein, wenn eine Vermischung methodologischer und empirischer Aufgaben eintritt, die zu einer verzerrten Interpretation allgemeinbiologischer Grundprobleme und -begriffe führen.

In diesem Zusammenhang ist es notwendig, auf jene Richtung der molekularbiologischen Forschung einzugehen, die konsequent an der allgemeinbiologischen Voraussetzung von der Einheit der individuellen und evolutionären Entwicklung der Organismen festhält. Wir haben die Bedeutung des molekulargenetischen Herangehens in der Biologie der Individualentwicklung weiter oben schon erwähnt. Dabei nehmen gegenwärtig die Untersuchungen an Umfang zu, die darauf gerichtet sind, im Individuellen das Allgemeine nachzuweisen, in den

[40] F. Engels: „Dialektik der Natur" in K. Marx/F. Engels, Werke 20, S. 495.

[41] s. M. J. Apter: „Cybernetics and Development", Oxford, Frankfurt, Pergamon-Press, 1966 (russ. Übers.: „Kibernetika i razvitije", Moskau 1970).

ontogenetischen Besonderheiten der Strukturen und Prozesse eine Widerspiegelung ihrer historischen Entwicklung, ihrer Phylogenese zu sehen. In dieser Beziehung sprengt die Molekularbiologie der Ontogenese gleichsam ihre eigenen Grenzen und tritt in die Sphäre umfassenderer Evolutionsprobleme ein, die eine Vereinigung der ontogenetischen mit der phylogenetischen, mit der Stammesentwicklung, verlangen. Es entsteht ein neuer Aspekt — die Molekularbiologie der Stammesentwicklung oder der Phylogenese.

Nach der Entdeckung der Spezifität der Nucleinsäuren wurde klar, daß diese Gruppe von Biopolymeren bei der Lösung der Frage nach dem Zusammenhang zwischen der biochemischen Zusammensetzung der Organismen und ihrer systematischen Stellung sowie phylogenetischen Herkunft nicht umgangen werden kann. Auf die Nucleinsäuren entfiel die unikale Rolle, die genetischen Programme zu bewahren und gleichzeitig die mögliche Variabilität der Zusammensetzung und der Primärstruktur der DNS-Moleküle zu sichern, die den Artunterschieden der Organismen zugrunde liegen.

Auf diese Weise hat die Kenntnis der Zusammensetzung und der Struktur der Nucleinsäuren wesentliche Bedeutung bei der Lösung allgemeinbiologischer Fragen, weil sowohl in ihrer Zusammensetzung als auch in ihrer Struktur die Phylogenie der Organismen ihren Ausdruck finden muß. Das vor allem unter systematischem vergleichend-biochemischen und evolutionären Aspekt betriebene Studium der Nucleinsäuren erweist sich vom Standpunkt der Erkenntnis der molekularen Grundlagen des Evolutionsprozesses als außerordentlich aussichtsreich.

Beweis dafür sind die zahlreichen Arbeiten von A. N. Belozerskij und seiner Arbeitsgruppe, die im Verlauf der letzten 15 Jahre eingehend die Primärstruktur der Nucleinsäuren verschiedener Organismen unter Anwendung der vergleichend-historischen Methode als Interpretationsweise für experimentelle Daten untersucht haben.

Das eingehende Studium der Nucleotidzusammensetzung der DNS verschiedener Arten führte nicht nur zum Nachweis der universellen Bedeutung bestimmter struktureller Gesetzmäßigkeiten, die allgemeingültig für die ganze organische Welt sind, sondern schuf auch die Möglichkeit, die evolutionäre Tragweite dieser Gesetzmäßigkeiten zu erkennen. Die Nucleotidzusammensetzung der DNS zeigt eine gewisse Variationsfähigkeit von Art zu Art und kann damit als Kriterium für die Artunterscheidung dienen.

Diese Angaben haben nicht nur für die Systematik Bedeutung. Außerordentlich interessant ist es, die Gesetzmäßigkeit für die Änderung der Nucleotidzusammensetzung der DNS in der Evolution von Arten zu verfolgen. Diese Gesetzmäßigkeit besteht darin, daß mit zunehmender Komplizierung in der Organisation belebter Systeme die Variabilität der Nucleotidzusammensetzung merklich abnimmt.

Weiter vorn (S. 51) haben wir schon über die beiden DNS-Typen gesprochen, die sich durch das Verhältnis der Nucleotidpaare im DNS-Molekül unterscheiden, nämlich den AT-Typ (Überwiegen von A + T gegenüber von G + C) und den GC-Typ (Übergewicht von G + C). Die DNS der höheren Pflanzen, Wirbellosen und Wirbeltiere gehört zum AT-Typ und ist durch eine weniger mannigfaltige und mehr standardisierte Nucleotidzusammensetzung als die DNS niederer Organismen charakterisiert. Mikroorganismen und einige niedere Tiere (Protozoen, Schwämme) zeigen eine breite Variabilitätsamplitude in der DNS-Zusammensetzung, die von DNS mit stark ausgeprägtem GC-Typ bis zur DNS mit stark ausgeprägtem AT-Typ reicht. Eine solch bedeutende Variabilität der Nucleotidzusammensetzung der Mikroorganismen-DNS bietet die Möglichkeit, die Nucleotidzusammensetzung als taxonomisches Merkmal auszunutzen und wirft außerdem Probleme einer evolutionären Erklärung für die breite Variabilitätsamplitude der DNS-Zusammensetzung auf. Diese Variabilität „kann", wie A. N. Beloserskij schreibt, „Widerspiegelung einer polyphyletischen Abstammung (d. h. von vielen Wurzeln oder Ausgangsformen) einzelner Organismengruppen innerhalb dieser großen systematischen Einheiten sein, aber andererseits ist es auch nicht ausgeschlossen, daß der Variabilitätsgrad in der Nucleotidzusammensetzung der DNS bei Vertretern einzelner Taxone eine Folge der Dauer des Mutationsprozesses bei diesen evolutionsmäßig alten Gruppen sein kann. Mit anderen Worten, je älter die Gruppe ist, desto stärker werden bei ihr die Variationen in der Nucleotidzusammensetzung sein. Jedenfalls kann gegenwärtig diese wichtige Frage nicht eindeutig gelöst werden."[42] Gleichzeitig kann schon die Tatsache einer großen Variabilität in der Nucleotidzusammensetzung von Mikroorganismen und des Fehlens einer solchen Variabilität bei den höheren Organismen bei der Erforschung allgemeiner Aspekte der Evolutionslehre genutzt werden.

Diese Fakten stimmen völlig überein mit den Daten der Evolutionsbiochemie in bezug auf das Anwachsen der Rolle eines biochemischen „Standards" mit steigender Organisation. „Nicht nur Arten, sondern auch einzelne innerartliche Formen der Fische unterscheiden sich nicht selten durch einen Komplex von biochemischen Besonderheiten. Bei Säugern sind sogar die Arten einer Familie, die sich morphologisch sehr voneinander unterscheiden, vom biochemischen Gesichtspunkt sehr schwach differenziert."[43] Interessante Angaben zum quantitativen DNS-Gehalt wurden beim vergleichenden Studium höherer und niederer Wirbeltiere gewonnen. Die Zellen der Säuger und Vögel sind einander sehr ähnlich im DNS-Gehalt, während bei den niederen Wirbeltieren der DNS-Gehalt erheblich variiert. So schwankt bei einer Reihe von südamerikanischen Froscharten der DNS-Gehalt von 43% (bei *Leptodactylus ocellatus* = Augenpfeifer; A. H.) und 44% (bei *Cycloramphus asper* = Südfrosch; A. H.) bis zu 181% (bei *Ceratophrys dorsata* = Hornfrosch; A. H.) des DNS-Gehaltes der Säuger. Schwanzlurche (*Caudata*) und Schleichenlurche (*Gymnophiona*; A. H.) sind durch einen stark erhöhten DNS-Gehalt gekennzeichnet (z. B. *Siphonops annulatus* = Blindwühlenart: 398%; *Pleurodeles waltlii* = Rippenmolch: 422% des Gehaltes bei Säugern;

[42] A. N. Belozerskij: „Molekuljarnaja biologija — novaja stupen' poznanija prirody" („Die Molekularbiologie — eine neue Stufe in der Naturerkenntnis"). S. 177.

[43] S. S. Švarz: „Sovremennyje problemy evoljuzionnoj teorii" („Moderne Probleme der Evolutionstheorie"). „Voprosy filosofii" No. 10, 1967, S. 148.

A. H.). Selbst bei verwandten Arten schwanzloser Amphibien (z. B. bei *Salientia* = Froschlurche, darunter *Hylidae* = Laubfrösche, *Ceratophrydidae* = Hornfrösche usw., A. H.) kann sich der DNS-Gehalt um das 3—4fache unterscheiden (bei gleicher Chromosomenzahl).[44]

All das zeugt von der Notwendigkeit der Erforschung und theoretischen Erklärung der sich verändernden Korrelation zwischen zunehmender Vielfalt phänotypischer Merkmale sich entwickelnder Organismen und Einengung der Mannigfaltigkeit der biochemischen Basis der Evolution. Je höher die morphophysiologische Organisation eines biologischen Systems ist, desto höher ist die Empfindlichkeit gegenüber Änderungen der biochemischen Zusammensetzung. Die Anpassungsprozesse verschieben sich von der eigentlich biochemischen Ebene auf die morphophysiologische, und die biochemische Variabilität, die so charakteristisch für niedere Lebensformen ist, wird bei den höheren immer weniger möglich.

Die Verringerung des Variabilitätsgrades in der DNS-Zusammensetzung mit zunehmender Komplizierung der Organisation biologischer Systeme kann unter Berücksichtigung des „Evolutionsalters" jener systematischen Gruppen, zu denen der Organismus gehört, interpretiert werden. Die verfügbaren Angaben, darunter auch die im Laboratorium von A. N. Belozerskij erhaltenen, erlauben die Annahme[45], daß dem Prozeß der Divergenz (Auseinandergehen) von Formen nach morphologischen Merkmalen der Prozeß der Divergenz von Primärstrukturen ihrer DNS zugrunde liegt. Es gibt eine tiefe Analogie zwischen den Begriffen „genetische Veränderlichkeit" eines Taxons (einer großen systematischen Einheit) und „Veränderlichkeit der DNS-Primärstrukturen" von Arten (oder Individuen), die zu diesen Taxen gehören. Es ist anzunehmen, daß die Unterschiede in den Primärstrukturen der DNS bei den Arten, die das entsprechende Taxon bilden, um so größer sind, je höher dessen „Evolutionsalter" liegt. Experimentelle Angaben zur vergleichenden Untersuchung der DNS-Zusammensetzung bei verschiedenen Tiergruppen zeigten, daß die DNS-Zusammensetzung bei den Vertretern verschiedener Klassen des „jüngsten" Tiertyps — der Chordaten — in wesentlich engeren Grenzen variiert als bei Vertretern der zwei am besten untersuchten Klassen der Protisten — der Flagellaten und Ciliaten. Von der höheren Variabilität in der Zusammensetzung und Struktur der DNS bei Gruppen älterer Taxa zeugt auch der Fakt, daß die Unterschiede in den Primärstrukturen der DNS systematisch entfernter Arten der Protisten wesentlich stärker sind als bei systematisch entfernten Gruppen der Chordaten.

44 s. W. Becak, M. L. Becak, G. Schreiber, D. Lavalle und F. O. Amorim: „Inter specific Variability of DNA Content in Amphibia", Experientia **26**, 1970, No. 2, S. 204—206.

45 s. A. S. Antonov: „Stepen' variabel'nosti sostava DNK životnych kak kriterij evoljuzionnogo vozrasta taksona". — („Der Grad der Variabilität der Zusammensetzung der DNS der Tiere als Kriterium des Evolutionsalters des Taxons.") — „Problemy evoljuzii" Bd. **1**, Novosibirsk, 1968, S. 37—45.

Wenn mit der Zunahme der Organisiertheit lebender Systeme sich die biochemische Variabilität der Molekularstrukturen vermindert, so wächst natürlich die Rolle der geringsten Unterschiede. In dieser Beziehung eröffnen sich interessante Perspektiven beim Studium der Nucleotidzusammensetzung in Verbindung mit der Entdeckung der sogenannten Ergänzungs- oder Minorbasen. Die Bezeichnung dieser Basen bringt schon zum Ausdruck, daß sie im Vergleich zu den vier in allen DNS vorkommenden üblichen Arten Stickstoffbasen (Adenin, Guanin, Cytosin und Thymin. A. H.) in der DNS in sehr geringen Mengen enthalten sind. Trotzdem zeigt das Studium der Minorbasen verschiedener Gruppen von Mikroorganismen, Pflanzen und Tieren ihre hohe Spezifität und Beziehung zur Phylogenie der Organismen.

Gegenwärtig untersucht man intensiv zwei Minorbasen, nämlich 6-Methylaminopurin (MAP) und Methylcytosin (MC). Der quantitative Gehalt an diesen Basen in verschiedenen Organismengruppen spiegelt ziemlich genau ihre Spezifik wider. So kommt beispielsweise bei den Bakterien hauptsächlich MAP vor, obwohl auch MC gefunden wurde, jedoch in geringen Mengen. Bei den höheren Pflanzen wurde ein relativ hoher Gehalt an MC in ihrer DNS gefunden. In der DNS von Wirbellosen ist die Menge dieser Basen bedeutend geringer als in der DNS der Chordaten, während in der DNS von Tieren insgesamt von dieser Base weniger vorhanden ist als bei den höheren Pflanzen.

Es ist außerordentlich charakteristisch, daß die Synthese der Minorbasen durch Methylierung des Adenins (MAP) und Cytosins (MC) in schon gebildeten DNS-Molekülen abläuft und dabei an genau definierten Orten des Moleküls. „Die Methylierung“, schreibt B. F. Vanjušin, „ist die spezifische Modifikation von Nucleinsäuren, die von wichtigen Änderungen ihrer Struktur, der physikochemischen und biologischen Eigenschaften begleitet wird. Eine solche Modifikation der DNS in der Zelle wird durch spezielle Fermente, die DNS-Methylasen, realisiert, die eine ausgeprägte Art- und Stammesspezifität besitzen. Vorhandensein, Natur und Verteilungsmuster der methylierten ‚Minor‘-Basen in der DNS verschiedener Herkunft sind ergänzende spezifische Züge des genetischen Materials der Zelle und können eine bestimmte taxonomische Bedeutung haben. Offenbar ist die Herkunft der DNS-Methylasen selbst eine evolutionär neue, notwendige, spezialisierte und abschließende Etappe in der Biosynthese der DNS in der Zelle, die ihr unikale individuelle Besonderheiten verleiht und deshalb eine sehr wichtige Rolle bei der Artenbildung und Evolution verschiedener Organismen spielt.“[46]

Alle diese und andere nicht weniger interessanten Hypothesen über die Rolle der methylierten Basen der DNS (z. B., daß sie an der Regulation der Genaktivität teilnehmen) erhalten in dem Maße eine rationale Begründung, wie nicht nur die Zusammensetzung der DNS untersucht wird, sondern auch jene spezifische

[46] B. F. Vanjušin: „Metilirovanije DNK i ego biologičeskoje značenije („Die Methylierung der DNS und ihre biologische Bedeutung“). Uspechi sovremennoj biologii **65**, 1968, No. 2, S. 181.

Nucleotidsequenz, die das wichtigste Moment in der Bestimmung der unikalen Rolle der Nucleinsäuren ist. Die Methoden zur Untersuchung der Nucleotidsequenz sind noch wenig ausgearbeitet, meistens geben sie nur die Möglichkeit zur Feststellung homologer Abschnitte in verschiedenen DNS-Molekülen (z. B. die Methode der DNS-Agar-Säulen).[47] Es muß jedoch hervorgehoben werden, daß diese Methoden als vergleichend historische ausgearbeitet und angewandt werden, d. h., sie beruhen auf der vergleichenden Analyse der DNS verschiedener taxonomischer Gruppen von Organismen und sind nicht nur auf Aufgaben der Strukturuntersuchung ausgerichtet, sondern auch auf die Lösung von Evolutionsfragen.

In dieser Beziehung ist eine neue Methode kennzeichnend, die im Laboratorium A. N. Belozerskijs von B. F. Vanjušin und A. L. Mazin[48] ausgearbeitet wurde. Mit Hilfe einer spezifischen Methode[49] kann man das DNS-Molekül so spalten, daß sich nur die Pyrimidinfragmente (Cytosin + Thymin) (Pyrimidin$_n$ Phosphat$_{n+1}$; $n = 2; 3; 4$ usw.; A. H.), und zwar in jener unveränderten Form, wie sie im Ausgangsmolekül vorkommen, herauslösen. Anschließend, nachdem sie mittels DEAE-Sephadex aufgetrennt wurden, läßt sich die Anzahl jedes isolierten individuellen Fragments berechnen (Fragmente mit gleicher Anzahl Nucleotidreste werden als „Isoplit“ bezeichnet, abgeleitet von dem lateinischen „iso“ = gleich und „plit“ = Zahl; manchmal auch als „isostich“ bezeichnet. n kann dabei 2; 3; 4 usw. sein. A. H.)[50]. Natürlich können in der DNS sowohl lange als auch kurze Pyrimidinabschnitte sein. Es wurde festgestellt, daß man auf Grund des Verhältnisses dieser kurzen und langen Fragmente ein neues Organisationsprinzip des DNS-Moleküls, den Grad der Cluster-Bildung[51] der Pyrimidine beurteilen kann. Experimentell wurde nachgewiesen, daß der Grad der Cluster-Bildung in den einen DNS ziemlich hoch (höhere Organismen) und in anderen (Mikroorganismen) niedrig sein kann. Die Pyrimidin-Cluster nehmen eindeutig in der Evolutionsreihe Wirbellose—Fische—Reptilien—Amphibien—Vögel—Säuger zu. Das erlaubt die Schlußfolgerung, daß das gefundene Organisations-

[47] s. A. N. Belozerskij „Molekuljarnaja biologija — novaja stupen' poznanija prirody“ (Die Molekularbiologie — eine neue Stufe in der Naturerkenntnis“). S. 181—183.

[48] A. L. Mazin und B. F. Vanjušin: „Razdelenije pirimidinovych dezoksiribooligonukleotidov s pomoščju chromatografii na DEAE-Sefadeks“. („Trennung von Pyrimidin-Desoxyribooligonucleotiden mit Hilfe der Chromatographie an DEAE-Sephadex“.), Biochimija **32** (1967) No. 2, S. 377—387. (A. H.)

[49] s. auch K. Burton and G. B. Petersen: „The Frequencies of Certain Sequences of Nucleotides in Deoxyribonucleic Acid“, Biochem. J. **75** 1960, S. 17.

[50] A. L. Mazin, B. F. Vanjušin i G. E. Sulimova: „Nukleotidnyj sostav i častota vstrečajemosti pirimidinovych blokov v DNK nekotorych bespozvonočnych“. („Nucleotidzusammensetzung und Häufigkeit von Pyrimidin-Blöcken in der DNS einiger Wirbelloser“.), Biochimija **34** (1969) No. 6, S. 1202—1208. (A. H.)

[51] Unter Cluster-Bildung versteht man ein gehäuftes, aufeinanderfolgendes Vorkommen bestimmter Basen bzw. Basengruppen in einzelnen Abschnitten eines DNS-Moleküls. Es sind Cluster aus Pyrimidin- und ebenso aus Purinbasen bekannt.

prinzip der DNS-Struktur eng mit der evolutionären Entwicklung zusammenhängt, und die Evolution eine Widerspiegelung in der Primärstruktur der DNS, in der Organisation ihrer Nucleotidsequenz, fand.
Diese Arbeiten aus dem Laboratorium von A. N. BELOZERSKIJ wurden deshalb so ausführlich besprochen, weil sie nicht nur hohen wissenschaftlichen Wert haben, sondern auch prinzipiell in methodologischer Hinsicht von Bedeutung sind, insofern als sie die Notwendigkeit einer evolutionären Ausrichtung in der molekularbiologischen Forschung unterstreichen. In unserem Lande ist die Schule BELOZERSKIJS sowohl zeitlich als auch ihrer Bedeutung nach die erste Gruppe von Wissenschaftlern (in ihrer Mehrheit — junge Wissenschaftler), die konsequent die Idee einer Synthese von Strukturuntersuchungen und Evolutionsproblematik umsetzen und konkret ein vergleichend historisches Herangehen an das Studium der physikalischen Feinstruktur der Nucleinsäuren, dieser sehr wichtigen Klasse molekularer Strukturen des Lebenden, realisieren. Davon, daß noch unendlich viel ungelöste Probleme bevorstehen, von denen jedes mühsam erarbeitet werden muß, was aber gleichzeitig zu dieser Mühe anspornt, zeugen folgende Worte A. N. BELOZERSKIJS: „Auf unserem gegenwärtigen Wissensstand ist es noch unmöglich, die Fragen der Evolution, der Phylogenie und der Systematik der Organismen rationell und konkret auf molekularer Ebene zu lösen. Doch die Entwicklung der Molekularbiologie und der Molekulargenetik hat alle diese Fragen aufgeworfen und jetzt laufen die Untersuchungen in diesen Wissensbereichen mit wachsendem Tempo, und auf diesem Arbeitsfeld beginnen sich weite, völlig neue Horizonte abzuzeichnen.“[52]
Mit der Entwicklung dieser Forschungen wird das Bedürfnis nach theoretischer Verallgemeinerung, nach einer deutlicheren und konsequenteren Formierung der methodologischen Voraussetzungen anwachsen. Eine davon, und im Augenblick die wesentlichste, haben wir dargelegt: Die Einheit der molekularen Grundlagen des Lebens kann nicht ohne die Analyse ihrer Entstehung und ihrer Entwicklung begriffen werden. Die Konzeption der Organisationsebenen muß, da sie eine der wichtigsten methodologischen Grundlagen der modernen Biologie ist, durch die Konzeption von der Entwicklung ergänzt werden, d. h., schon die Existenz verschiedener Ebenen und ihrer Besonderheiten erfordert für ihre Erklärung ein historisches Herangehen. Ausgangspunkt eines solchen Herangehens ist die Anerkennung der Evolution als eines sich selbst vollziehenden Prozesses. Um die Bedeutung der molekularen Ebene in diesem Prozeß der Selbstentwicklung zu zeigen, muß die Frage untersucht werden, wie in der Molekularbiologie das Problem des Determinismus gestellt und gelöst wird.

[52] A. N. BELOZERSKIJ: „Molekuljarnaja biologija — novaja stupen' poznanija prirody“ („Die Molekularbiologie — eine neue Stufe in der Naturerkenntnis.“), S. 185.

3. Äußere und innere Determination von molekularen Strukturen des Lebenden

Der Übergang zum Studium der molekularen Ebene lebender Organismen eröffnete neue Perspektiven für die methodologische Nutzung der Begriffe „Äußeres" und „Inneres". Das betrifft solche Grundprobleme der Molekularbiologie, wie das Problem der chemischen Grundlagen der Vererbung, das Problem der Eiweißbiosynthese und das umfassendere Problem der Determination von Prozessen auf der molekularen Ebene lebender Organismen. Im letzteren Fall entsteht das wesentliche Äußeres-Inneres-Problem, das mit dem Studium des Überganges von den inneren molekularen Veränderungen zu den eigentlich biologischen äußeren Eigenschaften des Organismus oder umgekehrt, von den spezifisch biologischen Charakteristika des Organismus als ganzheitliches System zu inneren molekularen Prozessen zusammenhängt. Es ist eine komplizierte und noch längst nicht abgeschlossene Arbeit an der Neuschaffung einer konkreten Vorstellung vom Organismus als ganzheitliches System im Gange.

Es ist verständlich, daß der Erfolg dieser grandiosen Forschungsarbeit vor allem von der Fruchtbarkeit der Ideen und Experimente der Molekularbiologie, Biochemie und Biophysik, Cytologie, Embryologie, Genetik, Physiologie und anderer Disziplinen der modernen Biologie abhängt. Die breite Anwendung der Kategorien Äußeres und Inneres bei dieser Forschung macht ihre philosophische Analyse unter Berücksichtigung jenes neuen naturwissenschaftlichen Materials erforderlich, das die Auffassung der Dialektik von Äußerem und Innerem in bestimmter Hinsicht korrigiert.

In methodologischer Sicht wurde das Problem Äußeres — Inneres seit langem als Problem der Wechselbeziehung zwischen Organismus und Umwelt gestellt und gelöst. Diese für die Biologie grundlegende Frage trat immer als der Prüfstein auf, an dem die weltanschauliche Grundlage dieser oder jener biologischen Konzeption gemessen wurde. Man kann in der Biologie kaum ein anderes Problem nennen, in dem die Bedeutung der philosophischen Ausrichtung der Naturforscher, die organische Wechselwirkung zwischen ihrer Weltanschauung und der Interpretation des Faktenmaterials so klar zutage treten. Fehler gerade in dieser Frage führten bekanntlich seiner Zeit zu traurigen Resultaten und wirkten sich auf die Entwicklung der Biologie in unserem Lande aus. Auch der Philosophie wurde Schaden zugefügt, da die kategorische Einmischung einiger Philosophen in die Behandlung der biologischen Problematik zur Entstellung des eigentlich philosophischen Forschungsgegenstand führte.

Das Problem Organismus und Umwelt nimmt unter den anderen theoretischen Fragen der Biologie eine exponierte Stellung ein, da es eine Arena des Kampfes zwischen materialistischer und idealistischer Weltanschauung ist und die Unterschiede in der Denkweise der Biologen und im Beherrschungsgrad der dialektischen Forschungsmethode bloßlegt.

Der traditionelle Streit zwischen den Autogenetikern und Ektogenetikern ändert seinen Inhalt je nach Stand und Charakter des sich entwickelnden biologischen Wissens, aber er bleibt bestehen angesichts der Existenz von sich bekämpfenden Tendenzen bei der Erklärung der Triebkräfte der Evolution, die die Aufmerksamkeit in einem Falle auf die Rolle des äußeren Milieus und im anderen Falle auf die vom äußeren Milieus unabhängige innere Natur des Organismus richten.

Die materialistische Tendenz der Ektogenese war historisch progressiver. Viele Biologen des XIX. und des beginnenden XX. Jahrhunderts zählten sich zu den Ektogenetikern und bekämpften den Idealismus in der Biologie, bekämpften die Autogenese.

So grenzte sich z. B. der große russische Zoologe und Evolutionstheoretiker A. N. Severzov[53] entschieden von der Position der Anhänger der Autogenese ab, die „gewöhnlich annehmen, daß die Richtung der progressiven Evolution jeder lebenden Form determiniert ist durch die Organisation dieser Form, und daß sich deshalb die jeweilige Form nur in einer, im besten Falle in einigen phylogenetischen Richtungen entwickeln kann. Die Anhänger der Ektogenese sind dagegen der Ansicht, daß jede lebende Form die Möglichkeit besitzt, sich in den verschiedensten Evolutionsrichtungen zu entwickeln."[54] Severzov, der bewußt den Standpunkt der Ektogenese vertrat, schrieb, daß man „allem Anschein nach die Ursachen der phylogenetischen Veränderungen in der Organisation der Tiere, in den Veränderungen des äußeren Milieus suchen muß."[55] Die Anerkennung der Rolle der äußeren Bedingungen wurde von ihm allerdings als eine notwendige Voraussetzung der Gesamtkonzeption betrachtet, die jedoch für eine konkrete Erklärung der Evolutionswege nicht ausreicht. Severzov befaßte sich in der Hauptsache mit den morphologischen Gesetzmäßigkeiten der Evolution und sah ihre Grundlage in der Änderung der Funktion, d. h. des inneren Gehaltes, des inneren Wesens eines Organs. Deshalb wird als Hauptrichtung beim Studium der Veränderungen eines Tieres die Analyse der inneren Grundlagen dieser Veränderungen hervorgehoben. Die inneren Voraussetzungen, die beim tierischen Organismus im Moment der Wechselwirkung mit neuen Faktoren des äußeren Milieus existieren, müssen deshalb untersucht werden, weil gerade sie jene Grundlage sind, in deren Wechselwirkungsprozeß mit dem äußeren Milieu die Änderungen der Organismen erfolgen.

A. N. Severzov, Begründer der originellen Theorie einer morphobiologischen Evolution und Autor einer ganzen Reihe interessanter Ideen über das Wesen des biologischen Fortschritts, war einer der wenigen Evolutionstheoretiker der nachdarwinschen Periode, der beharrlich am Problem des Äußeren und Inneren sowohl in bezug auf die Morphologie und Physiologie als auch im Evolutionsprozeß insgesamt arbeitete. Seine Arbeiten sind voll von mühevollem Suchen nach der

[53] s. A. N. Severzov (A. N. Sewerzoff): „Morphologische Gesetzmäßigkeiten der Evolution", Jena 1931. („Morfologičeskije zakonomernosti evoljuzii." (1939, Moskau).

[54] A. N. Severzov: „Sočinenije trudy" („Gesammelte Werke.") Bd. V, Moskau—Leningrad, 1949, S. 313.

[55] ebenda, S. 184—185.

Lösung der Frage über die inneren Quellen der Entwicklung von Organismen. Diese Suche wurde allerdings kaum durch die Aufrechterhaltung des Dilemmas „Autogenese — oder Ektogenese“ und durch die Wahl letzterer als bevorzugter Methodologie gefördert. Die Auswüchse der Ektogenese wurden durch den Gang der Untersuchung morphologischer Gesetzmäßigkeiten der Evolution selbst überwunden. Und darüber hinaus kam A. N. SEVERZOV auf Schritt und Tritt zu Schlußfolgerungen, die der Konzeption der Ektogenese widersprechen. Aber das Fehlen einer Vorstellung von etwas „Drittem“, von einem wirklich dialektischen Herangehen an das Problem Äußeres — Inneres führte zu einer Reihe von Inkonsequenzen in der Theorie SEVERZOVS, die sich nicht aus der Spezifik des Forschungsgegenstandes (Morphologie) oder aus der allgemeinen Beschränktheit des damaligen Standes der biologischen Kenntnis (das Fehlen des Kontaktes zwischen der Evolutionstheorie und der Genetik) erklären lassen.

Die Ektogenese läßt sich nur teilweise durch die Unentwickeltheit des biologischen Wissens, durch das Fehlen einer genauen physiko-chemischen Vorstellung von der komplizierten inneren Welt lebender Organismen rechtfertigen. Genauso können die autogenetischen Begeisterungsausbrüche der Pioniere der Genetik durch die Freude über die experimentellen Erfolge beim Studium der Struktur der Erbsubstanz erklärt werden, aber das hebt keineswegs den Vorwurf der Einseitigkeit der methodologischen Grundlagen ihrer Verallgemeinerungen auf.

Die Gegensätzlichkeit von Ektogenese und Autogenese verschwindet bei ihrer Gegenüberstellung in bezug auf das Wesen des Inneren. In dem einen wie dem anderen Fall wird das Innere äußerst inhaltslos und abstrakt verstanden. Die Ektogenese gibt ihm einen ausschließlich äußeren, einen vom äußeren Milieu bedingten Inhalt und nimmt ihm sein selbständiges Wesen. Die Autogenese ignoriert die materiellen Quellen für die Formierung des Inneren und mystifiziert damit seine Natur.

Die Betrachtung des Äußeren und Inneren in der Einheit ist eine notwendige Voraussetzung für die richtige Lösung der Frage nach der Rolle des äußeren Milieus als Bedingung für die Existenz von Organismen. „Die Daseinsbedingungen des Eiweißes“, schrieb ENGELS, „sind unendlich viel komplizierter als die jeder anderen bekannten Kohlenstoffverbindung, weil nicht nur physikalische und chemische, sondern auch Ernährungs- und Atmungsfunktionen hinzutreten, die ein physikalisch und chemisch eng begrenztes Medium erfordern ...“[56] Die Selektivität des Organismus, die durch seine innere Natur bestimmt wird, äußert sich in einem differenzierten Verhältnis zum äußeren Milieu. Für den Organismus ist vor allem jener Teil der äußeren Faktoren wichtig, der zu seinen Existenzbedingungen wurde.

Die Wechselwirkung des Organismus mit dem äußeren Milieu erweist sich als unvergleichlich komplizierter als sich dies den Ektogenetikern darstellte. Und bei dieser Wechselwirkung spielt zweifellos die Erblichkeit des Organismus eine wichtige Rolle. Wie die moderne Wissenschaft zeigte, bestätigt ihre Entstehung

[56] F. ENGELS: „Dialektik der Natur“ in K. MARX und F. ENGELS: Werke Bd. 20, S. 559.

nicht nur nicht die autogenetischen Konzeptionen, sondern ist auch das naturwissenschaftliche Hauptargument gegen die Autogenese. Die methodologische Einseitigkeit von Ektogenese und Autogenese wird durch den Entwicklungsgang der Biologie selbst überwunden.

Die heutige Auffassung von der Vererbung basiert auf komplexen Angaben des eigentlich biologischen, biochemischen, biophysikalischen, molekulargenetischen usw. Herangehens an das Studium des lebenden Organismus. Dementsprechend erweitert sich stetig der Kreis von Fragen, die untersucht werden müssen: molekulare Mechanismen der Vererbung, Mitose- und Arbeitsprozesse des Chromosomenapparates, Differenzierung und Spezialisierung von Zellen und Geweben, Arten und Mechanismen der Zellvereinigung bei der Bildung von Geweben und Organen, Regulationsmechanismen von Metabolismus und Organtätigkeit, evolutionäre Gesetzmäßigkeiten für die Entwicklung eines Organismus in seiner Wechselbeziehung mit dem äußeren Milieu usw. Anders ausgedrückt, für die Entschlüsselung der Vererbung sind alle Strukturebenen des lebenden Organismus und alle Systeme komplizierter Wechselwirkungen innerhalb jeder Ebene und zwischen ihnen wichtig. Allgemeine Grundlage dieser Wechselwirkung ist der Prozeß des Metabolismus, des Stoffwechsels. Seine wichtigsten Strukturelemente und zugleich Regulatoren sind Eiweiße, die im Prozeß der ständigen Selbsterneuerung bei ihrer Biosynthese vom Nucleinsäuresystem abhängen. Den Mechanismus der Vererbung zu studieren, heißt vor allem den in jeder Zelle ablaufenden komplizierten Prozeß der „Abnahme" der Information von der DNS und ihrer allmählichen und etappenweisen Realisierung bei der Eiweißsynthese zu untersuchen.

Bereits die Fragestellung, was wichtiger, wesentlicher ist — die äußere oder innere Determination der Mutagenese, kann zu ihrer undialektischen Lösung führen. Natürlich hängt der Mechanismus der Mutagenese selbst von inneren Faktoren ab, von der Struktur der DNS, von der Unikalität und Spezifität der Nucleotidsequenz, von den Reparatursystemen, die an der Transformation der DNS vor und während der Reduplikation beteiligt sind, usw. Deshalb hängt die Konkretheit und Tendenz der Mutagenese von evolutionär gefestigten inneren Determinationsfaktoren ab. Die Tatsache der Möglichkeit des Auftretens einer Mutation selbst ist unmittelbar verbunden mit einer äußeren materiellen Einwirkung[57], mit jener Stoff- und Energieübertragung, die den Mutagenesemechanismus aktiviert und in Gang setzt. Die Befürchtung, die äußere Determination als „äußeren Anstoß" aufzufassen, entsteht nur dann, wenn Äußeres und Inneres von vornherein getrennt werden, wenn nicht nur die innere, sondern auch die äußere Determination entleert wird, indem sie als starr stabiler Zustand eines Systems dargestellt wird.

Die Einheit von Verbot und Erlaubnis, auf der nicht nur die Mutagenese, sondern

[57] s. dazu auch J. W. Drake: „The Molecular Basis of Mutation", Holden-Day, San Francisco—London—Cambridge—Amsterdam, 1970. [A. H.]

auch der gesamte Metabolismus basiert, führt unmittelbar zur Schlußfolgerung, daß der Charakter der Determination auf der molekularen Ebene des Lebenden kompliziert ist. Diese Determination hat keinen eindeutigen und starren Charakter, sie ist ebenso statistischen Gesetzmäßigkeiten unterworfen, wie der ganze Evolutionsprozeß. Hierauf haben in ihren Arbeiten solche hervorragenden Genetiker, wie S. S. Četverikov, N. K. Kolzov, N. P. Dubinin schon lange vor der Erforschung der molekularen Vererbungsmechanismen hingewiesen. Der Begriff der Wahrscheinlichkeits-Kausalität, der von Physikern vorgeschlagen wurde, erweist sich auch in der Biologie als jenes wesentliche methodologische Prinzip, dessen Berücksichtigung erlaubt, sich in der Wechselbeziehung von äußerer und innerer Determination zurechtzufinden.

Die Existenz zweier Kanäle der Kausalität, die relativ unabhängig voneinander sind, schafft bereits Möglichkeiten für die „Streuung" des Resultats. Und wenn man dann noch, und das ist die Hauptsache, die Prinzipien der Selbstregulation eines lebenden Systems berücksichtigt, die auf der Wechselwirkung von Verbot und Erlaubnis basieren, wird das Bild noch komplizierter. Darüber hinaus arbeitet das System „Verbot — Erlaubnis", da es in den Stoffwechselprozeß eingeschlossen ist, mit unvermeidlichen Fehlern.

So führen Fehler in der Arbeit der Reparatur-Enzyme (Endonuclease, Exonuclease, DNS-Polymerase, Polynucleotidligase u. a.) nicht zur Beseitigung eines Schadens, sondern zu einer gewissen Transformation der Schädigung, durch die die Mutation gefestigt wird. Ein Enzym kann z. B. einen beschädigten Abschnitt „übersehen", einen ungenauen Einschnitt im DNS-Faden anbringen, die Bresche nicht mit den Basen verbauen, die zur Beseitigung des Schadens erforderlich sind, kann überflüssige Basen einsetzen usw., d. h. in jeder Etappe des Reparaturmechanismus sind solche Fehler möglich, die letzten Endes auch das Auftreten vollständiger Mutationen (Schädigung zweier DNS-Fäden) und die quantitative Verteilung der Mutanten im Mosaik erklären, was durch den semikonservativen Mechanismus der Replikation bedingt ist. In den letzten Jahren wurde festgestellt, daß nur ein DNS-Faden beschädigt wird, wobei die Beschädigung auch in der ruhenden DNS vor Beginn ihrer Synthese möglich ist.[58]

Die Erklärung dessen, wie in solch einem Fall eine vollständige Mutation auftritt und zwar gleich in der ersten Generation, beruht auf dem Verständnis der prinzipiellen Bedeutung von Fehlern in der Arbeit der Reparaturenzyme.[59] Nach der vorgeschlagenen Hypothese haben die Reparaturmechanismen mit ihren unvermeidlichen und immer genauer klassifizierbaren Fehlern eine so wesentliche Bedeutung in der Mutagense, daß die Schaffung einer neuen allgemeinen Theorie der Mutagenese möglich ist, die auf einheitlicher Grundlage die Mechanismen von Reparatur, Rekombination, Deletion, Positionseffekt usw. vereint. Das Bedürfnis

[58] s. z. B. P. C. Hanawalt and R. H. Haynes: „The Repair of DNA", Scientific American **216**, Nr. 2, 36—43. (A. H.)

[59] s. V. N. Soifer: „Očerki istorii molekuljarnoj genetiki" („Abriß der Geschichte der Molekulargenetik"), Moskau 1970, S. 200—220.

nach einer solchen Theorie ist voll herangereift, da die existierenden Theorien von FREESE[60] und CRICK[61], die die drei Hauptformen des Mutationsmechanismus beschrieben (Transition, Transversion, Einsetzen oder Ausfall von Basen) auf phänomenologischer Ebene stehenbleiben und nicht den Kausalcharakter der Mutagenese aufdecken.

Diese neuen Herangehensweisen an den Mechanismus der Mutagenese, die immer mehr experimentelle Begründungen erhalten, sind in methodologischer Beziehung außerordentlich interessant. Es wird immer klarer, daß Fehler in der Arbeit der Fermente, die am Prozeß der Mutagenese mitwirken, ebenso notwendig sind für die Realisierung von Mutationen, wie auch ihre fehlerfreie Arbeit. Die Tendenz der Mutagenese kann nicht ohne Berücksichtigung von Fehlern verstanden werden.

Die Besonderheiten des Verhältnisses von starrer und statistischer Determination in molekularbiologischen Prozessen stellen einen speziellen Untersuchungsgegenstand dar, dem wir uns nunmehr zuwenden, wobei wir die Wichtigkeit dieser Frage für das Verständnis des Verhältnisses von Äußerem und Innerem berücksichtigen.

Die verschiedenen Organisationsebenen (Molekular-, Zell-, Organismen-, Populations-, usw.) sind mit einem spezifischen Auftreten der Determination verbunden und zugleich durch gewisse allgemeine Wesenszüge vereinigt, die erlauben, die Biologie insgesamt von den anderen Wissenschaften abzutrennen und den von ihr untersuchten gesetzmäßigen Zusammenhang der Ereignisse als „organische Determination" zu charakterisieren.[62] Zu allgemeinen Definitionen für die organische Determination können wir nur bei Gegenüberstellung verschiedener Organisationsebenen des Lebenden gelangen, und in dieser Beziehung nimmt die Molekularbiologie, da sie die physiko-chemischen Grundlagen des Lebens erforscht, eine Sonderstellung ein. An ihrem Material wird jener „Umschlag" im Charakter der Determination offensichtlich, der bereits nicht mehr nur mit physiko-chemischen Gesetzmäßigkeiten erklärt werden kann. Das Begreifen der Kuasalzusammenhänge als der wichtigsten in den Determinationsprozessen ist abhängig von der Untersuchung der Angepaßtheit, der Zweckmäßigkeit, des Äußeren und Inneren, der Struktur und Funktion, d. h. es ist verbunden mit dem ganzen Komplex biologischer Begriffe, die auf die Aufdeckung des für die Biologie grundlegenden Problems der Beziehung zwischen Organismen und Umwelt gerichtet ist. Die organische Determination tritt nicht als Sprung auf, als ein unvorhergesehenes Wunder auf den „höheren" Ebenen der Organisation des

[60] s. z. B. E. B. FREESE: „Molecular Mechanism of Mutations" in „Molecular Genetics", Teil I, (J. H. TAYLOR, Hrsgb.), S. 207—269, Academic Press, New York, 1963. (und viele weitere Arbeiten des Autors in J. Mol. Biol. bzw. Proc. Natl. Acad. Sci. USA). (A. H.)

[61] s. z. B. F. H. C. CRICK: „Codon-anticodon Pairing: the Wobble Hypothesis", J. Mol. Biol. **19**, 1966, S. 548—555. (A. H.)

[62] s. I. T. FROLOV: „O pričinnosti i zelesoobraznosti v živoj prirode" („Über Kausalität und Zweckmäßigkeit in der lebenden Natur"), Moskau, 1961.

Lebenden, sondern ist in ihren wesentlichen Zügen in jenen Merkmalen der Determinationsprozesse angelegt, die sich auf molekularer Ebene realisieren.
Das Bedürfnis nach methodologischer Analyse tritt auf, wenn das Allgemeine und Spezifische in der Determination auf molekularen Ebenen im Vergleich mit anderen biologischen Organisationsebenen theoretisch zu erfassen ist. Es zeigt sich bei der Bestimmung jener allgemeinen Verfahrensweisen in der Erforschung des Determinationsproblems, die mitunter intuitiv angewandt werden und im empirischen Material aufgelöst sind. Der philosophische Aspekt des Problems wird letzten Endes genutzt, um jene prinzipielle Veränderungen in der modernen wissenschaftlichen Denkweise zu verfolgen, die zu neuen Lösungen in der Frage der Determiniertheit und der Kausalität führen.
In der Geschichte der biologischen Erkenntnis machte das Problem der Determination eine langwierige Entwicklung durch, ehe es die heutige Gestalt annahm. Es bedurfte wesentlicher Veränderungen nicht nur in der Struktur der biologischen Wissenschaften, nicht nur im Faktenmaterial, sondern auch in der Denkweise der Biologen, um diese DARWINschen Schlußfolgerungen über das Komplizierte und Spezifische für den lebendigen Charakter der Determinationsprozesse richtig zu würdigen. Die DARWINsche unbestimmte Veränderlichkeit bestätigte den notwendigen Charakter des Zufalls, die Unvermeidbarkeit seiner Existenz, sowohl in den Objekten der Selektion als auch im Selektionsmechanismus selbst. In der Tat, das Hervorheben der natürlichen Selektion als der grundlegenden Triebkraft der Evolution zog die Forderung nach einer solchen Untersuchungsmethode nach sich, die wir heute als Wahrscheinlichkeits-Herangehen bezeichnen würden. Die Selektion kann nur dem Resultat nach so aussehen, als wäre sie eindeutig bestimmt. Allerdings ist in diesem Fall zu abstrahieren vom eigentlichen Prozeß der Selektion, der völlig auf dem Spiel des Zufalls und der Konkurrenzbeziehungen aufgebaut ist, die erst im Endergebnis die Bestimmtheit der Gesetzmäßigkeit ergeben. Die Interpretation des eigentlichen Begriffes natürliche Auslese im gnoseologischen Sinne kann jene Tatsache verständlich machen, daß innerhalb der DARWINschen Theorie die Notwendigkeit für jenes Wahrscheinlichkeitsdenken begründet war, das später im Rahmen der Physik und Kybernetik detailliert ausgearbeitet und zur Norm des modernen wissenschaftlichen Denkens wurde.
Was nun die Biologie betrifft, so mußten erst Methoden und Konzeptionen der exakten Wissenschaften in sie eingeführt werden, damit der Prozeß einer breiteren Anwendung und detaillierten Ausarbeitung des Wahrscheinlichkeits-Herangehens beginnen konnte. Der Grundstein wurde durch die MENDELschen Gesetze gelegt, deren Wiederentdeckung die Entstehung der Genetik als Wissenschaft bedeutete. Das historische Verdienst MENDELS war die seiner Zeit vorauseilende Vorstellung, daß es möglich und notwendig ist, das Problem der Vererbung von der strukturellen Seite aus zu untersuchen auf Grund der Entdeckung einfachster Vererbungselemente und einfachster mathematischer Gesetze in ihren Beziehungen. Die Nichtbeachtung (Ignorierung) dieser Entdeckung im Verlauf von 35 Jahren zeugte davon, daß das wissenschaftliche biologische Denken nicht vorbereitet

war auf den Übergang vom allgemeinevolutionären Aspekt des Vererbungsproblems zu seiner kausalen Erforschung, die unvermeidlich mit einer gewissen Abstrahierung vom komplexen Evolutionsprozeß verbunden ist, die aber gleichzeitig auch die einzige Garantie ist, die Vererbung als Evolutionsfaktor zu begreifen.

Die Kehrseite dieses Triumphes des Darwinismus besteht, wie K. M. ZAVADSKIJ sich ausdrückt, in der Entstehung einer ultraevolutionären Denkweise, die begeistert war von den Prozessen der Variabilität und die die Bedeutung der Stabilität in der Organisation des Lebenden, die Bedeutung des Ruhemomentes, der starren Determination, unterschätzte. Doch ohne diese ist eine genaue Kenntnis des Inhalts jener in den allgemeinen Zügen von DARWIN beschriebenen Wahrscheinlichkeits-Determination ebensowenig möglich, wie das Verständnis der fundamentalen Gründe dafür, warum gerade eine Wahrscheinlichkeits-Determination für alle biologischen Prozesse existiert. In methodologischer Sicht bedeutet daher die Entdeckung MENDELS einen Druchbruch in neue Sphären der Erforschung, nicht nur der Vererbung, sondern auch des Kausalitätsproblems überhaupt.

Die folgende Entwicklung der Genetik, aber auch der Zytologie, der Embryologie und Biochemie, bereitete die Aufnahme von Strukturuntersuchungen auf der molekularen Ebene des Lebenden als organischen Teil des gesamten Prozesses der Erkenntnis der Kausalität vor. Das von WATSON und CRICK vorgeschlagene Doppel-Helix-Modell der DNS (1953) und ihr allgemeines Replikationsschema erhielten allgemeine Anerkennung und wurden zur Grundlage eines neuen Zweiges der Biologie, der Molekulargenetik. Die unikale Rolle der DNS bei der Speicherung und Übermittlung von Erbinformationen zwang dazu, die traditionellen Ansichten über das Wesen des Lebens und das Problem seiner Entstehung zu überprüfen.[63]

„Es ist logisch anzunehmen, daß die Entstehung der DNS, d. h. einer nach Zusammensetzung und Aufbau ganz besonderen Nucleinsäure, in der Entwicklungsgeschichte des Lebens auf der Erde zweifellos ein außerordentlich wichtiger und wahrscheinlich sogar der entscheidende Faktor bei der Differenzierung und Individualisierung neuer Arten von Lebewesen war. Es entstand eine Substanz, in deren Form sich nicht nur die Erbinformation der betreffenden Art erhalten konnte, sondern die auch infolge der Eigenart des chemischen Aufbaus im Prozeß der Replikation die exakte Übertragung dieser Struktur in den folgenden Generationen gewährleistete."[64] Mit anderen Worten, die DNS tritt als materieller Träger jenes Charakters der Kausalzusammenhänge auf, den wir bedingt als starre Determination bezeichnen. Darin besteht die biologische Bestimmung der DNS-Struktur, darin besteht die Zweckmäßigkeit ihres Aufbaus, die Zweckmäßig-

[63] s. auch M. EIGEN: „Selforganization of Matter and the Evolution of Biological Macromolecules.", Naturwissenschaften 58, 1971, S. 465—523. (A. H.)

[64] A. N. BELOZERSKIJ: „Nukleinovyje kisloty." („Nucleinsäuren.") Vtoroj vsesojuznyj biochimičeskij s'jezd (II. Allunionskongreß für Biochemie), S. 6.

keit des Reduplikationsmechanismus. Eine andere Sache ist es, wie sich die Reduplikation vollzieht und welcher Art die realen Wege der, wie es scheinen könnte, starren Determiniertheit in der Biologie der Individual-Entwicklung sind. Wenn diese Entwicklung durch den genetischen Code vorbestimmt ist, haben wir es dann nicht bei der Interpretation der Rolle der DNS mit einer Wiederbelebung der Präformationskonzeptionen zu tun?

Derartige Befürchtungen wurden mehrfach in der philosophischen, und nicht nur der philosophischen Literatur, geäußert. So charakterisierte ELSASSER 1958[65] die Hypothese des genetischen Codes als „modernisierte Variante" präformistischer Prinzipien. B. COMMONER schrieb (1962), daß „die neuen Daten über die genetischen Funktionen der DNS der Konzeption der Epigenese widersprechen. Nach der Hypothese über den genetischen Code übernehmen die Nucleotidsequenzen im DNS-Molekül die Rolle des Homunkulus der Präformisten."[66]

Auch später (1964, 1968) äußerte sich COMMONER negativ gegenüber den modernen Vorstellungen von der chemischen Natur der Vererbung. Im Oktoberheft der Zeitschrift „Nature" von 1968 trägt ein Artikel von COMMONER den äußerst entschiedenen, und man muß sagen, sogar übermäßig gewagten Titel „Die Niederlage der Theorie WATSONS und CRICKS als chemische Erklärung der Vererbung"[67] und enthält eine Kritik der grundlegenden „Dogmen" der Theorie.

COMMONER analysiert die experimentellen Ergebnisse über die DNS-Replikation und ist der Ansicht, daß sie keinen direkten Beweis dafür liefern, daß die Spezifität der DNS nicht nur ein notwendiger, sondern auch der hinreichende Faktor bei der Bestimmung der Nucleotidsequenz eines sich bildenden Moleküls ist und äußert die Vermutung, daß daran noch andere biochemisch aktive Agentien als die DNS (z. B. Fermente) beteiligt sind.

In der Zusammenfassung schreibt der Autor, daß die Biologen die verschiedenen Ebenen des Lebenden studieren, angefangen von den Ökosystemen bis hin zur inneren Chemie der Zelle, ähnlich wie ineinandergeschachtelte chinesische Kästchen geöffnet werden (wir würden sagen „Matrjoschkas"). „Das letzte Kästchen", schreibt COMMONER, „ist nunmehr geöffnet. Entsprechend der Theorie von WATSON und CRICK müßte es die einzige Quelle für die gesamte Erbspezifität lebender Organismen enthalten — die DNS. Ich meine, jetzt wissen wir, daß der letzte Kasten leer ist und daß die Erbspezifität des Lebens durch nichts anderes bestimmt wird außer durch das Leben selbst."[68]

[65] W. M. ELSASSER: „The Physical Foundation of Biology.", Pergamon Press, New York, 1958.

[66] B. COMMONER: „Javljaetsja li DNK samovosproizvodjaščejšja molekulojž" („Ist die DNS ein sich selbst reproduzierendes Molekül?"), in „Horizons in Biochemistry" (M. KASHA a. B. PULLMAN, Hrsg.; A. SZENT-GYÖRGI Dedicatory Volume; russ. Übersetzung: L. A. TUMERMAN, Red.), Moskau, 1964, S. 246.

[67] B. COMMONER: „Failure of the Watson-Crick-Theory as a Chemical Explanation of Inheritance", Nature (London) **220**, 1968, S. 334—340.

[68] ebenda, S. 340.

Das von COMMONER vorgeschlagene Modell einer linearen Replikation, in dem eine Informationsrolle der Fermenteiweiße angenommen wird, steht im Gegensatz zum allgemein anerkannten Matrizenmodell der DNS, weil es auf dem Versuch basiert, die Richtung des Informationsflusses nicht nur von der DNS zum Eiweiß, sondern auch umgekehrt, vom Eiweiß zur DNS zu beweisen. „Die Spezifität, die durch Vererbung übermittelt wird, ist durch ein multimolekulares System, durch einen beträchtlich größeren Molekülkomplex als das DNS-Molekül determiniert. Und alle Versprechungen, die Vererbung durch chemische Manipulation mit der DNS zu kontrollieren, sind ziemlich illusorisch und unter bestimmten sozialen Bedingungen für das Wohl des Menschen sogar schädlich."[69]
Die Idee des gleichseitigen Dreiecks DNS-RNS-Eiweiß, in dem die einseitige Ausrichtung der Informationsbewegung fehlt, wurde bereits von CHARGAFF geäußert und von einzelnen Biologen und Philosophen unterstützt.[70] Jedoch widerspricht diese Idee dermaßen auffällig der allgemein anerkannten Konzeption vom molekularen Mechanismus der Vererbung, daß es in den mehr als 20 Jahren ihrer Existenz nicht gelang, experimentell die „Rückkopplung" vom Eiweiß zur DNS zu zeigen. Man muß COMMONERS Opponenten FLEISCHMANN[71] zustimmen, daß die Kritiker des zentralen Postulats der Theorie von WATSON und CRICK zwei Besonderheiten der Codierung der biologischen Spezifität miteinander vermischen:

a) den Apparat zur Realisierung der Spezifität, der für ihre Translation und ihr Auftreten erforderlich ist, und
b) die Existenz einer Matrize, die die Spezifität codiert.

In der ersten Besonderheit der Codierung haben die Fermente eine erhebliche Bedeutung. Davon muß man niemand überzeugen, und die Unkorrektheit und Verschwommenheit des Terminus des „sich selbst reproduzierenden DNS-Moleküls" beweisen. Übrigens ist dieser Terminus nicht mehr und nicht weniger verschwommen als der Begriff der „Rückkopplung" in seiner Anwendung auf das Eiweiß; wenn man so will, kann man den gesamten Apparat zur Realisierung der Erbinformation als Beispiel einer „Rückkopplung" zwischen Eiweiß und DNS betrachten, aber diese Bezeichnung fügt nichts zu dem vorhandenen Material über die Rolle der Fermente hinzu.
Was jedoch das zweite Moment der Erbspezifität betrifft, so macht gerade dieses das prinzipiell Neue beim Verstehen aller molekularen Prozesse aus, ohne das ein modernes molekularbiologisches Wissen einfach nicht existieren kann. Um

[69] ebenda, S. 340.

[70] s. G. V. PLATONOV: „Filosofskije aspekty izučenija živogo na molekuljarnom urovne" („Philosophische Aspekte der Untersuchung des Lebenden auf molekularer Ebene."), Moskau, 1969.

[71] P. FLEISCHMANN: „The Chemical Basis of Inheritance (A Refutation of Dr. Barry COMMONERS Claim that the WATSON-CRICK Theory Fails to Explain the Chemical Basis of Inheritance).", Nature (London), **225**, 1970, S. 30—32.

das Matrizenprinzip zu widerlegen, reichen einige Artikel oder zwei, drei Argumente, nicht aus, um so mehr, als diese Argumente nicht beweiskräftig sind und auf unrichtigen Deutungen der Experimente basieren.

Es würde nicht lohnen, dieser Art der „Widerlegung" der Theorie WATSONS und CRICKS Aufmerksamkeit zu widmen, wenn sie nicht mit einer Wiederbelebung jener scheinbar überlebten methodologischen Positionen einhergehen würde, deren Anwendung seiner Zeit die Entwicklung eines exakten biologischen Wissens bremste. Die Vererbung wird erneut als Eigenschaft des ganzen Lebenden gekennzeichnet und in bezug auf die chemischen Grundlagen der Vererbung wird eine solche breite „Demokratie" festgestellt, daß es unverständlich wird, womit und wie man beginnen soll, worauf und wie man einwirken soll, wenn man sich die Aufgabe einer Änderung der Erblichkeit stellt. Die bei COMMONER anklingende Ironie hinsichtlich der „chemischen Manipulation von DNS", noch dazu verbunden mit einer Warnung vor ihrer Gefahr für das Wohl der Menschheit, ist eine Folge seiner Gesamtkonzeption, die konsequent jegliche Prädeterminiertheit in der Entwicklung, die führende Rolle der inneren Faktoren und, insbesondere, die bestimmende Bedeutung der DNS-Matrize für die Entwicklungstendenz eines Organismzs ablehnt.

„Präformismus", „Idealismus", „Prädetermination", „Matrizenfunktion der DNS" — alle diese Begriffe sind vermischt worden, da sie nicht nach ihrer methodologischen und naturwissenschaftlichen Bedeutung abgegrenzt wurden. Der von der Wissenschaft festgestellte Fakt der Determinierung der Eiweißbiosynthese seitens der Nucleinsäuren war nicht so sehr Gegenstand spezieller wissenschaftlicher Beurteilung, als vielmehr Gegenstand methodologischer Verurteilung. Dabei sind die methodologischen Einschätzungen so kategorisch, daß sie schon als solche nicht dem heutigen Stand der Wissenschaft entsprechen, die die Bedeutung der inneren Entwicklungsfaktoren nachgewiesen hat.

Es ist offensichtlich, daß tatsächlich nicht sämtliche Prinzipien der Vererbung und Entwicklung nur auf molekularer Ebene entwickelt werden können. Dafür ist eine Synthese des biologischen Wissens unerläßlich, das gegenwärtig das Problem der Vererbung und Entwicklung auf allen biologischen Organisationsebenen untersucht. Eine gewisse Begeisterung über die Unikalität der Informationsrolle der DNS war vorübergehend und verliert sich im Laufe der sich schnell entwickelnden experimentellen Forschung. Allerdings hat dieser Erkenntnisfortschritt die Grundvorstellungen über die Matrizensynthese nicht erschüttern können.

Die Nucleotidsequenz im DNS-Molekül ist spezifisch und für die jeweilige Art stabil. In diesem Sinne kann man vom Auftreten starrer determinierter Gesetzmäßigkeiten der Vererbung sprechen. Jedoch führt die Fähigkeit der DNS-Struktur zur Transformation, zum Ausfall (Deletion), zur Einsetzung (Insertion) oder zum Austausch (Substitution) von Nucleotiden, die unter Einwirkung vieler Ursachen entstehen, insgesamt zum Wahrscheinlichkeitscharakter der Realisierung der Erbinformation.

Eine grundlegende Ursache für die Wahrscheinlichkeits-Determination ist die Tatsache, daß die DNS, wie sich herausstellte, ein komplexes offenes System ist. Ihre Inertheit im metabolischen Prozeß wird durch ihre funktionelle Inhomogenität kompensiert, durch die Fähigkeit zum Mutieren und die unabdingbare Beteiligung verschiedener Fermente sowohl am Reduplikationsprozeß als auch am Mutagenesemechanismus. Die Gefahr einer präformistischen Auslegung der Rolle der DNS existierte nur zu jener Zeit, als die kompliziert differenzierte und sich unter äußeren Einflüssen verändernde Struktur der DNS noch nicht geklärt war. Ihre Funktion als Regulator der Eiweißbiosynthese vollzieht sich nach dem Prinzip der „Kaskaden-Regulation"[72], d. h., sie ist eingeschlossen in jede Etappe der Individualentwicklung eines Organismus oder der Epigenese. Jener Fakt, daß die DNS im Verlaufe der Epigenese die spezifische Rolle einer Art „Vorausbestimmung" jeder Etappe erfüllt, zeugt nur vom tiefen Eindringen des Widerspruchs zwischen konservativem und nichtkonservativem Prinzip in die fundamentalsten Grundlagen des Lebens.

Die Erforschung der starren und der wahrscheinlichen Determination auf der molekularen Ebene des Lebenden setzt die Kenntnis darüber voraus, unter welchen Umständen in der Biologie insgesamt eine Unbestimmtheit der Ereignisse existiert. Wahrscheinlich haben wir es hier eben mit einem der Unterscheidungsmerkmale der organischen Determination zu tun, nämlich, daß man bei ihrer Erforschung auf den verschiedenen biologischen Organisationsebenen eine einheitliche methodologische Grundlage garantieren muß, die die Spezifik des Lebens berücksichtigt. So verschieden die Mechanismen der Ursache-Wirkung-Zusammenhänge auch sein können, ihre Zugehörigkeit zum Prozeß der Lebenstätigkeit schafft einige allgemeine Charakteristika, vor allem aber die prinzipielle Unbestimmtheit oder den Wahrscheinlichkeitscharakter der Kausalität. Zur Klärung der universellen Bedeutung der Wahrscheinlichkeitskausalität ist es notwendig, sich den wesentlichen Attributen lebender Systeme, die eine direkte Beziehung zur Bestimmung der Besonderheiten der biologischen Determination haben, zuzuwenden.

In dem gehaltvollen Artikel E. Mayrs „Ursachen und Wirkung in der Biologie"[73] werden folgende Ursachen der Unbestimmtheit in der Biologie betrachtet: die Zufälligkeit des Ereignisses, die nicht mit seiner Bedeutung zusammenhängt, die Unikalität aller Wesen auf höheren biologischen Integrationsebenen; die außerordentliche strukturelle und dynamische Kompliziertheit biologischer Systeme; das Auftreten neuer Eigenschaften auf höchsten Integrationsebenen. Jede dieser Ursachen erhält eine kurze und lakonische Charakteristik, da der Autor zu Recht meint, daß das Vorhandensein der genannten Besonderheiten biologischer Systeme allgemein anerkannt ist. Jedoch wird infolge des Abstrahierens von der Spezifik der verschiedenen Organisationsebenen nicht ganz klar, ob die hervorgehobenen Besonderheiten absolut alle Organisationsebenen um-

[72] s. J. Bonner: „The Molecular Biology of Development", Oxford 1965, (russ. Übersetzung: „Molekuljarnaja biologija razvitija", Moskau, 1967).

[73] s. E. Mayr: „Pričiny i sledstvije v biologii" in „Na puti teoretičeskoj biologii" (C. H. Waddington, Hrsgb. „On the Way to a Theoretical Biology"), russ. Übers.: Moskau, 1970.

fassen, und wenn ja, in welchem Ausmaß das die Existenz von für alles Lebende gemeinsamen Charakteristika der Kausalität bestimmt. MAYR versteht die Unbestimmtheit nicht als Ursachlosigkeit, sondern als Unmöglichkeit, Voraussagen zu treffen, und gelangt in seiner weiteren Erörterung der Frage faktisch zu einer ziemlich starken Trennung von Mikro- und Makroebene, genauer, von physikochemischem und Evolutionsbereich des Auftretens der Kausalität.

Die Ereignisse auf molekularer Ebene sind wesentlich genauer vorauszusagen, ungeachtet des Vorhandenseins der Zufälligkeit in Form spontaner Mutationen, die durch Fehler in der Reduplikation der DNS hervorgerufen werden. Das codierte Programm und seine Entzifferung im Prozeß der Ontogenese sind der physikalisch-chemischen Analyse zugänglich, was man vom Evolutionsprozeß im ganzen nicht sagen kann. Hier nimmt die Unbestimmtheit sehr stark zu, und über die Ereignisse sind nur Wahrscheinlichkeitsaussagen zu treffen.

Mit all diesem muß man einverstanden sein; Zweifel ruft allerdings jene ziemlich starre Kopplung zwischen den Begriffen Voraussagbarkeit und Zielgerichtetheit hervor. Es zeigt sich, daß wir nur in bezug auf die Systeme, die auf der Grundlage irgendeines Programmes oder irgendeiner codierten Information wirken, von einer Zielgerichtetheit sprechen können. PITTENDRAW folgend verwendet E. MAYR den Terminus „Teleonomie" anstelle des ziemlich diskreditierten Begriffs der „Teleologie" und bezeichnet als teleonomisch nur die Systeme, die entsprechend dem Programm ihrer Tätigkeit, das die Art und Weise dieser Tätigkeit bestimmt, einer physikalisch-chemischen Untersuchung unterzogen werden können. „Ein Individuum, das, um in der Sprache der Informationstheorie zu sprechen, ‚programmiert ist', kann zielgerichtet wirken. Historische Prozesse jedoch *können nicht* zielgerichtet wirken." „Die Entwicklung oder das Verhalten eines Individuums ist zielgerichtet, aber die natürliche Selektion sebstverständlich nicht."[74]

E. MAYRS Kritik an der Teleologie, an der aristotelischen Auffassung des Zieles in der Natur als „Absicht", „Plan", ist ebensowenig zu übersehen wie auch sein Bestreben, das Problem der Zweckmäßigkeit vom Standpunkt des modernen und exakten biologischen Wissens zu betrachten. Aber in der Logik der Erörterung über die Besonderheiten der Kausalität in der Biologie zeigt sich eine ziemlich offensichtliche Nichtübereinstimmung der anscheinend allen biologischen Systemen gemeinsamen Ursachen für die Unbestimmtheit der Ereignisse mit jener Einteilung der molekularbiologischen- und Evolutionsprozesse, die zu einer Negierung der Gerichtetheit der letzteren führt. Faktisch ergibt sich, daß auf molekularer Ebene die starre Determination wirkt, auf der Evolutionsebene dagegen die Wahrscheinlichkeits-Determination. Mit dieser Schlußfolgerung kann man jedoch nicht einverstanden sein, weil das zu einer Einengung des Wirkungsbereiches der Gerichtetheit in der Entwicklung auf die ausschließlich molekulare Ebene und zur mechanistischen Auffassung der Gerichtetheit selbst führt. „Das zielgerichtete Handeln des Individuums ist, da durch die Eigenschaften seines genetischen Codes bedingt, nicht mehr und nicht weniger zielgerichtet

[74] ebenda, S. 52 (in der russ. Übersetzung).

als die Operationen eines Rechenautomaten, der entsprechend dem ihm eingegebenen Programm auf verschiedene Signale reagiert. Das ist, wenn man so sagen darf, eine rein mechanistische Zielgerichtetheit."[75] Die Anerkennung der günstigen Wirkung der natürlichen Selektion auf die Herausbildung von Coden, die eine größere Angepaßtheit der Organismen gewährleistet, verändert daran wenig.

Eine positive Lösung des Problems, die die beiden von E. MAYR so polarisierten Wirkungsebenen der Kausalität einander nähern, läßt sich etwa folgendermaßen denken: Erstens ist ein völliger Ausschluß von „programmierten" Prozessen in der Evolution und sogar im Wirken der natürlichen Zuchtwahl kaum berechtigt. Zweitens tritt die starre Determination auf molekularer Ebene unvermeidlich nur als ein, wenn auch als das überwiegende Moment der gesetzmäßigen Zusammenhänge auf. Sehen wir uns das etwas ausführlicher an.

Die Gerichtetheit des Evolutionsprozesses bedeutet zweifellos nicht eine Bewegung auf ein vorgezeichnetes Ziel. Aber in jeder Evolutionsetappe haben wir es mit einem bestimmten Selektionsergebnis zu tun, mit einer bestimmten Stabilität des jeweiligen Evolutions-„Profils". Diese Stabilität der selektionierten Formen bestimmt den weiteren Verlauf der Evolution so, daß die Möglichkeiten CUVIERscher Katastrophen sowie die Degeneration von Arten ausgeschlossen werden und es wird eine langsame und stufenweise Veränderung im Rahmen jenes „Programmes" angenommen, das die Unterstützung der Selektion bekommen hat. Wenn es möglich wäre, sämtliche Erbprogramme der existierenden Organismen in einer einheitlichen Formel auszudrücken, würde das auch das Evolutionsprogramm der jeweiligen Etappe bilden. Das durch die Evolution Erreichte wird in der Selektion als Ergebnis fixiert, und die Anerkennung eines solchen Aspektes der Selektion begünstigt die Aufdeckung der allgemeinen Züge der organischen Determination, die allen Ebenen biologischer Systeme gleichermaßen eigen sind.

Es ist einzuschränken, daß der vorgeschlagene Selektions-Aspekt notwendigerweise nicht nur zur Berücksichtigung des ontologischen Inhalts des Begriffes Selektion führt, sondern auch seiner gnoseologischen Funktion: Es ist offensichtlich, daß sich in der Realität der Selektionsprozeß ständig vollzieht. Die Natur selbst bringt keinerlei feste „Schnitte" der Evolution hervor, aber für das Begreifen der Evolution ist die Anerkennung nicht nur ihres kontinuierlichen, sondern auch ihres diskreten Charakters außerordentlich wesentlich, ebenso wie das Verständnis der Selektion nicht nur als Prozeß, sondern auch als Resultat. Wenn wir eine bestimmte Evolutionsstufe herausgreifen und einen Einschnitt auf einer relativ stabilen Etappe vornehmen, gewinnen wir dadurch die Möglichkeit, die weiteren Schritte der Evolution vorauszusagen, die unbedingt jene eigenen Entwicklungshöhen verwendet, die die Form genetischer Programme erworben haben. Eine andere Sache ist es, daß diese Voraussagen nicht weitgehend sein können, aber man sollte nicht vergessen, daß auch im Fall der molekularbiologischen Programme die Voraussage ziemlich trivial ist, weil sie keines-

[75] ebenda, S. 52 (russ. Übersetzung).

wegs den Prozeß der Neuschaffung betrifft, sondern lediglich den der zyklischen Reproduktion. Wenn jedoch etwas prinzipiell Neues auftritt, dann nennt man das eine spontane Mutation, und niemand wagt zu behaupten, daß diese im selben Grade voraussagbar ist, wie der Reduplikationsprozeß der DNS insgesamt.
Die gnoseologische Betrachtung des Begriffes Selektion hat noch ein weiteres Ergebnis, das für die Bestätigung nicht nur des Wahrscheinlichkeitscharakters, sondern auch des starr determinierten Charakters der Evolution wesentlich ist. WADDINGTON nennt es „das Theorem der natürlichen Selektion". Sein Inhalt besteht darin, daß nach der Logik der Selektion die Evolution „zur Erhöhung der Effektivität eines Biosystems im Ganzen führen muß, die sich im Auffinden von Wegen zur Reproduktion äußert."[76]
Die Selektion tritt in Systemen einer Ordnung auf. Ihr Sinn besteht in der Reduzierung ihrer Vielfältigkeit durch Selektion der vor allem im Hinblick auf die Zukunft „privilegierten" Systeme. Es werden die Systeme mit der größten Perspektive ausgewählt, die infolge irgendwelcher Vorteile ihrer Organisation zu einer produktiveren Reproduktion fähig sind. Die Organisation erhält eine zutiefst biologische Approbation: als Kriterium ihrer Überlegenheit erweist sich die für das Lebende charakteristischste Eigenschaft, nämlich die Eigenschaft der Selbstreproduktion. Die Logik der Selektion als eines unerläßlichen Mechanismus jedes Entwicklungsprozesses führt dazu, daß die auf einer bestimmten Etappe der Evolution realisierte Vielfalt „für den Besten" als Grundlage für das Finden neuer „Wachstumspunkte" existiert, die sich über das allgemeine Niveau zu seiner Festigung und Vervollkommnung erheben. Darin besteht, wenn man das so ausdrücken darf, das Programm der Selektion, besteht ihre Gerichtetheit, ungeachtet des allgemeinen statistischen Charakters des Selektionsprozesses selbst. In naturwissenschaftlicher Hinsicht sind prognostische Schlüsse möglich, wenn die Tatsache berücksichtigt wird, daß, bevor die Umwelt auf den Organismus zu wirken beginnt, dieser da sein, existieren muß und jenen genetischen Code realisieren muß, der in vielem den Charakter der Wechselbeziehungen zwischen Organismus und Umwelt, die Reaktionsnorm des Organismus auf die Wirkungen der Umwelt vorausbestimmt.
Die Anerkennung einer Gerichtetheit der Evolution ist nicht nur mit dem Begriff der Selektion verknüpft, sondern im viel umfassenderen Sinne auch mit dem Begriff der Stabilität als eines notwendigen logischen Momentes der theoretischen Reproduktion des Evolutionsprozesses. Die besondere Beachtung der Organisationsformen biologischer Systeme, die für die moderne biologische Erkenntnis so charakteristisch ist, hat eine fundamentale Begründung in den Ideen der Kybernetik, die die Bedeutung der Stabilität von Systemen und der Mechanismen zur Gewährleistung dieser Stabilität für das „Überleben" der Systeme zeigte. Die Untersuchung des Evolutionsprozesses als Prozeß der Zunahme der Stabilität biologischer Systeme erscheint heute schon nicht mehr als

[76] s. „Na puti k teoretičeskoj biologii" („On the Way to a Theoretical Biology", C. H. WADDINGTON, Hrsgb.), russ. Übers.: Moskau, 1970, S. 59.

Verstoß gegen die Prinzipien des evolutionären Herangehens, sondern ist als wesentliches Moment in der Untersuchung und bei der theoretischen Erfassung des Evolutionsprozesses enthalten.

I. I. Šmalgauzen, Mitbegründer einer sich erfolgreich entwickelnden Richtung, die mit der Anwendung kybernetischer Konzeptionen in der Biologie zusammenhängt, schreibt: „Obwohl es ohne Erbänderungen keine Evolution gibt, sind eine gewisse Stabilität der Organisation und die Möglichkeit, sie in der Nachkommenschaft genau zu reproduzieren, von großer Bedeutung. So hängt die Lebensfähigkeit einer Population vor allem von der Stabilität der Organisation ab, da die Mehrzahl der Mutationen schädlich ist. Weiterhin gestattet die Stabilität der Organisation vielen Einflüssen im Prozeß der Wechsel der Existenzbedingungen in Zeit und Raum zu widerstehen, die im Verlaufe des Lebens des einzelnen Individuums sowie des Wechsels der Generationen auftreten. Die Probe auf die Stabilität liegt der natürlichen Selektion ‚im Kampf ums Dasein' und damit auch der progressiven Evolution zugrunde."[77]

Der gesamte Evolutionsprozeß produziert immer zuverlässigere Mittel zur Erhaltung der Stabilität der Organisation, d. h. vor allem für die Vervollkommnung des Prozesses der Weitergabe der Erbinformation. Nur auf dieser Grundlage ist eine ständige Zunahme der Organisation möglich, und diese Grundlage ist genauso im Begriff der Gerichtetheit der Evolution enthalten, wie auch der Prozeß der Zunahme der Organisation. Damit erfolgt die Annäherung zweier so weit entfernter Ebenen der Lebenstätigkeit, der molekularen und evolutionären. Sowohl dort als auch hier erlauben das Moment der Stabilität, der Erhaltung eines Zustandes und eine gewisse Festigung des Ergebnisses von der Anwesenheit ziemlich starr determinierter Zusammenhänge zu sprechen, die sich in den allgemeinen komplizierten Prozeß der Wahrscheinlichkeits-Determination einreihen.

Bei der Untersuchung des Evolutionsprozesses erweist sich also die Orientierung auf die Einheit von starrer und Wahrscheinlichkeits-Determination als methodologisch bedeutungsvoll, wobei diese Einheit gleichermaßen bestimmt wird sowohl durch die Besonderheiten des Evolutionsprozesses als solchem als auch durch die in ihn eingeschlossenen Organisationsebenen. Vor allem betrifft das die molekulare Ebene, die für die Präzision der Übertragung der Erbinformation verantwortlich ist. Von Ebene zu Ebene ändert sich die Wechselbeziehung zwischen starrer und Wahrscheinlichkeits-Determination, ändern sich die konkreten Mechanismen der Ursache-Wirkung-Zusammenhänge; aber die Anerkennung solcher Erscheinungen, wie der Zweckmäßigkeit, der Zielgerichtetheit als Charakteristik alles Lebenden ist notwendigerweise mit der Erforschung und logischen Begründung der Einheit von starrer und Wahrscheinlichkeits-Determination verbunden.

Während für den Evolutionsprozeß, der auf dem Auslesemechanismus basiert, der Wahrscheinlichkeitscharakter der Zusammenhänge am offensichtlichsten

[77] I. I. Šmalgauzen: „Kibernetičeskije voprosy biologii" („Kybernetische Fragen der Biologie"), Novosibirsk, 1968, S. 143.

ist, setzen die molekularbiologischen Prozesse vor allem eine ständige zyklische Reproduktion voraus.

Auf der genetischen Ebene ist der Begriff „der abgeschlossenen kausalen Kontur" am besten anwendbar, der als einer der wichtigsten theoretischen Begriffe der modernen Biologie von B. GOODWIN eingeführt wurde.[78] WADDINGTON folgend ist GOODWIN der Ansicht, „daß das biologische Bild komplizierter als das physikalische ist, und zwar im wesentlichen durch die Art und Weise, wie in dieses Bild die Zeit eingeschlossen wird."[79] In GOODWINS Konzeption, die auf der Annahme beruht, daß die periodischen Schwingungsprozesse im Lebenden (= Oszillationen) von grundlegender Bedeutung sind, werden die Besonderheiten der zeitweiligen Charakteristika auf verschiedenen Ebenen untersucht (biochemische, epigenetische und evolutionäre). Es wird ein provisorisches Kriterium für die Unterscheidung von Systemen eingeführt, die miteinander in einem dynamischen Prozeß so zusammenwirken, daß das eine System als Umwelt des anderen auftritt. Als ein solches Kriterium wird die Relaxationszeit gewählt — „die Zeit, die benötigt wird, damit die Variablen nach einer gewissen ‚kleinen' Anregung' zu ihren stationären Werten zurückkehren."[80] Für metabolische Systeme liegt die Relaxationszeit im Intervall von 10^{-1}—10^{-2} Sekunden, für epigenetische Systeme im Bereich von 10^{2}—10^{4} Sekunden (d. h. von 1,5 Minuten bis zu 3 Stunden) und für Evolutionssysteme können die Grenzen des Zeitintervalls, da sie sich durch größere Dimensionen auszeichnen, sehr verschieden sein, je nachdem, was als Objekt der evolutionären Veränderung betrachtet wird.

Der Begriff Relaxationszeit erlaubt, die verschiedenen Ebenen der Ursache-Wirkung-Zusammenhänge innerhalb jener Determinationshierarchie zu vergleichen, die in lebenden Systemen gleichzeitig existiert. Lassen wir die Erörterung der Vorzüge einer quantitativen Analyse der kausalen Konturen beiseite und verweisen auf jene wesentliche methodologische Voraussetzung dieser Analyse, welche die Notwendigkeit des gnoseologischen Herangehens an die Kausalität sogar im Rahmen der scheinbar rein empirischen Forschung unterstreicht. Das Kriterium der Relaxationszeit ist nicht so sehr auf die Systeme selbst orientiert, als vielmehr auf die dynamischen Charakteristika des Prozesses, wobei sich beim Studium dieser dynamischen Charakteristika die Annahme einer Stationarität jener Systeme, deren Veränderung man vernachlässigen kann, als äußerst wichtig erweist. „Wenn sich die Relaxationszeiten in zwei Systemen sehr stark unterscheiden (beispielsweise um das 100fache), so kann man während der Zeit der Veränderung der Variablen eines ‚langsamen' Systems (d. h., mit großer Relaxationszeit) das ‚schnelle' System (d. h., mit kleiner Relaxationszeit) als ein System betrachten, das sich im stationären Zustand befindet."[81]

[78] B. C. GOODWIN: „Temporal Organization in Cells." A Dynamic Theory of Cellular Control Processes.", Academic Press, London—New York, 1963 (russ. Übers.: „Vremennaja organizazija kletki", Moskau, 1966).

[79] ebenda, S. 35 (russ. Übers.).

[80] ebenda, S. 36.

[81] ebenda, S. 36.

Eine solche Annahme über die Stationarität von Systemen einer niedrigeren Ebene gestattet es, ihre Variablen durch Variable von Systemen einer „höheren" Ebene auszudrücken, und in diesem Fall sind diese Variablen wesentliche Parameter von Systemen der „niedrigeren" Ebene, die ihren stationären Zustand bestimmen.[82]

Es läßt sich also, wenn man den kurzen Verweis auf die Arbeit B. Goodwins verallgemeinert, feststellen, daß bei der Erforschung „kausaler Konturen" verschiedener Existenzebenen biologischer Systeme die Wahl des Untersuchungsobjektes eine große Rolle spielt, welches die Beziehung zu den Bestandteilen des ausgewählten Systems als zu stationären, stabilen Elementen bestimmt, die es gestatten, solch beständige Charakteristika hervorzuheben, die die verschiedenen Ebenen vereinen. Die Einteilung in eine starre und eine Wahrscheinlichkeits-Determination zeigt ihre Relativität insofern, als eine spezielle Beschäftigung mit den früher als stationär betrachteten Systemen die Situation erneut verändert. Die stabilen Charakteristika stellen sich als variabel heraus und schließen neue, scheinbar starr determinierte Zusammenhänge neuer stationärer Systeme in sich ein. So läßt die Evolutionsebene, die statistischen Gesetzmäßigkeiten unterliegt, eine Betrachtung der molekulargenetischen Prozesse als stabile starr determinierte zu, während die spezielle Untersuchung der Replikationsprozesse der DNS die Akzente verschiebt und uns zwingt, die Vorstellung von einem stationären genetischen System aufzugeben. Es erfolgt eine „Spaltung" des Determinationsbegriffes in die polaren Charakteristika der starren und nicht starren Zusammenhänge, und nur auf dieser Grundlage ist eine Erklärung des Mutagenesemechanismus möglich.

Als Schlußfolgerung kann man den gesetzmäßigen Charakter des Zusammenhangs zwischen der Evolutions- und der Molekularebene des Studiums der Determination unterstreichen. In unserer Darlegung war dieser Zusammenhang ständig gegenwärtig, da die Begriffe Äußeres und Inneres nicht nur die Statik eines beliebigen Objektes, darunter auch des molekularbiologischen charakterisieren, sondern auch seine Dynamik und in der Biologie die evolutionäre Entwicklung. Wenn sogar bei den traditionellen Problemen der Biologie die Beziehungen von Äußerem und Innerem nicht mehr als statistischer Zusammenhang von Morphologie und Physiologie behandelt werden, so betrifft das umsomehr die molekularbiologische Forschung. Sie entfaltet sich in einer Periode des stürmischen Aufblühens von Evolutionstheorien, die das Problem Äußeres — Inneres mit dem Studium der grundlegenden Entwicklungsfaktoren der organischen Welt verbanden. Die Übergänge von einer Untersuchungsebene zur anderen fördern das Verständnis für die allgemeinen Merkmale der organischen Determination, sie unterstützen den Nachweis des, wie gezeigt wurde, immanenten Charakters der Kausalität biologischer Prozesse und der Einheit von starrer und Wahrscheinlichkeits-Determination.

Zugleich gestattet ein Vergleich der auf den verschiedenen Untersuchungsebenen

[82] ebenda, S. 43.

der organischen Determination erzielten Resultate, die Spezifik jeder dieser Ebenen, die Besonderheiten der Äußerung der Determination auf jeder von ihnen genauer zu umreißen. So wird beim Studium der Einheit von starrer und Wahrscheinlichkeits-Determination auf evolutionärer Ebene die Hauptaufmerksamkeit auf die Wahrscheinlichkeitsdetermination gerichtet, während auf molekularer Ebene die starre Determination im Mittelpunkt steht, die eng mit der führenden Rolle der inneren Entwicklungsfaktoren, mit der Notwendigkeit verbunden ist, die Stabilität der materiellen Grundlagen der Vererbung aufrecht zu erhalten.

Die Gegenüberstellung verschiedener Ebenen setzt die Einführung des Kausalitäts-Prinzips auch in das eigentliche Problem des wechselseitigen Zusammenhangs zwischen dem strukturell-funktionellen und dem historischen Herangehen voraus. „Wichtig ist auch", schreibt K. M. Chailov, „daß zwischen der funktionellen und der evolutionären Interpretation eines Systems ein Kausalzusammenhang besteht, das heißt, daß man das System der funktionellen Organisation als Resultat seiner Evolution darstellen kann und die Evolution als einen Prozeß, der sich auf der Grundlage der jeweiligen funktionellen Organisation entfaltet."[83] Dieses Moment erweist sich als äußerst wesentlich für die Ausarbeitung der methodologischen Grundlagen der biologischen Forschung. Das Determinationsproblem erhält einen zutiefst gnoseologischen Klang, da es sich als Orientierungspunkt bei der Fixierung der Wechselbeziehungen nun schon nicht mehr zwischen den objektiv existierenden Organisationsebenen der Natur, sondern zwischen den Erkenntnisebenen und sogar, genauer gesagt, zwischen den Ebenen der methodologischen Grundlagen dieser Erkenntnis erweist. Die Wechselbeziehung zwischen den verschiedenen Methoden der Untersuchung molekularer Strukturen des Lebenden, zwischen den verschiedenen methodologischen Verfahren bei der Verallgemeinerung des experimentellen Materials, all das hat wesentliche Bedeutung für die philosophische Analyse der Errungenschaften der Molekularbiologie überhaupt und der Forschungsergebnisse über molekulare Grundlagen der Evolution im besonderen. Deshalb wird die weitere Darlegung des Themas auf die genauere Untersuchung jener Gesamtheit von methodologischen Erkenntnismitteln konzentriert, die unserer Meinung nach für die gegenwärtige Entwicklungsetappe der Molekularbiologie am aktuellsten ist.

[83] K. M. Chailov: „Sistemy i sistematizazija v biologii. — Problemy metodologii sistemnogo issledovanija" („Systeme und Systematisierung in der Biologie. — Probleme der Methodologie der Systemforschung."), Moskau, 1970, S. 136.

KAPITEL III

ZUR METHODOLOGIE DER UNTERSUCHUNG DER MOLEKULAREN GRUNDLAGEN DER EVOLUTION

Die Entwicklung der modernen Biologie wird von wesentlichen Veränderungen in der Struktur der Forschungarbeit begleitet. In dieser Hinsicht ist es interessant, die Wechselbeziehungen solcher richtungsgebenden Forschungsgrundlagen, wie der Methodik, der Methoden und der Methodologie zu verfolgen. Die einfache und auf den ersten Blick offensichtliche Unterteilung in Methodiken, Methoden und Methodologien ist in Wirklichkeit jedoch wegen der Relativität dieser Begriffe und ihrer wechselseitigen Übergänge einer speziellen Erörterung wert. Die Bedingungen dieser Übergänge werden durch die Kompliziertheit des biologischen Objektes und die Aufgaben der konkreten Forschung bestimmt.

Die Molekularbiologie liefert als typisches Beispiel einer Komplex-Wissenschaft eine markante Illustration für das interne Bedürfnis der Naturwissenschaft, die erkenntnistheoretischen Aspekte der Forschung zu durchdenken. In der Tat ist ja allein schon die Übertragung der Methoden und Konzeptionen eines Wissensgebietes auf ein anderes, die zur Entwicklung der komplexen Forschung führt, keineswegs ein rein mechanischer Vorgang. Sie wird von einer Ideentransformation begleitet, und, was vor allem wichtig ist, vom Auftauchen prinzipiell neuer Vorstellungen. Ein solcher Prozeß, in dem bekannte Kenntnisse durch ihre methodologische Seite zu anderen Kenntnissen in Beziehung treten, fordert das Eindringen in die allgemeinen Grundlagen derartiger Operationen, in die allgemeinen Erkenntnisprinzipien.

In speziellen Arbeiten fließt der Begriff Methodologie zumeist mit dem Begriff Methode zusammen, und das Bedürfnis nach einer methodologischen Begründung neuer Richtungen wird als Notwendigkeit der Suche nach neuen methodischen Wegen ihrer Ausarbeitung formuliert. Die Methodologie erweist sich als eine der Regeln empirischer Tätigkeit und erlangt einen streng objektgebundenen Inhalt.

Demgegenüber hat der Begriff Methodologie in philosophischen Arbeiten einen äußerst umfassenden, weltanschaulichen Charakter und schließt praktisch den gesamten Inhalt der Philosophie des dialektischen Materialismus ein. Die Wege zur Realisierung der philosophischen Methodologie werden bei der Lösung der grundlegenden Fragen der Erkenntnis durch die Naturwissenschaften geklärt, bei der bewußten und eindeutigen Hervorhebung der philosophischen Aspekte wissenschaftlicher Entdeckungen durch die Naturwissenschaftler selbst. Die Situation wird jedoch bedeutend komplizierter, wenn wir uns daranmachen, die „Grobarbeit" der Methodologie im weitesten Sinne zu verfolgen, ihre heuristische

Rolle im Prozeß der Gewinnung neuen Wissens selbst aufzudecken. Hier sind die Warnungen bereits überflüssig, daß man die Dialektik nicht in eine Summe von Beispielen umwandeln darf, daß die Philosophie nicht in die Lage geraten darf, einen bereits vollzogenen Erkenntnisakt nur noch zu konkretisieren, wodurch noch einmal (zum wievielten Mal!) die Richtigkeit der Dialektik bestätigt wird. Die realen Schwierigkeiten des Übergangs von den allgemeinen Formen der Methodologie zu ihren besonderen Formen, die in der wissenschaftlichen Forschung praktisch angewendet werden, zeigen, daß die methodologische Ausstattung der Wissenschaft ein äußerst kompliziertes Problem ist, das sich keiner eindeutigen Lösung unterzieht, die das wirkliche Bild der Herausbildung und des Wirkens der methodologischen Grundlagen der Erkenntnis nur verzerren würde.

Eine Möglichkeit, dieses komplizierte Problem zu betrachten, besteht in der Anerkennung der Tatsache, daß es viele oder wenigstens mehrere Ebenen der Methodologie gibt. Wenn man die Methodologie als einen Komplex von Regeln der gegenständlichen Tätigkeit des Menschen betrachtet, so wachsen die verallgemeinernde Kraft und die philosophische Wertigkeit dieser Regeln in dem Maße, wie zu immer „höheren" Stufen der wissenschaftlichen Forschung übergegangen wird, sie steigen in dem Maße an, wie der Übergang vom empirischen zum theoretischen Wissen vollzogen wird, wie die Aufgabe gestellt und gelöst wird, eine wissenschaftliche Theorie zu schaffen. Es ist schwer, irgendein lineares Schema für die Zunahme der methodologischen Bedeutung der Arbeitsregeln zu schaffen, jedoch lassen sich einige prinzipielle Momente hervorheben, die helfen können, die verschiedenen Ebenen der Methodologie wenn schon nicht zu definieren, so doch wenigstens zu beschreiben.

Das empirische Bedürfnis nach Regeln für das Handeln findet seinen Niederschlag in der Existenz einer Unzahl von Methodiken, die im Prozeß der experimentellen Arbeit geschaffen wurden und sich beim Übergang zu neuen Experimenten verändern. Das Vorgehen nach den Regeln der Methodiken liegt der Wiederholbarkeit eines Versuchs, der Exaktheit des Experimentes zugrunde, und es wäre deshalb falsch, diesen „Keim" der Methodologie zu unterschätzen. Er verlangt vom Experimentator nicht nur eine Automatisierung, nicht nur bestimmte Fertigkeiten und sogar eine natürliche Neigung zum Experimentieren, sondern auch schöpferische Phantasie. Sie muß die Kraft zur Veränderung der Methodik, zu ihrer Vervollkommnung oder sogar zum vollen Verzicht auf die standardmäßig angewandte und zur Schaffung einer prinzipiell neuen Methodik besitzen.

Aus diesen scheinbar kleinen Schritten auf der Suche nach Regeln für die Tätigkeit, die auf „Versuch und Irrtum" basieren, läßt sich eine breitere Grundlage herausheben, durch die die Methodiken in bestimmte Klassen vereinigt und diese scheinbar zutiefst empirischen Regeln so eingeordnet werden, daß sie als unabdingbarer Teil des komplexen Forschungsprozesses einen Sinn erhalten. Eine solche Grundlage ist der Begriff Forschungsmethode. Die Methoden der Elektronenmikroskopie, Röntgenstrukturanalyse, der Spektrophotometrie, Chromatographie, Elektrophorese u. a., die in der Molekularbiologie weitgehend angewandt werden, basieren auf modernen Vorstellungen über den Aufbau der

Moleküle, auf jenen physikalischen und chemischen Konzeptionen, die nicht nur als bestimmte Erkenntnisetappe der Struktur der Materie eine selbständige Bedeutung haben, sondern auch als theoretische Basis des Experimentes auftreten. Die Hauptprinzipien der einen oder anderen konkreten Methode sind nicht das Ergebnis einer empirischen Verallgemeinerung, die durch das Auffinden der allgemeinen Merkmale einer Vielzahl von Versuchen zustande kam. Diese Prinzipien entstehen im Schoße des theoretischen Wissens und bringen die Notwendigkeit seiner Verbindung mit dem Experiment zum Ausdruck, zeigen seine Realisierung in den praktischen Bereichen der Forschung, die in der Lage ist, die theoretischen Voraussagen zu überprüfen und sie voranzutreiben. Deshalb schließen konkrete Forschungsmethoden sowohl den theoretischen als auch den empirischen Aspekt ein und ihre methodologische Funktion wird völlig sichtbar für die gesamte experimentelle Tätigkeit der Wissenschaftler. Die Schaffung einer prinzipiell neuen Methode stellt immer einen Meilenstein in der Wissenschaft dar; sie eröffnet eine neue Etappe in der Erkenntnis der Materie und eine neue methodologische Richtung in der Forschung.

Der Gesamtkomplex der für einen bestimmten Zweig der Naturwissenschaft charakteristischen Methoden besitzt allgemeine Züge und spiegelt nicht nur den technischen Ausrüstungsgrad der Wissenschaft wider, sondern bis zu einem bestimmten Grade auch den herrschenden Denkstil. Werden diese allgemeinen Züge Gegenstand einer speziellen Untersuchung, so entsteht eine neue Ebene in der Ausarbeitung der Methodologie. In diesem Fall wird zumeist der Begriff des Herangehens gebraucht, wie z. B. strukturelles Herangehen, Systemherangehen, historisches Herangehen, informationstheoretisches, kybernetisches, wahrscheinlichkeitstheoretisches Herangehen usw. Es ist keineswegs einfach, jeden dieser Begriffe zu definieren, dennoch liegt auf der Hand, daß selbst in dieser unbestimmten Form die Fragestellung als solche vollauf berechtigt ist: Sie zielt auf die Klärung der bestehenden Tendenzen der Erkenntnis, und zwar der methodologischen Tendenzen. Der verallgemeinerte Ausdruck dieser Tendenz kann Ziel sowohl der philosophischen als auch der nichtphilosophischen Forschung sein. So gehört beispielsweise das Wesen des Systemherangehens, das weitgehend beim Studium komplizierter Systeme angewandt wird, zweifellos dem Bereich der Methodologie an, fließt aber durchaus nicht mit der Philosophie zusammen. In dieser Richtung kann und muß die philosophische Problematik hervorgehoben werden mit dem Ziel, die Ausgangsprinzipien des Systemherangehens selbst genauer zu bestimmen und seine reale Stellung als konkrete wissenschaftliche Methodologie unter den übrigen Methodologien und in bezug auf die Philosophie als der allgemeinsten Methodologie zu finden.[1]

Die Erarbeitung allgemein wissenschaftlicher Erkenntnisprinzipien ist eine der Richtungen, in der die methodologische Bedeutung konkreter Forschungs-

[1] s. I. V. Blauberg und E. G. Judin: „Filosofskije problemy issledovanija sistem i struktur" („Philosophische Probleme der Untersuchung von Systemen und Strukturen.") — „Voprosy filosofii", No. 5, 1970.

methoden anwächst. Diese Methoden werden verallgemeinert und auf der Grundlage des einen oder anderen spezifischen Herangehens (z. B. System-, Struktur-, informationstheoretisches —, wahrscheinlichkeitstheoretisches Herangehen usw.) schafft man besondere Methoden als Mittel zur Verwirklichung gerade dieser Art des Herangehens. Der Begriff Methode selbst nimmt einen immer allgemeineren Charakter an und wird gleichzeitig seinem Inhalt nach ziemlich spezialisiert im Unterschied zu den speziellen Methoden der konkreten Wissenschaften.

Daneben gibt es eine weitere Entwicklungslinie in der methodologischen Ausrüstung einer Wissenschaft, der mitunter die gebührende Aufmerksamkeit versagt bleibt, weil in diesem Falle eine unmittelbare Umwandlung der Methodologie in Methode und selbst in eine konkrete Untersuchungsmethodik fehlt, wie wir es im Falle des strukturellen und der anderen Arten des Herangehens vorliegen haben. Es geht also um die methodologische Wertigkeit der Theorie.

Wie wohl in keinem anderen Bereich machte sich in der modernen Biologie außerordentlich stark das Bedürfnis nach der Ausarbeitung solcher allgemeiner methodologischer Grundlagen der Forschung bemerkbar, die als allgemeinbiologische Theorie in Erscheinung treten könnte. Jahrzehntelang war die DARWINsche Theorie eine solche hinreichend fundamentierte methodologische Grundlage, die die verschiedenen Zweige des biologischen Wissens vereinigte. Die allgemeinen, von DARWIN formulierten Entwicklungsprinzipien der organischen Welt bedingten und bedingen die allgemeinen Erkenntnisprinzipien. Allerdings wurde die Erkenntnis unvergleichlich reicher, differenzierter und war immer mehr auf detaillierte Erforschung, nicht nur der Entwicklung, sondern auch der Organisation des Lebenden gerichtet. Die biologischen Systeme wurden zu Anwendungsobjekten jener Untersuchungsrichtungen, jener Herangehensweisen an das Studium des Objektes, von denen wir bereits feststellten, daß sie von großer methodologischer Bedeutung für die moderne Wissenschaft sind. Um die Gesamtheit dieser Herangehensweisen in ihrer Einheit, mehr noch, in ihrem Ergebnis in bezug auf das Lebensproblem darzustellen, ist die Schaffung der theoretischen Biologie notwendig.

Die Suche nach Wegen zur Schaffung der theoretischen Biologie muß verbunden sein mit der Vorstellung von einer bestimmten nichtlinearen Hierarchie der Methodologie, von denen jede in einem Bezugssystem zur anderen existiert und nicht verabsolutiert werden kann, ungeachtet einer zeitweiligen vorrangigen Bedeutung, die mit der erfolgreichen Lösung einer bestimmten Gruppe von Forschungsaufgaben zusammenhängt.

Die wichtigste Garantie gegen Einseitigkeit bei der Ausarbeitung der theoretischen Biologie besteht in der Vorstellung, daß sich die verschiedenen Ebenen der Methodologie letzten Endes auf dem Gipfel ihrer Hierarchie in der Methodologie der dialektischen Philosophie vereinigen, die die philosophisch-weltanschaulichen und allgemeinen logisch-methodologischen Prinzipien jeglicher wissenschaftlicher Forschung liefert.

Die materialistische Dialektik ist gerade deshalb die adäquate philosophische Methodologie zur Untersuchung neuer Erkenntnisrichtungen, weil ihre Prinzipien die allgemeine Ausdrucksform jener Ausgangsthesen sind, die im konkreten Wissen je nach Stand seiner Entwicklung entstehen und als konkrete Methodologie formuliert werden. Die breite Anwendung solcher Begriffe, wie „System", „Struktur", „Rückkopplung", „Information" usw. in verschiedenen Bereichen der Wissenschaft ist an und für sich nichts neues in der dialektischen Philosophie, die immer vom Prinzip der Ganzheit, Wechselbeziehung, Aufeinanderfolge, Wiederholbarkeit usw. als sehr wichtiger Erkenntnisprinzipien der Entwicklung ausgegangen war. Eine wirklich neue Problematik für die Philosophie entsteht jedoch in dem Sinne, daß die moderne Wissenschaft früher ungeahnte Möglichkeiten für das Aufspüren von Übergängen von den allgemeinsten Formen der Dialektik in ihren in der Wissenschaft aktuell existierenden Modifikationen bietet. Der Prozeß der Dialektisierung der Wissenschaft, von dem ENGELS sagte, daß er sich spontan vollzieht, ist in ein qualitativ neues Stadium eingetreten.

Die Existenz und Entwicklung ganzer Richtungen der allgemeinwissenschaftlichen Methodologie, die eine Zwischenstellung zwischen der Philosophie und der konkreten wissenschaftlichen Forschung einnehmen, stellen der Philosophie die sehr wichtige Aufgabe, das reale „Leben" der Dialektik auf den verschiedenen Ebenen der Methodologie zu verallgemeinern und jene Besonderheiten ihrer Anwendungen aufzudecken, die unsere Vorstellung von der Dialektik als Logik und Erkenntnistheorie bereichern können.

Ausgehend von dem oben Dargelegten wollen wir versuchen, das Grundthema der weiteren Behandlung der philosophischen Probleme der Molekularbiologie zu formulieren. In den vorangegangenen Darlegungen (Kap. II) sind wir davon ausgegangen, daß die Untersuchung der molekularen Evolutionsgrundlagen zu einer wissenschaftlichen Tatsache geworden ist und sich immer mehr zu einer relativ selbständigen Richtung der Molekularbiologie ausbildet. Das philosophische Herangehen an diese noch nicht gefestigte Richtung besteht vor allem in der Feststellung ihrer Wechselbeziehungen zur eigentlichen Molekularbiologie, zum System der biologischen Wissenschaften und zur philosophischen Entwicklungstheorie, da jeder beliebige Evolutionsaspekt der Forschung zu ihr eine direkte Beziehung hat. Deshalb werden wir unter Methodologie der Untersuchung der molekularen Grundlagen der Evolution verstehen: a) das Funktionieren der für die gesamte Molekularbiologie allgemeinen methodologischen Prinzipien in diesen Untersuchungen (strukturell-funktionelle Analyse), b) die Nutzung der Methodologie der Evolutionstheorie (der Begriffe Evolution und Selektion); c) die Anwendung der Prinzipien der Dialektik in der gnoseologischen Analyse des entstehenden theoretischen Wissens.

Damit heben wir mehrere Ebenen der Methodologie entsprechend jener allgemeinen Erörterungen hervor, die oben dargelegt wurden. Die erste Ebene ist dermaßen eng mit den konkreten Methoden der molekularbiologischen Forschung verbunden, daß ihre spezielle Hervorhebung überflüssig scheinen mag. Aber erstens, wir sprachen bereits darüber, tragen die Methoden der konkreten Forschung eine bestimmte methodologische Bürde. In der Molekularbiologie wird das besonders klar, da die erfolgreiche Verwendung physikalisch-chemischer Methoden von neuem das Problem der „Zurückführung“ aufkommen ließ und zur Erörterung prinzipieller Fragen des Verhältnisses zwischen Biologie, Physik und Chemie führte (siehe Kapitel I). Zweitens sind die konkreten Methoden der Molekularbiologie Teilausdruck der in der modernen Wissenschaft verbreiteten Forschungsmethoden, vor allem des strukturellen Herangehens. Wenn wir die Molekularbiologie als neue Etappe in der Erkenntnis des Lebens methodologisch analysieren wollen, so müssen wir die allgemeinen Charakteristika ihrer strukturellen Untersuchungen zu jenen methodologischen Richtungen in Beziehung setzen, die an der Definition der Ausgangsprinzipien des strukturellen Herangehens überhaupt interessiert sind, unabhängig davon, um welches Gebiet es sich handelt (Strukturalismus, system-strukturelle Richtung).

Die strukturell-funktionelle Analyse stellt die reale methodologische Grundlage für die experimentelle Tätigkeit der Molekularbiologen dar, und ihre Besonderheiten bei der Lösung der mit der Evolutionsproblematik verbundenen Aufgaben erhöhen ihre methodologische Bedeutung noch mehr.

Die zweite Ebene der Methodologie büßt in einem hohen Maße jene Kraft der konkreten Führung ein, die auf der ersten Ebene die Möglichkeit bietet, die methodologischen Prinzipien in Forschungsmethoden und Experimentiertechniken umzuwandeln. Die allgemeinen Begriffe über Evolution, Selektion und Anpassungsfähigkeit mögen für eine große Anzahl experimenteller Aufgaben inhaltlos erscheinen, aber diese Begriffe sind außerordentlich wichtig bei der Synthese der biologischen Wissenschaften, bei der Herstellung von Kontakten zwischen Molekularbiologie und Evolutionslehre. Die Molekularbiologie stellt der Evolutionslehre nicht nur früher unbekannte Angaben über den molekularen Mechanismus der Vererbung und über die molekularen Grundlagen des Mutationsprozesses zur Verfügung, sondern wirft auch eine Reihe prinzipieller Fragen nach der Veränderung des Inhalts der Grundbegriffe des Darwinismus auf. In diesem Zusammenhang soll der Inhalt des Selektionsbegriffes und seine methodologische Funktion bei der Untersuchung der molekularen Grundlagen der Evolution genauer betrachtet werden.

Schließlich ist die dritte und am weitesten vom Experiment entfernte Ebene der Methodologie die philosophische Methodologie, deren Vorhandensein in dem Maße spürbarer wird, je konkreter die Evolutionsproblematik formuliert wird. Und die Molekularbiologie als Ganzes nimmt an der Lösung der prinzipiellen Fragen einer allgemeinen Entwicklungstheorie teil. Diese Ebene der Methodologie als selbständige Ebene zu zeichnen, ist keineswegs einfach, da sämtliche bisherigen Erörterungen, angefangen mit den ersten Seiten des Buches, darauf orientiert waren, die Dialektik im Gewebe der molekularbiologischen Untersuchungen selbst darzustellen und die methodologische Bedeutung der Dialektik in der molekularbiologischen Erforschung des Wesens und der Entwicklung des Lebens zu zeigen.

Die Dialektik steht der theoretischen Naturwissenschaft nur in dem Maße gegenüber, in dem die Arbeitsteilung das selbständige Studium der Methodologie als des verallgemeinerten Ausdrucks der Erkenntnismethoden erfordert. In Zeiten einer „revolutionären Situation“ auf dem jeweiligen Gebiet der Naturwissenschaft, wenn diese nämlich durch die alten Ideen nicht mehr befriedigt wird und sich auf der Suche nach umfassenden theoretischen Grundlagen für die Vereinigung und Erklärung des angehäuften Faktenmaterials befindet, wächst die Bedeutung einer philosophischen Analyse des theoretischen Reichtums der Naturwissenschaft. Die Logik der Forschung selbst führt zur Notwendigkeit, sich mit den gnoseologischen Aspekten einer wissenschaftlichen Theorie zu beschäftigen, ihre Struktur und den Mechanismus des Zusammenwirkens ihrer Bestandteile zu untersuchen, führt gleichsam zur Errichtung einer Theorie der Theorie, um so Zugänge zu neuen Konzeptionen und neuen Forschungswegen zu finden. Die allgemeinen von der Philosophie auszuarbeitenden Erkenntnisprinzipien sind im Bereich der Naturwissenschaft wirksam. Ihre methodologische Bedeutung wird im vorliegenden Falle am unmittelbarsten festgestellt. Deshalb werden wir uns in den letzten Abschnitten dem Ganzheitsproblem zuwenden, das ein sehr wichtiges Mittel zum Aufbau eines synthetischen Wissens über den Evolutionsprozeß ist und ein bedeutsames Moment in der Funktion der materialistischen Dialektik als der philosophischen Methodologie bei der Erforschung der molekularen Grundlagen der Evolution darstellt.

1. Das Wechselverhältnis zwischen strukturellem und funktionellem Herangehen in der Molekularbiologie

Die strukturell-funktionellen Untersuchungen der Molekularbiologie stellen eine neue Etappe im Studium des traditionellen biologischen Problems Struktur und Funktion dar. Dieses Neue wird sowohl durch die spezifischen Aufgaben der Molekularbiologie selbst als auch durch das allgemeine Entwicklungsniveau der modernen Wissenschaft, in der das strukturelle Herangehen weit verbreitet ist und seine theoretischen Grundlagen geschaffen werden, bestimmt. Die Nutzung von Methoden und Konzeptionen der exakten Wissenschaften veränderte unvermeidlich den gesamten früher an anderen biologischen Objekten erprobten Komplex von Verfahren zur Untersuchung von Struktur und Funktion und brachte gewisse methodologische Aspekte dieses Problems hervor, die eine große Bedeutung für die methodologische Bewertung der gegenwärtigen Anwendung der strukturell-funktionellen Analyse als Ganzes besitzen.
Die allgemeinen theoretischen Thesen über die enge Einheit von Funktion und Struktur des Organismus sind von der gesamten vorhergehenden Biologie auf der Grundlage eines umfangreichen Faktenmaterials ausgearbeitet worden. In der Theorie Darwins und seiner Nachfolger wurde bewiesen, daß als unmittelbares Ergebnis der Wechselwirkung des Organismus mit seinen Existenzbedingungen die ständige Veränderung und Vervollkommnung der Funktion eines Einzelorgans oder des Organismus als Ganzes erscheint, wodurch der Anpassungsprozeß verwirklicht wird. Durch das Wirken der natürlichen Selektion kommt es

zu einer allmählichen Festigung jener kleinen morphologischen und physiologischen Veränderungen, die auf irgendeine Art und Weise eine bessere Anpassung des Organismus an die sich ständig verändernden Umweltbedingungen begünstigen. Eine genauere theoretische Begründung für die Einheit von Struktur und Funktion war seinerzeit dadurch erschwert, daß man unter Struktur und Funktion ausschließlich die Morphologie und Physiologie des Organismus oder seiner Organe verstand. Dabei wurde die Struktur als statisches und bis zu einem gewissen Grade passives Gebilde betrachtet, das im Verhältnis zur Funktion absolut zweitrangig war. Dadurch konnte die Einheit von Struktur und Funktion nicht als eine Einheit gegensätzlicher und sich gegenseitig bedingender Seiten der Existenz eines Objektes begriffen werden.
Indessen darf man nicht übersehen, daß in der DARWINschen Theorie, in ihrer inneren Logik, bereits jene Grundlagen einer dialektischen Betrachtung der Methoden zur Untersuchung von Struktur und Funktion vorhanden waren, die auch in der heutigen Zeit bei der Anwendung der strukturell-funktionellen Analyse in der Biologie berücksichtigt werden müssen.
In naturwissenschaftlicher Hinsicht legte DARWIN den Grundstein für die Suche nach einem solchen Herangehen an das Problem, das es erlauben würde, die Voraussetzungen möglicher Funktionsänderungen in den Veränderungen der Struktur eines Organs zu finden. Von solchen inneren strukturellen Voraussetzungen sprach DARWIN, als er die Mimikry sowie ebenfalls die Bedeutung der Vererbung und den sogenannten Hang zur Variabilität im Prozeß der Neubildungen untersuchte. Diese Ideen wurden später von SEVERZOV in seiner Theorie der morphobiologischen Evolution entwickelt und dann von I. I. ŠMALGAUZEN in der Ansicht verallgemeinert, daß die Evolution eine Evolution von Stabilitätsformen des Lebenden ist.
In gnoseologischer Beziehung ist die Tatsache interessant, daß das strukturelle Herangehen, wie wir es heute nennen würden, seine Realisierung nicht so sehr im konkreten Material der DARWINschen Theorie, sondern vielmehr in der Logik ihres eigentlichen Aufbaus gefunden hat. Die DARWINsche Theorie, die durchgängig auf dem Begriff der natürlichen Selektion aufgebaut ist, konnte gerade deshalb die Ursachen für den Evolutionsprozeß aufdecken, weil dieser Prozeß „seziert“, in seiner Struktur, dargestellt wurde. Es wurden die stabilen Strukturkomponenten der Evolution, die Vererbung und Veränderlichkeit, herausgestellt, die von DARWIN eingehend in ihrem widersprüchlichen Wirken untersucht wurden. Die Zyklen des widersprüchlichen Zusammenwirkens von Vererbung und Veränderlichkeit werden ständig durch die natürliche Selektion durchbrochen, die die Funktion der Vererbung in ihr Gegenteil umwandelt — sie krönt die „Arbeit“ der Veränderlichkeit dadurch, daß sie sich unter dem Druck der natürlichen Selektion genetisch fixiert. Somit können die Grundbegriffe der Evolutionstheorie (oder ihre Strukturkomponenten als Systeme) logisch nicht als nebeneinander liegende, koexistierende Begriffe aufgefaßt werden. Sie stellen ein Verhältnis dar, und dieses Verhältnis ist in seiner äußersten Form im Begriff der natürlichen Selektion konzentriert.

Die Funktion der natürlichen Selektion (bzw. Auslese, bzw. Zuchtwahl) im weitesten Sinne des Wortes besteht weder in der Sicherung des Progresses des Lebenden, noch in der Erhöhung der Organisation, obwohl diese stattfindet, sondern in der Bewahrung des offenen Charakters des gesamten Systems der organischen Welt, in der Erhaltung des Entwicklungsprozesses als solchen, ohne den dieses System nach der Definition nicht existieren kann. So schrieb DARWIN: „..., denn die natürliche Zuchtwahl oder das Überleben des Tüchtigsten schließt noch nicht notwendig einen Fortschritt der Entwicklung ein; sie zieht vielmehr nur aus solchen Veränderungen Vorteile, die einem Wesen in seinen verwickelten Lebensbeziehungen nützen."[2]

Und nicht immer ist eine hohe Organisation nützlich, wie DARWIN folgendermaßen formuliert: „..., daß hohe Organisation unter sehr einfachen Lebensbedingungen nicht von Nutzen sein kann, vielleicht sogar schädlich sein muß, weil sie empfindlicher ist und leichter zerstört werden kann."[3]

Die scheinbar in etwas naiver Form ausgedrückte Divergenz des Begriffes natürliche Auslese (Zuchtwahl, Selektion, A. H.) zu vielen anderen Begriffen, die zur Beschreibung des Evolutionsprozesses notwendig sind, warf eine Reihe von bis heute noch ungelösten Problemen auf (Progreß – Regreß, Gerichtetheit der Evolution, „Zunahme der Organisation", „Komplizierung der Organisation", „Vervollkommnung der Organisation" usw.). In die Lösung dieser Probleme schaltet sich auch die Kybernetik aktiv ein, um so mehr, als ihr eigener Gegenstand die Ausarbeitung solcher Begriffe, wie „Organisation", „Einfaches – Kompliziertes" usw. fordert.

In der Vielfalt der eigentlich biologischen und nicht-biologischen Herangehensweisen, die für eine immer genauere Beschreibung des Evolutionsprozesses nötig sind, geht jedoch die tiefe methodologische Bedeutung des Begriffes natürliche Auslese, dem die DARWINsche Theorie letzten Endes ihre Unsterblichkeit verdankt, unter. Mit diesem Begriff definierte DARWIN das innerste Wesen des Lebenden als offenes, sich selbst entwickelndes System, jenes systembildende Verhältnis, dessen innerer Widerspruch allen Unterscheidungscharakteristika biologischer Systeme zugrunde liegt.

Die absichtliche Verwendung des modernen Ausdrucks „systembildendes Verhältnis" (siehe die Arbeiten von V. I. BLAUBERG, V. N. SADOVSKIJ, E. G. JUDIN) ist durch das gestellte Ziel begründet, nämlich zu zeigen, daß die verallgemeinernde Kraft der DARWINschen Theorie auf dem richtig erratenen methodologischen Untersuchungsverfahren beruht, das von DARWIN mit dem Begriff natürliche Zuchtwahl bezeichnet wurde. Charakteristisch ist, daß dieser Begriff weder am Schluß der Untersuchung noch als ihr Ergebnis auftritt, sondern wirklich organisch mit der Gesamtbetrachtung verflochten ist. Er ist viel eher als Prämisse

[2] CH. DARWIN: „Die Entstehung der Arten durch natürliche Zuchtwahl" (Übersetzung von Carl W. NEUMANN), Verlag Philipp Reclam jun., Leipzig, 1949, S. 115 (russ. Übers.: „Proischoždenije vidov", Moskau–Leningrad, 1937, S. 211).

[3] ebenda, S. 116 (russ. Übers.: S. 212).

für die Analyse der Vielfalt der organischen Formen, ihrer gegensätzlichen Beziehungen, ihrer Existenzbesonderheiten, ihres Verhaltens, ihrer geographischen Verbreitung usw. anzusehen. Darin liegt eine gewisse Unbestimmtheit. Gleichzeitig besteht darin auch die kaum spürbare, aber in Wahrheit titanische Rolle der grundlegenden methodologischen Erkenntnismittel, deren Entdeckung wir nur wenigen genialen Wissenschaftlern verdanken.
Eine konsequente Anwendung des Ausgangsprinzips, wie es beim Begriff der natürlichen Selektion der Fall ist, verleiht der Theorie ein abgeschlossenes Bild, gestattet es, sie als Systemwissen zu betrachten, dessen Logik für alle nachfolgenden logisch-methodologischen Untersuchungen des Erkenntnisprozesses von Bedeutung bleibt. Betrachten wir noch ein wesentliches Moment.
Die Anwendung des Begriffes natürliche Selektion als Erkenntnismittel für den Evolutionsprozeß führte dazu, daß alle übrigen Forschungsmethoden sich um das Hauptsächliche konzentrierten und gleichsam als Teil eines Ganzen auftraten. Es wäre falsch anzunehmen, daß nur die ungenügende Entwicklung des strukturellen oder funktionellen Herangehens zu DARWINS Zeiten oder seine methodologische Unbekümmertheit schuld daran waren, daß in seiner Theorie weder das strukturelle noch das Funktional-Herangehen speziell dargestellt wurden. Dieser „Montblanc an Fakten“, auf den sich DARWIN stützte, wurde durch die voraufgegangene und die Biologie seiner Zeit aufgetürmt, und zwar ohne Zweifel auf Grund der Anwendung sowohl des strukturellen als auch des funktionellen Herangehens, unabhängig davon, daß sie keine ausführliche theoretische Begründung erhielten. Darüber hinaus haben wir bereits erwähnt, daß DARWIN das strukturelle Herangehen glänzend auf sein Objekt anwandte, welches bis dahin nicht in so „strukturierter“ Form dargestellt wurde, nämlich auf das Evolutionssystem als Ganzes. Ein Charakterzug des strukturellen Herangehens war bei DARWIN die Bewahrung des komplexen theoretischen Ausdrucks für den Evolutionsprozeß, das Fehlen einer Auflösung der Forschung im Detail, in Einzelheiten, d. h. die faktische Orientierung auf ein strukturelles Herangehen als auf ein Mittel zur Erkenntnis, das den grundlegenden methodologischen Forderungen untergeordnet ist, nämlich den Evolutionsprozeß als einen Prozeß der natürlichen Zuchtwahl darzustellen.
Die Logik der DARWINschen Theorie wurde deshalb so eingehend analysiert, weil bei der Untersuchung der methodologischen Bedeutsamkeit der strukturell-funktionellen Analyse in der Biologie mitunter von der Tatsache abstrahiert wird, daß in der nachdarwinschen Periode die Biologie unter den anderen Wissenschaften eine eigenartige Stellung einnahm, indem sie ihre Problematik fest mit der Entwicklungskonzeption verband. Freilich ist auch heute eine oberflächliche Aneignung der Ideen und Logik der DARWINschen Theorie möglich. Ja, es gab sogar, wie die Geschichte der Genetik zeigt, ganze Perioden eines vorwiegend strukturellen Studiums eines Objektes. Aber das alles mußte keineswegs die Grundtendenz der Entwicklung der strukturell-funktionellen Analyse in der Biologie insgesamt als einem System von Wissenschaften einschränken. Diese Tendenz besteht in der Beachtung der DARWINschen Logik, das heißt, letzten

Endes in der Nutzung der strukturell-funktionellen Analyse zur theoretischen Rekonstruktion der Entwicklung, zur Lösung des Hauptproblems der Biologie, des Evolutionsproblems. Wir wiederholen, daß dies nur die Grundtendenz ist, die die eigenen Aufgaben der strukturell-funktionellen Analyse als konkreter Methodologie der experimentellen Forschung nicht aufhebt.

Aber die Berücksichtigung dieser Tendenz ist notwendig, um so mehr, als die Naturwissenschaften insgesamt und nicht nur die Biologie sich gegenwärtig in einer etwas paradoxen Situation in bezug auf die methodologischen Richtungen des Strukturalismus, des Funktionalismus, des system-strukturellen Herangehens usw. befinden. Diese Richtungen entstanden und entwickeln sich in der Regel auf der Basis der Gesellschaftswissenschaften (wie z. B. Linguistik, Ethnographie, Soziologie), während historisch das strukturelle Herangehen, die strukturell-funktionelle Analyse seit jeher die Grundlage für die Untersuchung des Stoffaufbaus, aber auch von Struktur und Funktion des lebenden Organismus bildeten. Das Fehlen eines selbständigen methodologischen Ausdrucks dieser Erkenntnismittel in Chemie und Biologie hängt wahrscheinlich mit dem betont empirischen Charakter dieser Wissenschaften zusammen, obwohl das auch keine hinreichende Erklärung für das erstaunliche Phänomen ist, daß die methodologische Verallgemeinerung des strukturellen Herangehens von anderen Wissenschaften vorgenommen wurde.

Jedenfalls macht die Tatsache, daß die Biologie im wesentlichen nicht an der theoretischen Ausarbeitung der strukturell-funktionellen Analyse beteiligt war, ein außerordentlich aufmerksames Verhalten gegenüber dem Studium ihrer methodologischen Rolle in konkreten biologischen Untersuchungen erforderlich. Beispielsweise kann man der Biologie insgesamt nicht den Vorworf machen, daß die strukturell-funktionelle Analyse „bewußt auf die Untersuchung eines bestimmten Typs von Veränderungen orientiert ist, und zwar auf Veränderungen, die nicht mit der Entwicklung zusammenhängen.“[4] Wenn, wie die Autoren meinen, die Anwendung der strukturell-funktionellen Analyse in der bürgerlichen Soziologie auch ihre Beschränktheit hervorbrachte, so kann doch der verallgemeinerte Ausdruck der strukturell-funktionellen Analyse in der Biologie nicht die allgemeine Orientierung des biologischen Wissens auf das Entwicklungsproblem ignorieren.

In diesem Zusammenhang sollte man eine gewisse Unterschätzung der Resultate der strukturell-funktionellen Untersuchungen in der Biologie seitens der Kybernetiker erwähnen. In der Periode heftiger Auseinandersetzungen über das Wesen des Lebens wurden die Biologen eines übertriebenen „Substrat“-Herangehens an das Problem beschuldigt, und die Kybernetiker bestanden auf der Notwendigkeit eines funktionellen Herangehens an die Definition des Lebens. In jüngster Zeit werden die Biologen zur strukturell-funktionellen Untersuchung der Natur

[4] I. V. Blauberg u. E. G. Judin: „Filosofskije problemy issledovanija sistem i struktur“ („Philosophische Probleme der Untersuchung von Systemen und Strukturen.“) — „Voprosy filosofii“, No. 5, 1970, S. 59.

aufgerufen, deren Wege und Mittel angeblich nur die Kybernetik zeigen kann, die allein die Geheimnisse des strukturell-funktionellen Herangehens beherrscht. Die Divergenz zwischen den Konzeptionen der Kybernetik und der Situation in der Biologie wird darin gesehen, daß „auf dem Gebiet der Biologie das morphologische Herangehen das funktionelle eindeutig überwiegt, und der Grad der Ausführlichkeit morphologischer Untersuchungen im allgemeinen in keiner Weise, weder durch strukturell-funktionelle (morphophysiologische) noch selbst durch rein physiologische Untersuchungen bekräftigt wird.“[5]
Freilich, im weiteren greift LJAPUNOV beim Aufwerfen der interessanten Fragen nach Wegen zur Schaffung einer theoretischen Biologie, beim Aufstellen einer Reihe von Hypothesen, einschließlich solcher über die Evolution, durchaus auf jenes Tatsachenmaterial und jene gehaltvollen Interpretationen der Lebensprozesse zurück, die diese völlig unterentwickelte Disziplin, die „Struktur“-Biologie, untersuchte. Insbesondere wird bei den Problemen der theoretischen Biologie und beim Problem der Hierarchie steuernder Systeme den Begriffen „Elementarakt der Lebenstätigkeit“, „chemischer Elementarakt“ und überhaupt jenen Ergebnissen der Molekularbiologie große Aufmerksamkeit geschenkt, ohne die heute keine irgendwelchen ernsthaften allgemeinbiologischen Probleme aufgeworfen werden können.
Es ist offensichtlich, daß die Erfolge der Molekularbiologie durchaus nicht auf dem „morphologischen“ oder einem einseitig-strukturellen Herangehen beruhen und sich damit einmal mehr als das dankbarste Material für die Untersuchung der methodologischen Rolle der strukturell-funktionellen Analyse erweisen. Dazu gehen wir nun über, ohne die Bemerkung LJAPUNOVS, daß eine Betrachtung der Prozesse auf der molekularen Ebene des Lebens in die Physik und Chemie gehört, speziell zu erörtern. Die Diskussion des traditionellen biologischen Problems von Struktur und Funktion am Material der Molekularbiologie und jener Besonderheiten, die hier die strukturell-funktionelle Analyse erlangt, wird, wie wir hoffen, die Entgegnung auf den Vorwurf der „Strukturiertheit“ und ein zusätzlicher Beweis, falls notwendig, für die Zugehörigkeit der physikalisch-chemischen Biologie zum System der biologischen Wissenschaften sein.
Die Besonderheiten der strukturell-funktionellen Analyse in der Molekularbiologie werden im Vergleich zu ihren unterschiedlichen Formen in der vorausgegangenen Entwicklungsperiode der Biologie durch wesentliche Veränderungen im Inhalt der Begriffe „Struktur“ und „Funktion“ bestimmt. Man kann folgende wesentlichen Momente des Begriffes „Struktur“ unterscheiden: Erstens, der Charakter, der die Struktur bildenden Elemente (beispielsweise Nucleotide, Aminosäuren); zweitens, ihr quantitatives Verhältnis; drittens, ihre Sequenz; viertens, die räumliche dreidimensionale Konfiguration des Moleküls; und

[5] A. A. LJAPUNOV: „O rassmotrenii biologii s pozizii izučenija živoj prirody kak bol'šoj sistemy“ („Über die Betrachtung der Biologie von der Position der Untersuchung der lebenden Natur als eines großen System.“) — „Problemy metodologii sistemnogo issledovanija“, S. 188.

fünftens, die Molekular-Morphologie, die Anordnung der Moleküle zueinander mit Bildung übermolekularer Strukturen. Jede Stufe dieser Strukturhierarchie besitzt bestimmte funktionelle Eigenschaften, welche sich je nach Komplizierung der Struktur vereinigen.

Die spezifische Organisation molekularer Strukturen ist vor allem darauf gerichtet, ihnen einen bestimmten Grad an Geordnetheit, Zuverlässigkeit und Stabilität zu verleihen. Diese Forderung ist für die belebte Natur sogar aktueller als für die unbelebte, da dank der Stabilität ein erreichter Stand der Anpassung erhalten bleibt und die Evolutionserfolge gefestigt werden, was der organischen Welt erlaubt, sich in Richtung einer progressiven Vervollkommnung der Organisation zu entwickeln. Die Stabilität molekularer Strukturen äußert sich verschieden und wird durch unterschiedliche Regulation gewährleistet.

Bekanntlich bauen sich Eiweiße aus einigen Hundert Aminosäureresten auf; und das Nucleinsäuremolekül des Tabakmosaikvirus besteht z. B. aus 6400 Nucleotiden. Die Eiweiße enthalten sowohl saure als auch basische Gruppen, sie besitzen hydrophile und hydrophobe Bereiche, sie ordnen sich im Raum nicht nur in Form ausgedehnter Ketten, sondern auch in Form von Spiralen usw. an. Beim Aufbau langkettiger Moleküle in Biopolymeren wechseln sich wiederholende und nicht wiederholbare, geordnete und ungeordnete Bereiche ab, was erlaubt, von einer statistischen, einer Wahrscheinlichkeitsverteilung der einzelnen Atome und sogar Atomgruppen zu sprechen.

Das alles schafft ein außerordentlich kompliziertes System von Wechselbeziehungen innerhalb der räumlichen, dreidimensionalen Struktur des Moleküls. Solch ein Polymer mit einem hohen Molekulargewicht ist offenbar aus den üblichen Elementen aufgebaut, die miteinander durch gewöhnliche chemische Bindungen verknüpft sind. Und dennoch zeigt die biochemische Struktur als Ganzes eine Reihe ungewöhnlicher Struktureigenschaften und bewahrt ihre Stabilität auf andere Weise als die in sie eingebauten Elemente. So weisen beispielsweise die Nucleinsäuren einen sogenannten kooperativen Effekt auf, nämlich daß unter bestimmten Bedingungen ein gleichzeitiger Bruch aller Wasserstoffbrücken erfolgt, die die beiden Helices des DNS-Moleküls verbinden. Der deutliche Sprung von der starren Geordnetheit der Struktur zur Aufspaltung der Spirale und zur Denaturierung vollzieht sich nach dem „Alles oder Nichts"-Prinzip. Das bedeutet, daß in bezug auf eine Reihe von Außenfaktoren für die Nucleinsäurestruktur Grenznormen existieren, außerhalb derer einzelne Änderungen der Bauelemente schon nicht mehr möglich sind. Die Struktur verändert sich insgesamt durch die summarische Änderung eines einzelnen Bindungstyps, im vorliegenden Beispiel der Wasserstoffbindungen. Das ist nur eine Teilerscheinung der Kooperativitätseigenschaft, welche für Makromoleküle charakteristisch ist und in einer abgestimmten Änderung der Konformation monomerer Glieder einer Polymerkette besteht. Nach Ansicht M. V. Volkensteins liegt die Kooperativität nicht nur den Konformationsübergängen Spirale — Knäuel, sondern auch dem Syntheseprozeß von Biopolymeren, z. B. Eiweißen und Nucleinsäuren, zugrunde. „Die Matrize spielt die Rolle eines „Kooperators", der die geometrischen und physikochemischen Bedingungen für die Bildung einer chemischen Bindung zwischen den an die Matrize adsorbierten Monomeren beim Durchlaufen der Polykondensationsreaktion schafft."[6]

Im Gegensatz zu diesem scharf ausgeprägten „Ganzheits"-Strukturprinzip steht, wenn man es so bezeichnen darf, das Prinzip der überwiegenden Stabilität, wonach die Stabilität durch einen bestimmten Strukturabschnitt gewährleistet wird, der gleichsam für die Erhaltung der funktionellen und strukturellen Ganzheit des Makromoleküls unmittelbar verantwortlich ist.

Ein weiterer Beweis dafür wurde bei der Untersuchung der Zusammensetzung und der Struktur einer Transfer-RNS erhalten. A. A. Bajev und Mitarbeiter vom Institut für Molekularbiologie klärten die Struktur der Valyl-t-RNS vollständig auf und zeigten, daß die Funktionszentren dieser Struktur in, im Vergleich zur Gesamtstruktur, kleinen Abschnitten konzentriert sind. Die neu ausgearbeitete Methode „zerschnittener Moleküle" ist nach einer Formulierung von V. A. Engel'gardt eine Fein-„Chirurgie" der Moleküle.[7] Die Anwendung dieser Methode ermöglichte es, die sogenannten funktionellen Determinanten des Moleküls im Unterschied zum „funktionslosen" Hauptteil der Struktur zu bestimmen, die eine bestimmte Geometrie des Moleküls, nämlich ihre dreidimensionale Konfiguration, gewährleistet. Es zeigt sich, daß buchstäblich der Löwenanteil an Strukturelementen gleichsam indifferent gegenüber ihrem Funktionieren ist (was bereits mehrfach durch „Zerteilen" der Moleküle in einzelne Stücke nachgewiesen wurde). Jedoch ist diese scheinbare Indifferenz tatsächlich ein besonderes, durch lange Evolution entstandenes Verfahren zur Erhaltung der Stabilität einer Struktur und ihrer Angepaßtheit an bestimmte biochemische Reaktionen.

Insgesamt ist das Prinzip der überwiegenden Stabilität, d. h. einer gewissen Spezialisierung einzelner Abschnitte von Biopolymeren auf die Erhaltung ihrer Stabilität, weit verbreitet und ein sehr interessantes Untersuchungsobjekt. Es steht im Zusammenhang mit dem Problem der aktiven Zentren der Enzyme und

[6] M. V. Volkenstein: „Kooperativnyje prozessy i reduplikazija dezoksiribonukleinovoj kisloty. Biologičeskije struktury i funkzii na molekuljarnom urovne" („Kooperative Prozesse und Reduplikation der Desoxyribonucleinsäuren. Biologische Strukturen und Funktionen auf molekularer Ebene.") — „Trudy V. Meždunarodnogo biochimičeskogo kongressa", Moskau, 1962, S. 122.
s. ferner: M. V. Volkenstein: „Molekuly i žizn'", Moskau, 1965; deutsche Übersetzung: „Moleküle und Leben", Thieme-Verlag, Leipzig, 1969, S. 256ff. (A. H.)

[7] s. z. B. A. A. Bajev, A. D. Mirzabekov, V. D. Akselrod, T. V. Venkštern, L. Li, A. I. Krutilina, I. Fodor und L. Kasarinova: „Pervičnaja struktura valinovoj transportnoj RNK 1 pekarskich drožžej. Častičnaja rekonstrukcija molekuly" („Die Primärstruktur der Valyl-t-RNS 1 aus Bäckerhefe. Teilweise Rekonstruktion des Moleküls."), Doklady Akad. Nauk SSSR, **173**, 1967, 204—207. (A. H.).
ferner: A. A. Bajev und A. D. Mirzabekov: „Samosborka molekul valinovoj tRNK" („Selbstmontage eines Valyl-t-RNS-Moleküls"). — VII. Simpozium po chimii prirodnych sojedinenij, Riga, 1970.
ferner: V. A. Engel'gardt: „Čast' i zeloe v biologičeskich sistemach" („Teil und Ganzes in biologischen Systemen"), Priroda No. 1, 1971, S. 24—36. (A. H.).

ihrer Beziehung zum restlichen inaktiven Abschnitt des Moleküls, ferner auch mit dem Problem der unterschiedlichen Bedeutung der einzelnen DNS-Bereiche für das Mutationsgeschehen. BENZER[8] erhielt einmalige Angaben über die Rate spontaner und induzierter Mutationen, entdeckte aber keine gleichmäßige Verteilung der Mutanten über die Genlänge. So entstand fast die Hälfte der Spontanmutationen in nur zwei Abschnitten zweier verschiedener Cistrons. Solche Punkte bevorzugten Mutierens wurden als „hot spots" („heiße Punkte") bezeichnet.[9] Nach der Hypothese von TATUM und ZAMENHOFF[10] sind die übrigen „cold spots" für die Strukturerhaltung der DNS so wichtig, daß ihr Mutieren für den Organismus letal wäre.

Dieses Problem ist weder bezüglich der Eiweiße noch der Nucleinsäuren gelöst, aber die Tatsache der unterschiedlichen Bedeutung ihrer Strukturen sowohl im Funktionsablauf als auch in der Methode zur Erhaltung der Stabilität bestätigt ein übriges Mal die Existenz spezifischer Prinzipien zur Erhaltung der Komplexität von Biopolymeren. Einerseits bewahrt die biochemische Struktur als ausschließlich dynamisches Gebilde ihre Stabilität nur im Prozeß, nur auf der Basis ständiger Umwandlungen. Andererseits spiegeln die aperiodischen Biopolymere bis zu einem gewissen Grade die für alles Lebende gemeinsame Eigenschaft der Differenzierung und Spezialisierung ihrer Teile wider, dank derer eine bestimmte, für den normalen Prozeßverlauf so notwendige Architektur des Moleküls bewahrt wird.

Die Molekularbiologie bereichert nicht nur unsere Vorstellungen von der Struktur, sondern auch von den Funktionen lebender Systeme. Allgemein betrachtet ist eine Funktion eine Wechselwirkung, ein Sichselbstäußern im anderen, in bezug auf ein anderes. Eine biologische Funktion ist eine gerichtete Wechselwirkung, die die Anpassungsreaktionen des Organismus an das Milieu zur Arterhaltung sichert. Was versteht man nun unter der Funktion molekularer Biostrukturen? Das ist vor allem jene unmittelbare Teilnahme von Strukturen an biochemischen Prozessen, welche die biologische Spezifität des betreffenden Gebildes zum Ausdruck bringt.

Dieser Charakter der Funktionen ist besonders deutlich an den einfachsten natürlichen Modellen biologischer Systeme, an Viren und Bakteriophagen, zu erkennen. Die funktionelle Wertigkeit der Phagenbestandteile ist in der Tat eng mit ihrer Angepaßtheit an eine bestimmte „Lebensweise" des Gesamtsystems des Bakteriophagen verbunden. Die Eiweißhülle oder das „Mäntelchen" bedingt die Unversehrtheit, die Resistenz des Teilchens, sowie seine Anheftung an die Bakterienzelle, das Durchdringen der Bakterienzellwand und das Eindringen des Inhalts ins Bakterium. Die DNS, die sich im Kopf des Phagen befindet, beginnt erst nach dem Eindringen in die Bakterienzelle als Überträger der Erb-

[8] S. BENZER and S. P. CHAMPE: „A Change from Nonsense to Sense in the Genetic Code." Proc. Natl. Acad. Sci., USA, 48, 1962, 1114—1121. (A. H.)

[9] s. V. N. SOIFER: „Molekuljarnyje mechanizmy mutageneza" („Molekulare Mechanismen der Mutagenese"), Moskau, 1969, S. 272—274.

[10] s. ebenda, S. 290.

information zu funktionieren, indem sie den gesamten Stoffwechsel des Bakteriums auf die Bedürfnisse der „Selbstvermehrung" ihrer Struktur umstellt. Die genaue Funktionsteilung zwischen Eiweiß und DNS wird begleitet durch ihre räumliche Verteilung beim Infektionsprozeß des Bakteriums: Die Eiweißhülle erfüllt ihre Funktionen und dringt nicht ins Bakterium ein, sondern verbleibt an dessen Oberfläche. Insgesamt ist an den Bakteriophagen gut sichtbar, daß die unmittelbar biologische Tätigkeit molekularer Strukturen eine riesige Bedeutung hat, da sie ihre Teilnahme an der Herausbildung solcher grundlegenden allgemeinbiologischen Eigenschaften garantiert, wie Anpassungsfähigkeit, Vererbung, Variabilität, Selbstreproduktion usw.

Allerdings tritt der biologische Charakter der molekularen Strukturen nicht immer so klar in Erscheinung. Bei der Untersuchung konkreter Stoffwechselschritte äußern sich die Funktionen zumeist als eine bestimmte Gesamtheit chemischer und physikalischer Struktureigenschaften. Mit dem biologischen Effekt sind sie nur mittelbar verbunden und offenbaren ihre biologische Wertigkeit nicht in der betreffenden lokalen chemischen Reaktion, sondern in der sequentierten Reihe ihres im allgemeinen Gesamtergebnis bestimmten Zyklus. Jedoch ist diese Bindung so stabil, daß sie gestattet, über die biologischen Möglichkeiten der betreffenden Struktur ohne Anwendung speziell biologischer Kontrollmethoden zu urteilen. Beispielsweise kann die biologische Aktivität, die Infektionsfähigkeit bei Phagen-DNS physikochemisch auf Grund der Viskositätsabnahme bestimmt werden. Die Viskositätsabnahme kennzeichnet nämlich die Denaturierung des DNS-Moleküls, die Beseitigung der Ordnung in seiner Organisation und damit eine Liquidierung der Reduplikationsfunktion, auf der der Vermehrungsmechanismus der Bakteriophagen beruht. Ebenso können für die Bestimmung der Nativität d. h. der Erhaltung der Struktur und ihrer Funktionstüchtigkeit auch andere physikochemische Parameter verwendet werden, wie beispielsweise Schmelzkurven, Absorptionsspektren, Sedimentationskonstanten usw.

All das zeugt davon, daß eine Trennung zwischen biologischen Funktionen und physikochemischen Eigenschaften auf molekularer Ebene sehr relativ ist. Trotzdem unterscheiden sie sich sowohl objektiv wie auch in der Untersuchungsmethode, da sie den Grad der unmittelbaren Angepaßtheit der Struktur an die Ausführung biologischer Funktionen zum Ausdruck bringen. Die biologische Spezifität molekularer Strukturen äußert sich verschieden, sie hängt unterschiedlich von den physikalischen und chemischen Strukturcharakteristika ab, und alles das hat für die Bestimmung der Grenzen der Anwendbarkeit physikochemischer Methoden, für ihre Modifizierung entsprechend dem Feinaufbau biochemischer Strukturen, wesentliche Bedeutung.

Mit dem Übergang zur molekularen Ebene biologischer Systeme haben sich die Begriffe Funktion und Struktur gewissermaßen vereinfacht, sind eindeutiger und präziser geworden. Das ist eine gesetzmäßige Folge der Tatsache, daß das Molekül zum Objekt biologischer Experimente geworden ist. Seine physikochemische Natur erlaubt, für alle lebenswichtigen Verbindungen isomorphe Definitionen, Definitionen gleicher Ordnung für Struktur und Funktion zu geben und damit die universellen Mechanismen der Prozesse der Lebenstätigkeit auf molekularer Ebene zu erschließen.

Andererseits komplizierten sich aber auch die Begriffe Struktur und Funktion, da wir gezwungen sind, nicht nur die physikochemischen Charakteristika molekularer Strukturen zu berücksichtigen, sondern auch die biologische Spezifität, die durch ihre Teilnahme an zyklischen regulierten, biochemischen Prozessen bedingt ist.

In diesem Zusammenhang kann man schwerlich jener übermäßigen Betonung des qualitativen Unterschiedes der verschiedenen Organisationsebenen des Lebenden zustimmen, die zwar die gute Absicht hat, dem Mechanizismus zu begegnen, aber in Wirklichkeit auf Schritt und Tritt die Möglichkeit nimmt, Wechselbeziehungen zwischen den Ebenen festzustellen. Wenn man nicht die „Keime“ der biologischen Spezifität auf molekularer Ebene bemerkt, so werden keinerlei dialektische Phrasen über eine „Aufhebung“ der physikochemischen Gesetzmäßigkeiten im Bestand des Lebenden weder die fundamentale Rolle der molekularen Erscheinungen in den Prozessen der Lebenstätigkeit noch die Tatsache der Lebensentstehung selbst erklären können. In Wirklichkeit ist das Auftreten eines Prozesses von biologischem Charakter nicht nur im Ergebnis einer besonderen Wechselwirkung, sondern auch im Resultat der Spezifik einer Struktur möglich (worüber ja oben ausführlich gesprochen wurde). Die spezifische Nucleotidsequenz bringt z. B. die Unikalität der DNS-Struktur hervor, die den Artunterschieden zugrunde liegt. Die Untersuchung der strukturellen Besonderheiten von Biopolymeren ist der einzig mögliche Weg zur kausalen Erklärung dieses qualitativ neuen Charakters ihrer Wechselwirkungen, welcher den elementaren biologischen Prozeß erzeugt. Wenn nicht eine bestimmte Identität von Ganzem und Teil gesehen wird, wenn man der Ansicht ist, daß die Moleküle Gebiet der Physikochemie und die Zelle Gebiet der Biologie sind, dann bleibt das Auftreten integrativer Eigenschaften des Ganzen ein mystischer Sprung, der der rationalen Erkenntnis nicht zugänglich ist.

Die Einheit von physikochemischen Eigenschaften und biologischen Funktionen molekularer Strukturen lebender Systeme bestimmt den Charakter der experimentellen Forschung in der Molekularbiologie. Physikalische und chemische Methoden sind untrennbar mit physiologischen, genetischen und evolutionären verbunden.

In dieser Hinsicht sind die experimentellen Ergebnisse bei der Gensynthese kennzeichnend. Die außerordentlich feine und originelle chemische Synthese, die unlängst von Gobind KHORANA (USA) durchgeführt wurde, eröffnet eine neue Etappe in der Molekularbiologie. Aus Abschnitten von je 3—5 Nucleotiden wurde ein Polynucleotid „zusammengeflickt“, ein DNS-Abschnitt, der für die Synthese von Alanyl-t-RNS verantwortlich ist. Mit Hilfe des 1966 von RICHARDSON[11]

[11] B. WEISS and C. C. RICHARDSON: „Enzymatic Breakage and Joining of Deoxyribonucleic Acid. I. Repair of Singlestrand Breaks in DNA by an Enzyme System from *Escherichia coli* Infected with T 4 Bacteriophage.“ Proc. Natl. Acad. Sci. **57**, 1967, S. 1021—1028. (A.H.)

isolierten Fermentes Polynucleotidligase konnte die Zusammenlagerung der Nucleotidgruppen durchgeführt werden. Das erhaltene Polynucleotid (73 Nucleotide) wurde an die DNS des Phagen Φx 174 „angeheftet", der in die Bakterienzelle von *Escherichia coli* injiziert wurde, die hinsichtlich der Alanyl-t-RNS defekt war. Die einsetzende Synthese von Alanyl-t-RNS bewies eindeutig, daß das *Escherichia coli*-Genom durch ein Gen ergänzt wurde, welches die Synthese der bis dahin fehlenden tRNS sicherte.[12]

Die Abstraktion von der biologischen Spezifik charakterisiert tatsächlich ein bestimmtes und wesentliches Erkenntnisverfahren molekularer Strukturen, doch es wird unvermeidlich früher oder später um ein biologisches Kriterium ergänzt, woraus sich die Notwendigkeit ergibt, die „Arbeit" von Ferment, Nucleinsäure bzw. des ganzen Komplexes biologisch aktiver Stoffe nachzuprüfen.

In dieser Beziehung ist es interessant, jene feine Grenze zu erwähnen, welche die biochemischen von den molekularbiologischen Forschungen trennt. Einerseits bereitete die Biochemie den notwendigen Erkenntnisstand über molekulare Strukturen und Prozesse vor, ohne den die molekularbiologische Umwälzung undenkbar gewesen wäre. Und auch heute stellt die Biochemie weiterhin umfangreiches experimentelles Material zur Verfügung, das die Grundlage zur Erforschung von Struktur und Funktion auf der molekularen Ebene des Lebenden bildet. Indessen haben die eigentlich molekularbiologischen Untersuchungen bei all ihrer Abhängigkeit von der Biochemie den Vorteil einer tieferen Fragestellung nach dem biologischen Funktionieren einer biochemischen Struktur. Die analytische Tätigkeit des Forschers, die auf die Erkenntnis des Feinaufbaus einer Struktur gerichtet ist, verfolgt weiterhin das Ziel, die ganzheitliche (native) Existenz der Struktur zu begreifen, die zur Verwirklichung ihrer biologischen Funktion befähigt ist. „Ohne ein solches einzig wahres Kriterium der Nativität, wie die biologische Aktivität des Präparates", bemerkt A. S. Spirin, „könnten keinerlei ernsthafte Untersuchungen makromolekularer Strukturen der RNS überhaupt begonnen werden."[13] Deshalb ist A. S. Spirin der Ansicht, daß der Wendepunkt in der Erforschung hochpolymerer RNS die von Schramm und Fraenkel-Conrat[14] (1956—1957) entdeckte eigenständige biologische Aktivität — Infektiosität — von Viren-RNS war, obwohl schon im Jahre 1942 Stanley eine hochpolymere RNS isolierte. Die anschließenden Erfolge bei der Erforschung

[12] s. „Proceedings of the National Academy of Sciences", Washington, 58, 1968, S. 4ff.
s. ferner: H. G. Khorana: „Wege zur Totalsynthese von Genen für Transfer-Ribonukleinsäuren.", Umschau **69**, 1969, S. 454. (A. H.).

[13] A. S. Spirin: „Nekotoryje problemy makromolekuljarnoj struktury ribonukleinovych kislot." („Einige Probleme der makromolekularen Struktur von Ribonucleinsäuren."), Moskau, 1963, S. 5.

[14] s. z. B. H. Fraenkel-Conrat: „The Role of the Nucleic Acid in the Reconstitution of Active Tobacco Mosaic Virus." J. Am. Chem. Soc. 78, 1956, 882. (A. H.).
A. Gierer und G. Schramm: „Die Infektiosität der Nucleinsäure aus Tabakmosaikvirus." Z. Naturforschung **11b**, 1956, S. 138. (A. H.).

der Struktur verschiedener RNS (Transfer-, ribosomale- und messenger-RNS) hingen in starkem Maße von der Entwicklung von Bestimmungsmethoden für die biologische Aktivität von Strukturen ab. Ständige Benutzung dieses Grundkriteriums der Nativität der Strukturen erlaubte, bestimmte physikochemische Konstanten zu finden, welche ihrerseits als Kriterium für die Erhaltung der biologischen Funktion dienen konnten. So lieferte die Entdeckung einer neuen Erscheinung im Verhalten hochpolymerer RNS, welche als „Temperatureffekt“ bezeichnet wurde (Erhöhung der spezifischen Viskosität der nativen Virus-RNS bei gleichzeitigem Abfall des Sedimentationskoeffizienten), nicht nur den Schlüssel für die Lösung vieler Fragen der makromolekularen Struktur der RNS, sondern führte auch zur Definition eines exakten physikochemischen Kriteriums für die Infektiosität der Präparate von Virus-RNS (A. S. Spirin, A. N. Belozerskij, 1959).

Diese und viele andere Richtungen in der Erforschung der Struktur und Funktion gestatten eine bestimmte Gesetzmäßigkeit der Erkenntnis zu formulieren, die die Molekularbiologie als einen spezifischen Zweig der biologischen Wissenschaften, nicht nur im Vergleich zur Biologie und Biophysik, charakterisiert. Diese spezifische Gesetzmäßigkeit der Erkenntnis besteht darin, daß sie auf die Definition der biologischen Wertigkeit einer Struktur, auf die Klärung des biologischen Sinnes dieser oder jener Besonderheiten in der strukturellen Organisation von Makromolekülen gerichtet ist. Zwar ist diese Aufgabe noch weit von ihrer Lösung entfernt, aber sie tritt dennoch als echte Zielstellung der Forschung, als methodologische Grundforderung bei der Schaffung eines Experimentierschemas und bei der Ausarbeitung von Interpretationsmöglichkeiten in Erscheinung. Darüber hinaus ist die Orientierung auf die biologische Funktion (biologische Aktivität) der Struktur nicht nur Ausdruck für die Grundrichtung der molekularbiologischen Forschung, sondern wird auch ständig als Erkenntnisinstrument, als Kriterium der Wahrheit, der Objektivität der strukturellen Forschung genutzt. Hat der Experimentator ein durch den Versuch entstelltes Bild von der strukturellen Organisation erhalten oder ist es ihm gelungen, reale Eigenschaften der nativen Struktur zu entdecken? Diese Frage kann letzten Endes erst beantwortet werden, nachdem die Konstanz (oder Regenerierbarkeit) der biologischen Aktivität einer Struktur geprüft wurde. Physikochemische Kriterien bilden sich später auch auf der Grundlage der untersuchten Aktivität heraus, obwohl sie danach dann in der Rolle von „Primärdeterminanten“ auftreten können.

Somit nimmt der alte traditionelle Streit über das Primat von Struktur oder Funktion im Bereich der Molekularbiologie neue Züge und Lösungsmöglichkeiten an. Auf den ersten Blick zeugen die glänzenden Erfolge der Molekularbiologie von der entscheidenden Bedeutung hochorganisierter und streng geordneter Strukturen für die Realisierung der Lebensprozesse auf molekularer Ebene und des Prozesses der Lebenstätigkeit eines Organismus überhaupt. Der überzeugendste Beweis dafür besteht in der Notwendigkeit, die informationstragenden Makromoleküle zu erhalten, die in der Hierarchie der steuernden Systeme des Organismus die Grundlage bilden. Zahlreiche Untersuchungen der Primär-, Sekundär- und

Tertiärstruktur sowohl der Nucleinsäuren als auch der Eiweiße sprechen für die riesige Bedeutung nicht nur der Zusammensetzung und des Aufbaus, sondern auch der verschiedenen komplizierten konformativen Übergänge in der dreidimensionalen Organisation der Struktur. Die Entdeckung des sogenannten allosterischen Effektes[15] bewies ein übriges mal, daß die strukturellen Besonderheiten der Biopolymere für solche spezifischen Wechselwirkungen chemischer Systeme des Lebenden verantwortlich sind, welche in der Chemie der unbelebten Materie fehlen.[16]

Bedeutet das aber nun, daß die Struktur „primär" und die Funktion nur ihre Wirkungsweise ist, die vollständig durch deren Besonderheiten bestimmt wird? Kann man erwarten, auf dem Wege zur Erforschung der Struktur nicht nur eine Beschreibung zu erhalten, sondern auch Aufklärung darüber, warum gerade diese und keine andere Funktion als Entäußerung der Struktur auftritt?

Da die Hauptmittel für das Erkennen der Struktur von Biopolymeren physikochemische Methoden sind, kann die aufgeworfene Frage auch so lauten: Reichen physikochemische Methoden für das Studium von Struktur und Funktion auf der molekularen Ebene des Lebenden aus? Wir identifizieren manchmal die Termini „physikochemische Biologie" und „Molekularbiologie", als würden wir uns damit einverstanden erklären, daß die molekulare Ebene der Erforschung von Organismen eine solche „Herrschaft des Reduktionismus" darstellt, die faktisch die Frage des spezifisch biologischen Herangehens an das Studium von Struktur und Funktion aufhebt.

Es ist einzuwenden, daß in der konkreten experimentellen Forschung die Einheit von Struktur und Funktion eine so unbestrittene Tatsache ist, daß der Eindruck entsteht, als sei schon die Frage nach ihrer relativen Selbständigkeit, um so mehr nach dem „Primären" oder „Sekundären", etwas an den Haaren herbeigezogenes. Nicht nur in der Spezial-, sondern auch in der philosophischen Literatur wird ständig die untrennbare Einheit von Struktur und Funktion auf der molekularen Ebene des Lebenden hervorgehoben.[17]

Wenn wir uns der gnoseologischen Analyse von Besonderheiten der molekularbiologischen Forschung zuwenden, ist allerdings die empirische Offensichtlichkeit

[15] s. z. B. J. Monod, J. P. Changeux und F. Jacob: „Allosteric Proteins and Cellular Contro Systems." J. Molecular Biology 6, 1963, 306ff.
ferner: J. Monod, J. Wyman a. J. P. Changeux: „On the Nature of Allosteric Transitions: a Plausible Model." J. Molecular Biology 12, 1965, 88–118.
sowie J. Monod: „Von der enzymatischen Adaptation zur allosterischen Umlagerung.", Angewandte Chemie 78, 1966, 694–703 (Übersetzung des Nobel-Vortrags). (A. H.)

[16] s. V. A. Engel'gardt: „Problema žizni v sovremennom jestestvoznanii." („Das Problem des Lebens in der modernen Naturwissenschaft") — „Lenin i sovremennoje jestestvoznanije." („Lenin und die moderne Naturwissenschaft."), Moskau, 1969, S. 280–282.
K. A. Kafiani: „Reguljazija metabolitami fermentnogo apparata kletki." („Metaboliten-Regulation des Fermentapparates der Zelle.") — „Fermenty", Moskau 1964, S. 269–310.

[17] s. M. F. Vedenov i V. I. Kremjanskij: „Sootnošenije struktury i funkzii v živoj prirode." („Das Verhältnis von Struktur und Funktion in der belebten Natur."), Moskau, 1966.

der fast völligen Identifizierung von Struktur und Funktion (infolge des dynamischen Charakters der Funktion) kein überzeugender Beweis, daß hier keinerlei Probleme vorhanden sind. Es wurde bereits hervorgehoben, daß die Berücksichtigung der biologischen Aktivität das zuverlässigste Kriterium für die Unversehrtheit der nativen Struktur und überhaupt für die Richtigkeit ihrer Erkenntnis garantiert. In diesem Sinne ist die Funktion relativ „primär“, weil sie als reale Grundlage des biologischen Inhalts der Struktur und als Anfangs- und Endpunkt ihrer Erkenntnis auftritt. Das Studium der biochemischen Struktur wird ständig korrigiert durch die Hauptzielsetzung, nämlich den biologischen Sinn und die biologische Zweckmäßigkeit dieser oder jener Strukturbesonderheiten von Biopolymeren zu verstehen. Diese Zielsetzung führt zu einer eigenartigen Verbindung von empirischen und theoretischen Erkenntnisebenen, indem das Bedürfnis nach einer biologischen Interpretation der physikochemischen Daten Ideen, Hypothesen und Annahmen erzeugt, die den Experimenten vorauseilen und die Grundlage für das weitere Experimentieren bilden.

Diese Hypothesen berühren in der Regel nicht nur die Funktionsweise der biochemischen Strukturen, sondern dringen unwillkürlich auch in die Lösungssphäre allgemeinbiologischer und damit zugleich evolutionärer Probleme ein. Oben haben wir hervorgehoben (Kap. II), daß die Untersuchung der Spezifität von Eiweißen und Nucleinsäuren unweigerlich den funktionellen Aspekt in den Evolutionsaspekt überleitet. Das gleiche kann man über die bedeutendsten Ideen der Molekularbiologie sagen, die in Form von Hypothesen entstanden (Watson-Crick-Modell, Hypothese vom Triplett-Code, Prognose und Entdeckung der messenger-RNS).

Deshalb gewinnt bei der Suche nach einer experimentellen und theoretischen Begründung für die Idee der molekularen Evolution die Bestimmung des „Führungsgliedes“ in der strukturell-funktionellen Analyse prinzipielle Bedeutung. Mit seiner Hilfe wird ein Übergang zur Evolutionsproblematik möglich. Das Studium der funktionellen Organisation einer biochemischen Struktur, d. h. ihrer Existenzweise als komplexes System, stellt die erste und notwendige Etappe auf dem Wege zur Erkenntnis der molekularen Grundlagen der Evolution dar. Dabei kann die funktionelle Organisation nicht in Form einer einfachen Summe von physikochemischen Eigenschaften dargestellt werden. In ihr muß eine bestimmte biologische Ausrichtung herausgestellt werden, wenn man so will, eine biologische Zweckmäßigkeit, die es erlauben wird, die reale Stellung dieser funktionellen Organisation bei der Herausbildung von „Prinzipien“ des Lebens zu finden und gewisse prognostische Interpretationen in evolutionärem Sinne vorzunehmen.

Die strukturelle Untersuchung eines biochemischen Systems (darunter verstehen wir die wesentlichsten diskreten Gebilde der molekularen Ebene) schafft die Grundlage für das Verständnis der funktionellen Organisation, ist aber für sich genommen keine direkte Voraussetzung für die Lösung der Evolutionsfragen. Betrachten wir zur Begründung dieser Hypothese ausführlicher das allgemeine Wesen, die Möglichkeit und Grenzen bei der Anwendung des strukturellen Vorgehens. Das ist um so notwendiger, als die Mehrheit der Molekularbiologen gerade mit Strukturuntersuchungen beschäftigt ist und von ihrer Entwicklung die Lösung nicht nur konkreter, sondern auch allgemeinbiologischer Fragen erwartet. Und das wird auf Schritt und Tritt von einer gleichgültigen, manchmal sogar negativen Einstellung gegenüber der Evolutionsproblematik begleitet.

Die Gesamtheit der konkreten auf die Strukturuntersuchung gerichteten Methoden stellt die Realisierung des strukturellen Herangehens an die Untersuchung von Systemen dar. Die Verallgemeinerung dieses Herangehens, die Formulierung seiner führenden Prinzipien, erhielt in der ausländischen Literatur die Bezeichnung Strukturalismus (K. LÉVI-STRAUSS,[18] M. FOUCAULT,[19] J. PIAGET u. a.). Im Unterschied zu den speziellen konkreten Methoden bei der Untersuchung einer Struktur (in der Molekularbiologie beispielsweise die Methoden der Röntgenstrukturanalyse, Chromatographie, Spektrophotometrie usw.) analysiert der Strukturalismus die allgemeinen Prinzipien ihrer Erforschung. Die Tatsache, daß der Strukturalismus vor allem in der Linguistik und dann in der Ethnographie und Soziologie entstand und sich entwickelt, bedeutet nicht, daß die Strukturforschungen in der Naturwissenschaft keine methodologische Verbindung zu ihm haben. Hier wie dort liegt das strukturelle Herangehen zugrunde. Der Entstehungszeit und der Anwendungsbreite nach besitzt das strukturelle Herangehen in den Naturwissenschaften bedeutende Vorteile im Vergleich zum strukturellen Herangehen in den Gesellschaftswissenschaften. Jedoch erst der Strukturalismus warf die allgemeine prinzipielle Frage der Strukturanalyse auf. In dieser Beziehung steht der Strukturalismus in einer Reihe mit jenen Richtungen des wissenschaftlichen Denkens, die an der gnoseologischen Analyse der Erfolge der modernen Wissenschaft interessiert sind. Daraus ergibt sich das Problem der Wechselbeziehung zwischen Strukturalismus und Dialektik als Erkenntnistheorie. Außerdem ist dieses Problem nicht nur von großem professionellem Interesse für die marxistischen Philosophen, sondern tangiert auch sehr eng die Sphäre der Naturwissenschaft, wo das strukturelle Herangehen an die Erforschung eines Objektes vorherrscht.

Es ist dabei unwichtig, ob die Naturwissenschaftler diesen Zusammenhang sehen oder nicht. Denn in der Tat gehen sie in ihren Untersuchungen nach jener Denkweise vor, die für den Strukturalismus eben der Untersuchungsgegenstand ist. Was in der Naturwissenschaft ungeklärt, nicht begriffen ist und durch die Details der konkreten Aufgabe kompliziert wird, erklärt sich in jener verallgemeinerten Form, die der Strukturalismus dem strukturellen Herangehen verleiht. An die Stelle der konkreten Struktur des Naturobjekts als Forschungsgegenstand tritt die abstrakte Struktur, die Struktur überhaupt, und das wiederum begünstigt das Studium jener Erkenntnisverfahren, die in jeder beliebigen Strukturforschung angewandt werden.

[18] s. z. B. CL. LÉVI-STRAUSS: „Criteria of Science in the Social and Human Disciplines.", Intern. Social Sciences Journal, Paris, 1964, XVI, No. 4, S. 550ff.
sowie „A contre-courante." „Le nouvel observateur", 1967, No. 115, S. 32ff. (A. H.)

[19] s. z. B. M. FOUCAULT: „Éntretien." „La quinzaine littéraire.", 1966, 15. mai. (A. H.).

Die Grundprinzipien des Strukturalismus bestehen in der Forderung, die Erscheinungen, die Elemente der Erscheinungen nicht an sich, sondern im wechselseitigen Zusammenhang zu analysieren, nicht stehen zu bleiben bei der äußeren Beschreibung eines Systems, sondern von der Erscheinung zum Wesen vorzudringen; ein System als Ganzes, in der Einheit seiner Organisationsfaktoren zu erfassen usw.[20] Die Auffassung der Struktur als Transformationssystem, das den Gesetzen der Totalität unterliegt, die seine Selbstregulation steuern (J. Piaget), nähert den Strukturalismus der Dialektik bedeutend an und fördert die Ausarbeitung konkreter Methoden zur Erkenntnis der Ganzheit. Beachtung und Unterstützung verdient das Bestreben, die Notwendigkeit einer genetischen Analyse zu unterstreichen und die konstruktiven Vorschläge für die Liquidierung des Bruches zwischen Synchronie (der horizontale, zutiefst strukturelle Schnitt) und Diachronie (der vertikale Schnitt, der zeitliche Aspekt struktureller Untersuchungen) zu betonen.

Das Studium der Strukturkomponenten und ihrer Bindungsweisen, der Transformationen der Struktur und ihrer Selbstregulation — all das basiert auf Methoden exakter Wissenschaften. Außerhalb und neben der Naturwissenschaft ist es unmöglich, neue Kenntnisse über die Struktur der Naturobjekte zu gewinnen. Nur dank der Vervollkommnung und Entwicklung konkreter wissenschaftlicher Forschungsmethoden kommt es zur Anreicherung des Wissens an empirischen Fakten und Gesetzmäßigkeiten, und in diesem Sinne ist das strukturelle Herangehen nicht zu trennen von der Wirklichkeit.

In den Strukturuntersuchungen der Molekularbiologie finden alle vom Strukturalismus als solche erkannten Grundprinzipien ihren Ausdruck. Der wechselseitige Zusammenhang der Strukturteile, die Einheit ihrer Organisationsfaktoren, ihre komplexe Existenz und Funktionsweise — all das findet in jener Konzeption von der biochemischen Universalität des Lebenden seine Berücksichtigung, die eine wichtige Verallgemeinerung der empirischen Daten der Molekularbiologie darstellt (s. Kap. I). Die Repräsentanz einer Struktur als eines Systems von Transformationen tritt am augenfälligsten beim Studium der konformativen Änderungen von Makromolekülen auf (z. B. die Übergänge Helix — Knäuel). Das Problem der Selbstregulation von Strukturen findet vielleicht auf keinem Gebiet der Naturwissenschaft eine so detaillierte und exakte Darstellung wie in der modernen Theorie von der Regulation der Proteinbiosynthese. Was nun die diachrone Analyse betrifft, d. h. den zeitlichen Aspekt struktureller Untersuchungen, so zeugt gerade ihre immer aktivere Anwendung am stärksten vom allmählichen Hinwenden der Molekularbiologen zur Evolutionsproblematik.

Das Wesen der diachronen Struktur von Prozessen und die Grundverfahren ihrer Erkenntnis sind kurz und inhaltsreich von N. K. Serov[21] dargelegt worden.

[20] s. J. P. Senokosov: „Diskussija o strukturalizme vo Franzii" („Diskussionen über den Strukturalismus in Frankreich") — „Voprosy filosofii", 1968, No. 6, 175—176.

[21] s. N. K. Serov: „O diachroničeskoj strukture prozessov" („Über die diachrone Struktur der Prozesse.") — „Voprosy filosofii", No. 7, 1970.

Die diachrone Forschung untersucht die verschiedenartigen Prozesse vom Standpunkt aufeinanderfolgender Veränderungen von Zuständen. In allgemeiner Form befassen sich damit verschiedene andere Bereiche der Forschung (das Studium des dynamischen, kinematischen, genetischen und historischen Aspekts der Veränderung von Zuständen). „Während sich jedoch diese Forschungsrichtung auf die Klärung der räumlichen, kräftemäßigen, kausalen, chronologischen u. a. Aspekte der untersuchten Prozesse spezialisiert, so besteht das Ziel der diachronen Analyse in der Aufdeckung *morphologischer und kompositioneller* Besonderheiten im zeitlichen Ablauf der Prozesse."[22]
Anders ausgedrückt, die diachrone Analyse klärt das zeitliche „Skelett" eines beliebigen Ereignisses, indem sie die Struktur des Prozesses in verketteter Form konsekutiver Zustände darstellt.
Solch ein Herangehen an das Studium der „Struktur eines Prozesses" ist teilweise empirisch in der Molekularbiologie verwirklicht, wo die Zeit für den Ablauf eines Prozesses mit in Betracht gezogen wird, die „Lebens"-Zeit dieser oder jener biochemischen Struktur („turnover"; A. H.). Aber das ist natürlich noch nicht die eigentlich diachrone Analyse, da der Zeitfaktor nicht als „Skelett" des Ereignisses fungiert. Den überzeugendsten Versuch gerade einer solchen Untersuchung finden wir in der Konzeption von B. GOODWIN[23], die bereits besprochen wurde. Die Relaxationszeit eines Prozesses, d. h. schematisch gesagt, die Zeit seiner Rückkehr in den ursprünglichen Zustand, wird als Grundlage für die Klassifizierung des Oszillationsprozesse in der belebten Natur genommen. Die Hierarchie dieser Prozesse beginnt auf der molekularen Ebene und endet auf der Evolutionsebene, wobei die Besonderheiten der Oszillationsprozesse auf der „unteren" Ebene trotz der kollosalen Differenz in den Relaxationszeiten den Evolutionsprozessen vergleichbar sind.
Das Problem der biologischen Zeit ist sehr vielschichtig und die diachrone Analyse ist unbedingt in der Lage, seine einzelnen Seiten aufzudecken. Das bedeutet natürlich nicht, daß die diachrone Analyse mit der historischen zusammenfließt. Ebensowenig wie der reale Evolutionsprozeß nicht einfach ein formbildender Prozeß ist, kann das evolutionäre Herangehen nicht auf die diachrone Analyse reduziert werden, die auf die morphologischen Besonderheiten der Struktur eines Prozesses und insgesamt auf den Begriff Struktur orientiert ist.
Wie dynamisch wir uns auch eine Struktur vorstelllen mögen, der Begriff Struktur drückt unvermeidlich das Moment der Stabilität, der Statik, aus. Das ist gleichsam ein Schnitt in der Evolution auf einer bestimmten Etappe. Selbst wenn man von der Struktur eines Prozesses, von der Struktur einer Beziehung spricht, muß man auch in diesem Fall vom eigentlichen Verlauf des Prozes-

[22] ebenda, S. 72 (kursiv von R. S. KARPINSKAJA).
[23] B. C. GOODWIN: „Temporal Organization in Cells. A Dynamic Theory of Cellular Control Processes.", Academic Press, London—New York, 1963 (russ. Übers.: „Vremennaja organizazija kletki.", Moskau, 1966).

ses, von seiner Vergangenheit und Zukunft abstrahieren und nur die Gegebenheit des Zustandes betrachten, die als Untersuchungsgegenstand auf einer bestimmten Etappe der Erkenntnis und mit ihren differenzierten Zielen auftritt.

Unbestritten ist die Kenntnis der Struktur die Grundlage für exaktes Wissen und in dieser Beziehung kann man die mathematische Bearbeitung der strukturellen Angaben als Kriterium für die Exaktheit des biologischen Wissens betrachten. Aber das ist nicht das einzige Kriterium. Ein exaktes Wissen setzt die Erkenntnis der Genese eines Systems voraus, und dabei nicht nur seines „Anfangs“ und „Endes“, sondern im umfassenderen Sinne seiner historischen Rolle im einheitlichen Entwicklungsprozeß.

Seit Darwins Zeiten wird die Biologie immer mehr zur Wissenschaft von der Entstehung und Entwicklung der organischen Welt. Die vorrangige Beachtung besonders des Entwicklungsaspektes unterscheidet die Biologie bis heute von der Physik und Chemie, so sehr auch die Abhängigkeit von diesen Wissenschaften zunimmt. Und das noch um so mehr, wenn man das historische Herangehen nicht nur als Erforschung der Genese einer konkreten Struktur versteht, sondern auch als methodologische Grundrichtung des ganzen Systems biologischen Wissens.

Diese Einschränkung ist deshalb nötig, weil der Begriff „genetisches Herangehen“ unterschiedlich aufgefaßt wird: er kann sowohl die Gesamtheit der Forschungsmethoden in der Genetik bedeuten, als auch Ausdruck der empirischen Aufgabe sein, „Anfang“ und „Ende“ irgendeiner konkreten Existenz zu finden, als auch die konkrete Methode der historisch vergleichenden Forschung als der traditionellen Methode der Biologie beinhalten. Schließlich kann das genetische Herangehen als dialektische Denkweise betrachtet werden, die auf die Erkenntnis der Einheit von Allgemeinem und Besonderem in der Existenz und Entwicklung des Objekts gerichtet ist. All diese Deutungen sind berechtigt, obwohl jede von ihnen natürlich ihre Grenzen in der Anwendung hat.

Da man den Strukturalismus als eine Richtung betrachtet, die auf die Rolle einer umfassenden Erkenntnismethode Anspruch erhebt, wird auch der Historizismus in jener allgemeinen Form genommen, in welcher er als Entwicklungskonzeption, als Dialektik auftritt. Tatsache ist aber, daß sich der Strukturalismus nicht für die Struktur wegen der Geschichte, sondern für die Geschichte wegen der Struktur interessiert, d. h. sein „privates“ Interesse an der Strukturforschung bleibt bewahrt. Die Struktur lebt in der Geschichte gleichsam wie in einem gewissen Lebensraum, der für ihre eigentliche Existenz nur etwas Äußerliches ist. Von dieser Position aus ist es schwer, das Gesamtbild eines historischen Prozesses zu überblicken, ist es schwer, eine konsequente Interpretation des Ganzheitsproblems zu geben.

Die Einheit von Struktur und Prozeß, von Gleichgewicht und Entwicklung als Widerspruch, als Selbstentwicklung darzustellen, das bedeutet eben, auf der Position der Dialektik zu verharren, ohne sie durch den Strukturalismus zu ersetzen. Die Dialektik spiegelt die Entwicklung nicht nur als formbildenden

Prozeß wider, was in gewissem Maße auch der Strukturalismus leisten kann, sondern auch als ganzheitlichen historischen Prozeß, dem der Widerspruch zwischen stabil und instabil, diskret und indiskret, zwischen Gleichgewicht und Ungleichgewicht zugrunde liegt. Der Strukturalismus erfaßt und begreift nur einzelne Seiten dieses Prozesses, wobei er insgesamt das Bedürfnis der modernen Wissenschaft nach der dialektischen Denkweise, das Suchen nach einem spezifischen Ausdruck dieser Denkweise in bezug auf die Problematik der Strukturforschung widerspiegelt. Nicht die Gegenüberstellung von Strukturalismus und Dialektik, sondern das richtige Verständnis ihrer Beziehungen als Beziehungen zwischen Besonderem und Allgemeinen wird zur Überwindung der Begrenztheit des Strukturalismus und zur konkreteren Ausarbeitung von Verfahren zur Erkenntnis des Entwicklungsprozesses beitragen.

Die direkte Vereinigung von strukturellem und historischem Herangehen ist mit ziemlichen Schwierigkeiten verbunden, wovon die ganze Geschichte der Molekularbiologie und besonders der Molekulargenetik zeugt. Die dialektische Denkweise bahnte sich ihren Weg durch einseitige, mitunter unverkennbar metaphysische Interpretationen der experimentellen Ergebnisse der Genetik. Die Erfolge des exakten Wissens um die Erbstrukturen des Lebenden mußten unweigerlich Illusionen von der Allmächtigkeit des Experiments, der Empirie, hervorrufen. Die Evolutionshypothesen, die De Vries[24], Lotsy[25], Bateson[26] u. a.[27] aufstellten, übertrieben offensichtlich die Bedeutung der neuen Experimente und Ideen der mutativen Veränderlichkeit der Organismen für das Verständnis des Evolutionsprozesses. „Anstelle eines ganzheitlichen synthetischen Herangehens an das Problem der historischen Entwicklung von Organismen ließen sich diese Wissenschaftler von ihren experimentellen Ergebnissen leiten, sie übertrieben die aufgedeckten Einzelfakten und dehnten sie auf den gesamten Evolutionsprozeß aus, wodurch die Lehre von den Evolutionsfaktoren entstellt wurde."[28] Eine analoge Situation ergab sich durch die Überschätzung des strukturellen Herangehens bei der Lösung allgemeinbiologischer Probleme. Ebenso verhielt es sich mit den molekulargenetischen Untersuchungen der Informationsfunktion von Nucleinsäuren, und auch bei der Lösung der Frage, auf welchen Wegen die Evolutionsproblematik mit den strukturell-funktionellen Untersuchungen in der Molekularbiologie vereinigt werden kann.

[24] s. z. B. H. de Vries: „Evolutionary Faith and Modern Doubts.", Science **55**, 1922, 55–61. sowie: „Die Mutationstheorien." „Versuche und Beobachtungen über die Entstehung der Arten im Pflanzenreich." Leipzig, 1900. (A. H.).

[25] J. P. Lotsy: „Evolution by Means of Hybridization.", The Hague, 1916. (A. H.).

[26] W. Bateson: „Materials for the Study of Variation." London, 1894. (A. H.). sowie „Mendels Principles of Heredity." Cambridge, 1909. (A. H.).

[27] s. zu 24–26 ferner: W. Zimmermann: „Methoden der Evolutionswissenschaft (= Phylogenetik)", in G. Heberer (Hrsgb.) „Die Evolution der Organismen.", Fischer-Verlag, Stuttgart, 1967, S. 61–160.

[28] N. P. Dubinin: „Evoljuzija populjazij i radiazija." („Die Evolution von Populationen und Strahlung."), Moskau 1966, S. 196.

Auf der Grundlage der strukturell-funktionellen Analyse baut das Experiment der Molekularbiologie auf, entwickelt sich die exakte Kenntnis über die strukturelle und funktionelle Organisation der Biopolymere. Die Untersuchung des temporären Aspektes der Existenz einer Struktur und der Struktur eines Prozesses, die man, wie bereits gesagt, als diachrone Analyse bezeichnen kann, ist der folgende Erkenntnisschritt auf dem Wege der Vereinigung von strukturellem und historischem Herangehen. Die diachrone Analyse besitzt große Perspektiven, z. B. in der Molekularbiologie der Individualentwicklung. Schließlich zeigt sich die vergleichend-historische Methode am wirksamsten beim Einsatz der Molekularbiologie zur Lösung der Probleme der Systematik, der Phylogenie und Evolution der Organismen (s. Kap. II). Die Durchführung einer historischen Analyse von biochemischen Strukturen geht unweigerlich einher mit einer bestimmten Extrapolation des Wissens, mit Analogien, mit Annahmen und Hypothesen. Das führt zur Schaffung bestimmter Modellvorstellungen über die molekularen Grundlagen der Evolution und darüber, wie sie bis zur Entstehung des Lebens und danach ablief. Diese Modellvorstellungen werden im weiteren betrachtet.

So vollzieht sich in der konkreten molekularbiologischen Forschung gleichsam ein Aufstieg zu immer theoretischeren Wissensbereichen, was in der Biologie unvermeidlich mit der Evolutionsproblematik zusammenhängt. Mit Zunahme dieses Aufstiegs wächst die Bedeutung des historischen Herangehens, wobei es ebenfalls seinen Inhalt ändert. Während es auf der empirischen Ebene fast mit den funktionellen Methoden zusammenfließt, wird es danach zur vergleichend-historischen Methode und schließlich zum allgemeinen evolutionären Herangehen.

Die Veränderung des Inhalts sowohl des historischen als auch des strukturellen Herangehens kann durch die Veränderung seiner methodologischen Funktion auf den verschiedenen Ebenen der Methodologie dargestellt werden. Wenn das strukturelle und historische Herangehen in *allgemeiner Form* auftreten, dann fixieren sie entsprechend die Momente der Stabilität und Variabilität. Die allgemeine Form dieser Herangehensweisen findet ihren Ausdruck in der Dialektik als der Wissenschaft von der Entwicklung, die die universale Bedeutung sowohl der Stabilität als auch der Variabilität berücksichtigt. Die *besondere Form* des strukturellen Herangehens drückt sich beispielsweise im Strukturalismus, in der Konzeption von den Strukturebenen der Materie aus, denen es um das Auffinden allgemeinster Prinzipien zur Erkenntnis der Struktur geht. Das historische Herangehen findet eine besondere Ausdrucksform in den naturwissenschaftlichen Entwicklungstheorien, vor allem in der Evolutionstheorie der organischen Welt, aber auch in den Konzeptionen der biochemischen und chemischen Evolution. Die *einzelne* Form des strukturellen Herangehens wird durch die Gesamtheit der konkreten strukturellen Methoden realisiert, die für jede biologische Disziplin spezifisch sind (z. B. Isotopenmethoden, Röntgenstrukturanalyse, Chromatographie usw. in der Molekularbiologie). Entsprechend tritt die einzelne Form des historischen Herangehens als vergleichend-historische, modell-historische und experimentell-historische Methode auf.[29]

Eine solche Aufgliederung der Methodologieebenen oder, richtiger, der methodologischen Rolle des strukturellen und historischen Herangehens macht es möglich, ihre „Einflußsphären" genauer zu definieren, ihre relative Selbständigkeit bei der Lösung eines bestimmten Kreises von Forschungsaufgaben darzustellen und gleichzeitig nachzuweisen, daß in dem Maße, wie die Erkenntnis zur Lösung von Fragen allgemeintheoretischer und philosophischer Bedeutung aufsteigt, die Notwendigkeit ihrer Synthese wächst. Das Bedürfnis nach einer solchen Synthese wird offensichtlich, sobald wir uns dem Studium der molekularen Grundlagen der Evolution zuwenden. Diese Untersuchung stützt sich auf eine Vielzahl von Methoden und Verfahren, unter denen die strukturell-funktionelle Analyse eine nicht unbedeutende Rolle spielt, indem sie eine sichere experimentelle Basis für theoretische Überlegungen garantiert. Dabei zeigt allein schon die Frage nach dem Evolutionsaspekt der Molekularbiologie die Grenzen der Anwendbarkeit der strukturell-funktionellen Analyse. Sie verbindet diese mit dem umfassenden historischen Gesichspunkt der Forschung und deckt damit eine neue „Schicht" der methodologischen Ausstattung auf, die mit der Nutzung der Grundbegriffe der Evolutionstheorie verbunden ist.

Wenn man davon ausgeht, daß der Evolutionsprozeß allgemeinen Charakter trägt, daß der alle Organisationsebenen des Lebenden umfaßt, dann muß man in gnoseologischer Beziehung zur Anerkennung des universalen Charakters aller Grundbegriffe der Evolutionstheorie kommen. Sie müssen auf jeder beliebigen Untersuchungsebene der Evolution anwendbar sein, unabhängig von jenen Modifikationen ihres Inhalts, die unvermeidlich beim Übergang von einer Ebene zur anderen auftreten. Daher werden wir im weiteren bei jenen sehr wichtigen Begriffen der Evolutionstheorie verweilen, die für die Untersuchung der molekularen Grundlagen der molekularen Grundlagen der Evolution notwendig sind, vor allem natürlich beim Begriff Selektion.

2. Über die methodologische Funktion des Selektionsbegriffes

In der modernen Biologie betrachtet man neben der natürlichen Selektion (Auslese) noch Mutationsprozesse, Populationswellen und die Isolation als Evolutionsfaktoren. In einer Reihe von Arbeiten wird der Ausdruck „natürliche Selektion als Triebkraft der Evolution" beibehalten, da man die privilegierte Stellung der Selektion unter den anderen Evolutionsfaktoren hervorheben will; sie wirken alle auf der Basis der Selektion, sie ist ihre reale Existenz, ist grundlegender Korrektor und Regulator. Jedoch weder „Evolutionsfaktor" noch „Triebkraft der Evolution" erklären die Sache so weit, daß man von einer zufriedenstellenden

[29] s. I. T. FROLOV: „Očerki metodologii biologičeskogo issledovanija" („Abriß der Methodologie biologischer Untersuchungen."), Moskau, 1965.

Definition der natürlichen Selektion sprechen könnte, ja, man muß A. V. JABLOKOV zustimmen, daß „das gesamte Problem der natürlichen Selektion dringend die Schaffung eines exakten Systems eindeutiger Begriffe erfordert."[30] Die bekannten Selektionsformen sind noch nicht zu einem System vereinigt, das es erlaubt, diese Formen logisch zu verbinden und zu vergleichen; es ist auch noch weit bis zum Verständnis des Wirkungsmechanismus der Selektion auf molekularer und zellulärer Ebene. Auch in der Frage nach der Spezifität der Selektionswirkung auf den verschiedenen Organisationsebenen gibt es noch keine Klarheit. Insgesamt zeigte sich das Problem der natürlichen Selektion ohne Zweifel komplizierter als es der Begründer dieser Idee voraussah, und es wäre falsch, irgendwelche übereilten Lösungen für den Begriff „natürliche Selektion" vorzuschlagen.

Jedoch gibt es einen möglichen Weg bei der Ausarbeitung dieses Begriffes, der mitunter von den Evolutionstheoretikern unter den Biologen nicht in Betracht gezogen wird. Die heuristische Rolle des Begriffes natürliche Selektion in der Biologie erweckt den Eindruck, als wäre er „ureigen biologischer" Natur, was eine allgemeinevolutionäre Auffassung der Selektion behindert. In der Tat sieht es so aus, als hätte die natürliche Selektion in der unbelebten Natur, in der präbiologischen Entwicklung der Materie, in jenen Wechselbeziehungen chemischer Systeme, die zur Entstehung des Lebens führten, keinen Prototyp.

Es gibt aber in der modernen Wissenschaft solche Wissensgebiete, die von prinzipieller Bedeutung für die Entwicklung einer breit aufgefaßten Evolutionskonzeption sind. So wurde mit der erfolgreichen Entwicklung der Genetik die Idee von der Möglichkeit einer genetischen Theorie der natürlichen Selektion geboren, was notwendigerweise zu bestimmten Korrekturen des klassischen DARWINschen Selektionsbegriffes beitrug. Die Aktivierung der Forschungen über die Entstehung des Lebens war von der Schaffung solcher Begriffe, wie „chemische Evolution" und „biochemische Evolution" begleitet, was dazu geführt hat, daß der Begriff Selektion „in die Tiefe der Zeiten" herabstieg, in die fernen Etappen der Entstehung des Vorlebens, wo molekulare und polymolekulare Systeme als Objekte der Selektion auftreten konnten. „... Die neue biologische Gesetzmäßigkeit (es geht um die natürliche Selektion, R. K.), die in der anorganischen Welt fehlt, mußte beim Prozeß des Werdens des Lebens entstehen und sie nahm einen führenden Platz in der Entwicklung der gesamten lebenden Materie ein."[31] H. H. PATTEE hob die großen Schwierigkeiten in der Anwendung der Begriffe „erbliche Ordnung", „Replikation", „Selektion" und „Evolution" beim Studium präbiologischer Systeme hervor und geht zugleich davon aus, daß das „einzige Ereignis, das zur Erzeugung von Information fähig ist, der Selektionsprozeß ist ..." Zwischen der chemischen Evolution, die ohne Replikation verlief, und der bio-

[30] A. V. JABLOKOV: „Aktual'nyje problemy evoljuzionnoj teorii." („Aktuelle Probleme der Evolutionstheorie."), Moskau, 1966, S. 26.

[31] A. I. OPARIN: „Vozniknovenije žizni na zemle.", (3. stark veränderte Auflage), Moskau 1957, S. 104–105; deutsche Übersetzung: „Die Entstehung des Lebens auf der Erde." (nach obiger Ausgabe), Berlin, 1957, S. 96.

logischen Evolution, die auf der Selbstreproduktion und der Wirkung der natürlichen Selektion beruht, „liegt ein ganzes Spektrum erblicher selektiver und evolutionärer Prozesse“[32], die durch verschiedene Selektionstypen charakterisiert sind.

Die Besonderheiten der Anwendung des Begriffes Selektion in verschiedenen Konzeptionen der präbiologischen Evolution werden später erörtert. Hier reicht es, den untrennbaren Zusammenhang der Begriffe Evolution und Selektion zu unterstreichen sowie das dringende Bedürfnis nach einer methodologischen Analyse des Begriffs Selektion, das sich aus seiner breiten Anwendung bei Untersuchungen der chemischen, biochemischen und organischen Evolution ergibt.

Als Ausgangsmoment einer solchen Analyse tritt die innere Widersprüchlichkeit des Begriffs Selektion auf. Die Aufdeckung dieser Widersprüchlichkeit erlaubte es DARWIN, die Gegensätzlichkeit von Variabilität und Erblichkeit auf den einheitlichen Prozeß der natürlichen Selektion zurückzuführen und sie als wahre Triebkraft der Evolution darzustellen. Konkurrenzbeziehungen zwischen Organismen und zwischen Arten („Kampf ums Dasein“) treten in der natürlichen Zuchtwahl in Erscheinung, die bei der Lösung der Frage „Sein oder Nichtsein“ der letzte Richter ist. Allerdings liefert ein solch allgemeines Herangehen an den Widerspruch der natürlichen Selektion noch keine hinreichend exakte Definition. Bis heute wird die Selektion durch das Resultat definiert, das wir in Gestalt der Diskretheit der organischen Formen und der Diskretheit des Evolutionsprozesses selbst haben.

In der DARWINschen Theorie wurde die natürliche Zuchtwahl als Überleben des Tauglichsten betrachtet, was auch den Inhalt dieses Begriffes bildete. Damit wurde der reale Evolutionsprozeß vor allem als ein Anpassungsprozeß charakterisiert, und diese fundamentale Idee der DARWINschen Lehre bleibt bis zum heutigen Tage Ausgangspunkt der Evolutionstheorie. Indessen werden bestimmte Korrekturen an der Auffassung von der Angepaßtheit und der „höchsten Angepaßtheit“ vorgenommen. Zweifellos gibt es keinerlei „Eichmaß“ der Angepaßtheit, weder für einzelne Individuen noch für das Lebende insgesamt, andernfalls müßte man vom Entwicklungsprinzip Abstand nehmen. Angepaßt ist alles das, was lebt und weiterlebt. Aber die Fortsetzung des Lebens hängt mit der Fortpflanzung zusammen, weshalb sich die Angepaßtheit vor allem in der Fähigkeit zur Fortpflanzung äußert und das Hinterlassen von Nachkommen sich als echtes Kriterium für die Angepaßtheit erweist.

Davon ausgehend, schlagen J. HUXLEY, E. MAYR, S. SKOVRON, A. V. JABLOKOV und andere vor, den Inhalt des Terminus „natürliche Selektion“ als „Vernichtung der Unangepaßten“ zu formulieren, um damit jene Unbestimmtheit zu beseitigen, die sich in dem scheinbar klaren Ausdruck „Überleben des Tauglichsten“ verbirgt.

[32] H. H. PATTEE: „Nasledstvennaja uporjadočennost' v primitivnych chimičeskich sistemach.“ — „Proischoždenije predbiologičeskich sistem.“ („Die vererbbare Geordnetheit in primitiven chemischen Systemen.“ — „Die Entstehung präbiologischer Systeme.“), S. 389, 395.

„Man muß klar verstehen“, schreibt E. MAYR, „daß das, was in der Evolution wirklich zählt, nicht das Überleben ist, sondern der Anteil, der von einem Genotyp in den Gen-Pool der nächsten und aller folgenden Generationen eingebracht wird. Reproduktiver Erfolg und nicht das Überleben wird in der modernen Definition der natürlichen Selektion unterstrichen. Ein besser angepaßter Genotyp besitzt die größere Wahrscheinlichkeit Nachkommenschaft zu hinterlassen, als ein weniger angepaßter. Die natürliche Auslese ist einfach eine unterschiedliche Fortdauer von Genotypen.“[33]
In den einhundert Jahren seit Bestehen des Darwinismus wurde ihm wiederholt der Vorwurf gemacht, er würde die negative, die eliminierende Rolle der natürlichen Selektion überbetonen; heute jedoch ist man gezwungen, dieses Moment noch mehr hervorzuheben und von der Auslese als von der „Vernichtung des Nichtangepaßten“ zu sprechen.
Ein erfolgreicher Versuch, eine positive Charakteristik der Auslese zu finden, ist die von I. I. ŠMALGAUZEN ausgearbeitete Konzeption der stabilisierenden Auslese.[34] Die stabilisierende Auslese führt über die Eliminierung von Indivduuen mit gestörter Lebenstätigkeit zur Erhaltung und Entwicklung stabilerer Formen, d. h. dieser Typ der Auslese wirkt zugunsten eines schon erreichten Evolutionsniveaus und steht dessen Auflösung, dessen Nivellierung entgegen. Hauptobjekt dieser Selektion sind jene stabilen Formen und jene Anpassungen, die schon in relativ unveränderten Umweltbedingungen erprobt sind und eine bestimmte Unabhängigkeit von ihnen erworben haben. Ergebnis der stabilisierenden Auslese ist die Zunahme der Stabilität organischer Formen sowie das Anwachsen der Rolle innerer Entwicklungsfaktoren, auch als Folge einer Beschleunigung der Evolutionstempi.
Gleichzeitig bleibt die sogenannte dynamische Auslese bestehen, die ein entgegengesetztes Vorzeichen hat, da sie die laufend entstehenden Anpassungsveränderungen aufgreift und verstärkt, die eben den adaptiven Verlauf der Evolution ausmachen. Die dynamische Auslese wirkt unter den Bedingungen eines gestörten Gleichgewichtes zwischen Population und Umwelt und ist insgesamt nicht auf eine Stabilisierung, sondern auf eine Veränderung der Population gerichtet (I. I. ŠMALGAUZEN bezeichnet sie als die eigentlich DARWINsche Auslese).
Von Bedeutung ist, daß die Idee der stabilisierenden Auslese von ŠMALGAUZEN bereits lange, bevor er als Anhänger der Anwendung kybernetischer Konzeptionen auf das Studium der Evolution auftrat, ausgesprochen wurde. Das zeugt davon, daß eine „Aufspaltung“ der Auslese und des Evolutionsprozesses als Ganzem

[33] E. MAYR: „Animal Species and Evolution.“, Cambridge, Mass. 1963; S. 183. Russ. Übers.: „Zoologičeskij vid i evoljzuija.“, Moskau, 1968, S. 156. Deutsche Ausgabe: „Artbegriff und Evolution.“, Hamburg—Berlin, 1967.

[34] I. I. ŠMALGAUZEN: „Faktory evoljuzii.“ („Faktoren der Evolution.“), Moskau—Leningrad 1946. (amer. Ausgabe: „Factors of Evolution; the Theory of Stabilizing Selection“, Philadelphia, 1949).

in die Gegensätzlichkeiten von stabilen und evolutionierenden Momenten von den inneren Bedürfnissen des biologischen Wissens diktiert wurde und vom natürlichen Entwicklungsgang der Biologie vorbereitet war. Davon zeugt auch die Konzeption der theoretischen Biologie E. BAUERS, der bestrebt war, die gesamte Spezifik des Lebens und die Gesetzmäßigkeiten der Evolution aus dem Hauptprinzip des „stabilen" Ungleichgewichts als dem charakteristischen Zug des Lebenden abzuleiten. Nach BAUER werden alle wesentlichen Eigenschaften lebender Organismen, wie Stoffwechsel, zellulärer Aufbau, Reizbarkeit, Wachstum, erbliche Variabilität und Autoreproduktion vom Hauptprinzip der biologischen Bewegungsform, dem Prinzip des stabilen Ungleichgewichts, bestimmt. Die Evolution der organischen Welt ist ein Prozeß der Herausbildung und Entwicklung solcher Systeme, die zur dynamischen Stabilität fähig sind, zum Vollbringen von Arbeit zur Aufrechterhaltung des stabilen Ungleichgewichts.[35]

Im betreffenden Fall sind die Unterschiede im Herangehen dieser zwei bedeutenden sowjetischen Biologen an die Selektion unwesentlich. Für uns ist es interessant, den Gedanken zu verfolgen, daß eine ganze Reihe von Gelehrten bei verschiedenen Untersuchungsgegenständen die These von der inneren Widersprüchlichkeit der Selektion vertritt. So gehen die bekannten Arbeiten zur chemischen und biochemischen Evolution von M. CALVIN, A. L. OPARIN, J. BERNAL, H. QUASTLER, N. W. PIRIE und anderen[36] erstens von der unbedingten Anerkennung des Wirkens der Selektion im präbiologischen Stadium aus und enthalten zweitens die Suche nach allgemeingültigen Charakteristika der Auslese, die ihr widersprüchliches und damit aktives Wesen aufdecken. Überall wird die allgemeine Wirkungslinie der Selektion überprüft: als ihr Kriterium tritt die dynamische Stabilität hervor, d. h. eine labile Stabilität, die zur Vervollkommnung der Erhaltungsmechanismen befähigt ist. Es werden nicht jene Strukturen selektiert, die zur Zeit aufs beste angepaßt sind, sondern jene, die auch zukünftig die Entwicklungslinien nicht abreißen lassen, d. h. über den spezifischen Charakter der Stabilität verfügen, die in der Lage ist, die widersprüchlichen Momente von Stabilität und Labilität zu ertragen und zu entwickeln. Dieser Widerspruch bildet auch insbesondere die Grundlage der gemeinsam wirkenden, jedoch dem Charakter nach entgegengesetzten Selektionstypen, nämlich der stabilisierenden und der dynamischen Selektion.

Die moderne Wissenschaft, die die Evolution der organischen Welt auf allen Organisationsebenen des Lebenden einschließlich der molekularen studiert, betrachtet die Stabilität gerade als labile Stabilität, die infolge ihres inneren

[35] s. E. BAUER: „Teoretičeskaja biologija." („Theoretische Biologie."), Moskau. 193.

[36] s. dazu ferner: M. EIGEN: „Selforganization of Matter and the Evolution of Biological Macromolecules.", Naturwissenschaften 58, 1971, 465–523. (A. H.).
K. DOSE: „Präbiotische Evolution enzymähnlicher Systeme." Angewandte Chemie 85, 1973, 231–232. (A. H.).
M. PAECHT-HOROWITZ: „Die Entstehung des Lebens.", Angewandte Chemie 85, 1973, 422–340. (A. H.).

widersprüchlichen Charakters zur Schaffung neuer „Wachstumspunkte" des Evolutionsprozesses fähig ist. So fand schon am Ursprung der biochemischen Evolution die Selektion jener chemischen Elemente statt, die über eine bestimmte Labilität und infolgedessen über viele mögliche Wechselwirkungen verfügen. J. Bernal hebt hervor, daß die „labilen Atome des Schwefels, Phosphors und Eisens, die in der anorganischen Welt sehr großen Umwandlungen unterliegen, eine grundlegende Bedeutung in der Biochemie haben, während die stabilen Atome, wie Silizium, Aluminium oder Natrium, aus denen der wesentlich größere Teil der Erdrinde zusammengesetzt ist, nur eine zweitrangige Rolle spielen oder überhaupt nicht vorhanden sind."[37] Es ist interessant zu erwähnen, daß die Auslese nach dem Prinzip der labilen Stabilität nur 18 von den uns bekannten 105 Elementen zur Teilnahme an der Bildung der biologischen Systeme „zuließ". (Eine solche strenge Begrenzung kann man ebenfalls in der Klasse der Biopolymeren insgesamt und ebenso bei den Aminosäuren finden, wo lediglich 20 von weit über 100 bekannten am Aufbau von Eiweißen beteiligt sind). Besonders einmalig in dieser Hinsicht ist zweifellos der Kohlenstoff, dessen gegensätzliche Charakteristika (Metallähnlichkeit und Nichtmetallähnlichkeit, Akzeptor- und Donatorfähigkeit usw.) zu seiner außergewöhnlichen Fähigkeit führen, sich mit sich selbst zu verbinden und eine wahrhaft unerschöpfliche Fülle chemischer Verbindungen zu schaffen. Wenn daher der Kohlenstoff das Fundament alles organischen Lebens und der lebenden Substanz ist, dann bildet sein Nachbar im Periodensystem — das Silizium — die Grundlage der anorganischen Natur. Während der Kohlenstoff das optimale chemische Element für die Bildung von Systemen mit gesteigerter Fähigkeit zur dynamischen Stabilität ist, stellt das Silizium das unersetzliche Element für den Aufbau inertester Systeme mit klar ausgeprägtem statischen Typ der Stabilität dar.

Gerade infolge ihrer inneren Widersprüchlichkeit entfaltet sich die Stabilität im Verlaufe der Evolution als dynamische Stabilität, als allmähliche Zunahme der Einheit der mannigfaltigen Formen ihrer Realisierung. Der Entwicklungsprozeß von Stabilitätsformen der evolutionierenden Materie kann in allgemeiner Form als Prozeß der Zunahme der Stabilitätskonkretheit definiert werden.

Die Betrachtung der Evolution als Dynamisierungsprozeß der Stabilität von Systemen gestattet es, den Begriff Selektion zu konkretisieren. Das berührt die Wirkungsbedingungen der Selektion und ihre Kriterien. Es lassen sich zwei Grundbedingungen der Selektionswirkung hervorheben, die ständig in jedem Evolutionsprozeß vorhanden sind und die in beträchtlichem Maße durch ihre Spezifik die Besonderheiten der Evolutionsformen und -tempi erklären.

[37] A. I. Oparin et al. (Hrsgb.): „Vozniknovenije žizni na zemle. Trudy meždunarodnogo simpoziuma. 19.—24. avgusta 1957 goda. Moskva." („Die Entstehung des Lebens auf der Erde. Materialien des Internationalen Symposiums vom 19.—24. August 1957 in Moskau.", Moskau, 1959, S. 43.
engl. Ausgabe: F. Clark a. R. L. M. Synge (Hrsgb.), Pergamon Press, London, 1959. („Proceedings of the First International Symposium on the Origin of Life on Earth.").

Erstens setzt die Selektion eine Individualisierung des evolutionierenden Substrats voraus. Der „Beginn" der Selektion, wenn wir von der chemischen und biochemischen Evolution sprechen, hängt mit jener Entwicklungsetappe der Materie zusammen, als sich aus einer homogenen Lösung mannigfaltigster Zusammensetzung komplexe, vom Medium und voneinander abgegrenzte Systeme absonderten, deren spezifische Zusammensetzung und Struktur ihre stabile Existenz unter den sich verändernden Mileubedingungen gewährleisten. Die Individualisierung als Absonderung solcher polymolekularer Systeme aus dem homogenen Milieu ist eine Voraussetzung für die Wirkung der Selektion auf der Ebene dieser Systeme. Die Selektion beeinflußt die Zusammensetzung sowie den Aufbau dieser Systeme und vervollkommnet ihre Organisation. Eben vervollkommnet, aber schafft nicht aufs neue: „Damit ein beliebiges determiniertes System eine gewisse Stufe der Kompliziertheit erreichen kann, muß es selbst ein bestimmtes Minimalniveau an Kompliziertheit besitzen."[38]
Die Wege zur Bildung dieser Systeme, die infolge eines bestimmten Niveaus der Organisation zur Konkurrenz und zur Selektion befähigt sind, werden in den Hypothesen J. BERNALS (Konzentration organischer Stoffe mittels Adsorption an geeignete Adsorbentien), A. I. OPARINS (Konzentration organischer Stoffe zu Systemen vom Typ komplexer Koazervate), GOLDACRES[39] (Bildung von Bläschen aus Oberflächenfilmen, die organische Stoffe enthalten) und anderer betrachtet. Auf die Bedeutung des neuen, mit der Entstehung des Lebens zusammenhängenden Typs der Individualisierung machte erstmals V. I. VERNADSKIJ aufmerksam: Die Wirkung der natürlichen Selektion wurde nicht nur durch die im Vergleich zu präbiologischen Systemen gesteigerte Individualisierung biologischer Systeme bestimmt, sondern auch durch ihre gleichzeitig entstandenen Systembildungen vom Typ der Biozönosen.[40]
Wie dem auch sei, so wird doch die Ebene der Selektionswirkung (polymolekulare Systeme oder Populationen) und das Selektionsobjekt durch jenen Charakter der Systemhaftigkeit des evolutionierenden Substrats bestimmt, der eine gesetzmäßige Entwicklungsstufe der dynamischen Stabilität ist.
Die Ebene der Selektionswirkung und das Objekt ihrer Wirkung machen die Struktur des Begriffes „Selektionswirkung" aus und können in Begriffen ausgedrückt werden, die allgemeinbedeutend für das Systemherangehen sind: die Ebene verhält sich zum Objekt wie das System zum Subsystem. Die Veränderung des Subsystems ist primär, aber sie kann sich nur festigen auf der Ebene der

[38] H. H. PATTEE: „Nasledstvennaja uporjadočennost' v primitivnych chimičeskich sistemach." („Erbliche Geordnetheit in primitiven chemischen Systemen.") in: „Proischoždenije predbiologičeskich sistem." („Die Entstehung präbiologischer Systeme."), „Mir", Moskau 1966, S. 400. (übers. nach d. engl. Ausgabe: „The Origins of Prebiological Systems and of their Molecular Structure.", W. FOX, Hrsgb., Academic Press, New York, 1965).

[39] R. GOLDARCE: „Surface Phenomena in Chemistry and Biology.", Pergamon Press, New York, 1958.

[40] s. V. I. VERNADSKIJ: „Izbrannyje socinenija" („Ausgewählte Werke"), Bd. V, S. 263 (russ.).

Beziehungen des Systems mit anderen Systemen. Auf der Ebene der Systembeziehungen wirkt auch die Selektion, deren Primärobjekt das Subsystem ist. Dieser beim Studium des Problems der Auslese außerordentlich wichtige Umstand ist in der modernen Biologie genügend klar fixiert: die Selektion verläuft auf der Ebene der Populationen, der Phänotypen, obwohl die primären Veränderungen im Genotyp erfolgen und letzten Endes eben die Genotypen selektiert werden. Die Unterscheidung von Ebene und Objekt der Selektion gestattet es, die Auslese als Systembeziehung darzustellen, die der Entwicklung in Abhängigkeit von der Systemhaftigkeit des evolutionierenden Substrats selbst unterworfen ist.

Somit setzt die erste für die Selektion angenommene Bedingung (das Vorhandensein individualisierter Systeme) bestimmte Grenzen für die Anwendung des Begriffes Selektion selbst und unterstreicht gleichzeitig seine allgemeinevolutionäre Bedeutung: Wenn das Organisationsniveau der Systeme so ist, daß sie zur stabilen Existenz fähig sind und gleichzeitig zur Evolution, dann wird der Charakter der Verbindungen zwischen diesen Systemen mit Hilfe der Selektion beschrieben.

Die zweite Bedingung der Selektion, die ziemlich eng mit der ersten zusammenhängt, ist die Notwendigkeit des Stoff- und Energieaustausches zwischen den Systemen, d. h. der offene Charakter der Systeme. Der Grad der Offenheit eines Systems hängt davon ab, inwieweit seine strukturell-dynamische Organisation der Forderung nach Erhaltung des Systems unter den Bedingungen der kontinuierlichen Wechselwirkung mit dem äußeren Milieu entspricht. Unter erhöht dynamischen Bedingungen erweisen sich Systeme mit innerer Dynamik als stabil. Die Dynamisierung von Systemen im Rahmen der Stabilität stellt eine Art Anpassung an die Dynamik des umgebenden Milieus, an die Prozesse kontinuierlicher und vielfältiger Wechselwirkung dar.

Es läßt sich noch eine dritte Bedingung für die Selektionswirkung formulieren, nämlich die Entstehung des Mechanismus der identischen Reproduktion von Molekülen, auf deren Grundlage die Festigung und Erhaltung abgelaufener Veränderungen erfolgt. Jedoch besteht zu dieser Frage keine Einigkeit. Die Geschichte der Entstehung des Replikationsmechanismus ist für die heutige Wissenschaft so schwer zugänglich, daß sie Gegenstand verschiedener Hypothesen bleibt, die auch die Vorstellung über die Selektion wesentlich verändern. So unterstützt J. Bernal die Auffassung von N. H. Horowitz[41] über die Selektion auf der Ebene der Moleküle und präzisiert sie folgendermaßen: „Reproduktion und Selektion mußten gemeinsam auftreten.“[42] Im Gegensatz dazu verteidigt M. Calvin entschieden die Notwendigkeit des Begriffes Selektion für die Untersuchung des gesamten Prozesses der chemischen Evolution und nicht nur

[41] s. N. H. Horowitz: „On the Evolution of Biochemical Syntheses.“, Proc. Natl. Acad. Sci. USA, 31, 1945, 153–157. (A. H.).

[42] J. Bernal: „The Origin of Life.“, London, 1967. (zit. nach der russ. Übers.: „Vozniknovenije žizni“, A. I. Oparin, Red., Moskau 1969, S. 192.

für das Stadium des Präbiologischen.[43] P. T. MORA und H. H. PATTEE unterscheiden physikalisch-chemische Selektivität und eigentliche Selektion, die auf der Grundlage des Mechanismus der Autoreproduktion entsteht.[44]

Unter Berücksichtigung der ziemlichen Unterschiedlichkeit in der Bewertung des „Nullpunktes" der Selektion halten wir es vorläufig nicht für notwendig, die dritte Bedingung der Selektionswirkung als eine ebenso gesicherte Bedingung hervorzuheben wie es die ersten beiden zu sein scheinen. Die Individualisierung der Systeme und ihre offener Charakter werden als allgemeinste Definitionen für Bedingungen der Selektionswirkung in jeder beliebigen Hypothese der Entstehung des Lebens anerkannt.

Die Wirkungsbedingungen der Selektion sagen ihr wesentlichstes Kriterium voraus: die Selektion erfolgt über den Dynamismus der Stabilität der Systeme. Es „überleben" solche Systeme, deren Stabilität genügend labil, innerlich widersprüchlich ist und die einen ausreichenden Vorrat an „erhaltenden Reaktionen" besitzen. Es werden jene Strukturen und Prozesse ausgewählt, die gut mit ihrem Ganzen (dem System) abgestimmt sind und dadurch seine stabile Existenz im Rahmen der dynamischen Stabilität sichern. Diese evolutionierende Abstimmung von Struktur und Dynamik, die Schaffung eines einheitlichen geordneten Reaktionsnetzes führt zur Entstehung des Lebenden, das nach der Definition von A. A. LJAPUNOV einen hochstabilen Zustand des Stoffes darstellt, der durch die Autoreproduktion und Autoregulation gewährleistet wird.[45] Im vorliegenden Falle wird das Kriterium der Stabilität sogar für die Trennung von Belebtem und Unbelebtem verwendet, obwohl die Stabilität für alle Systeme universell ist. Das Lebende ist der Gipfel in der Entwicklung dieser universellen Eigenschaft der Materie, da es über unikale Verfahren zur Aufrechterhaltung seiner Stabilität verfügt, nicht nur über die Selbstregulation und Autoproduktion, sondern auch insgesamt über einen Evolutionsprozeß, der den endlosen Wechsel der Generationen garantiert, die die Anpassungsreaktionen vervollkommnen.

Somit ist der Begriff Selektion auf einen Widerspruch begründet, der letzten Endes auf den Widerspruch zwischen Stabilität und Variabilität, Statik und

[43] s. M. CALVIN: „The Origin of Life on Earth and Elsewhere", Perspectives in Biology and Medicine 5, 1962, S. 339—422.
(zit. nach der russ. Ausgabe: „Vozniknovenije žizni na Zemle", S. 346. — „Entstehung des Lebens auf der Erde.").

[44] s. z. B. P. T. MORA: „The Folly of Probability." In: „The Origins of Prebiological Systems and of their Molecular Structure." (S. W. Fox, Hrsgb.), Academic Press, New York, 1965. (zit. nach d. russ. Übers.: „Nesostojatel'nost' verojatnostnogo podchoda." in „Proizchoždenije predbiologičeskich sistem.", „Mir", Moskau, 1966, S. 47).
ferner: H. H. PATTEE: „Nasledstvennaja uporjadočennost' v primitivnych sistem.", („Die vererbbare Geordnetheit in primitiven chemischen Systemen."), ebenda.

[45] s. A. A. LJAPUNOV: „Ob upravljajuščich sistemach živoj prirody." — „O suščnosti žizni." („Über steuernde Systeme der lebenden Natur." — „Über das Wesen des Lebens.") Moskau, 1964.

Dynamik in Existenz und Entwicklung materieller Systeme hinausläuft. Dieser universelle Widerspruch der Materie findet im Begriff Selektion einen besonderen Ausdruck, da er sich über die Beziehung von Systemen erschließen läßt, und zwar über eine solche Beziehung, die den Evolutionsprozeß hervorruft. Die Dynamisierung der Stabilität als Kriterium der Auslese charakterisiert nicht nur die inneren Bestimmungen von Systemen, sondern erklärt diese inneren Bestimmungen auch durch ein System äußerer Beziehungen. Die Dialektik von Innerem und Äußerem, die im Begriff Selektion konzentriert ist, tritt tatsächlich als wichtiges Charakteristikum des Prozesses der Selbstentwicklung der Materie auf.

Jedoch führt die Anerkennung der inneren Widersprüchlichkeit der Selektion noch nicht zu einer eindeutigen Auslegung des allgemeinen Charakters der Entwicklung, wovon die Unterschiede von Wahrscheinlichkeits-, thermodynamischer-, struktureller und anderen Herangehensweisen an das Problem des Ursprungs des Lebens zeugen. Alle vorliegenden Hypothesen über die Entstehung des Lebens gehen von der Voraussetzung aus, daß die Selektion wirkt. Sie unterscheiden sich aber durch die Grundmodelle des evolutionierenden Substrates und durch die Interpretation der führenden Gesetzmäßigkeiten. Das Koazervatmodell von A. I. Oparin, das autokatalytische von M. Calvin, das Nucleotidmodell von H. Quastler, das Modell des sich selbstentwickelnden offenen katalytischen Systems von A. P. Rudenko — das alles bedeutet nicht nur unterschiedliches naturwissenschaftliches Material, sondern es sind auch verschiedene Entwicklungskonzeptionen (freilich nur dann, wenn man die möglichen Unterschiede im Verständnis der Entwicklung nicht lediglich auf Metaphysik und Dialektik zurückführen will). Das heißt zugleich, der Widerspruch der Selektion ist keineswegs schon ihre allgemeinste Charakteristik, er muß vielmehr selbst aus dem Verständnis der Entwicklung abgeleitet werden und in ihr seine Begründung finden. Mit anderen Worten, die Selektion darf nicht aus sich selbst erklärt werden, sondern aus „ihrem Anderen“, das in den gleichen einheitlichen Entwicklungsprozeß eingeschlossen ist.

Wenn man die Selektion als Begriff, als methodologisches Untersuchungsmittel betrachtet, so ist, unserer Meinung nach, der ihr entgegenstehende Begriff der Begriff der abstrakten Existenz, der solche extremen Möglichkeiten der Mannigfaltigkeit ausdrückt, als ob ihr Antagonist, die Selektion, d. h. die Begrenzung, nicht existiere.

Der Widerspruch des Begriffes Selektion und des Begriffes abstrakte Existenz hat kein direktes Analogon in der Natur. Aber im Erkenntnisprozeß wird auf jeden Fall das ganze Spektrum von Möglichkeiten des betreffenden Objektes berücksichtigt, von denen die einen unter den vorliegenden Bedingungen realisiert werden, die nächsten andere Bedingungen brauchen und für die dritten der Wissenschaft noch keine Realisierungsbedingungen bekannt sind. Sie können lange oder immer fehlen, aber das wird allein im Entwicklungsprozeß der Wissenschaft klar, die die durch die Natur selektierten Möglichkeiten in Form ihrer Gesetze zum Ausdruck bringt und gleichzeitig in ihrem abstrakt-logischen Arsenal eine

Vielzahl von Ideen über abstrakte, der Selektion nicht zugängliche Möglichkeiten enthält.

Die Aktualität der Berücksichtigung des Widerspruchs von Selektion und Abstraktion der Existenz wird durch die Definitionen solcher Ausgangsbegriffe der Kybernetik, wie Geordnetheit, Organisation und Information bestätigt. Bekannt ist die heuristische Rolle dieser Begriffe in der modernen Biologie, obwohl ihre inhaltliche Interpretation nicht wenige Schwierigkeiten bereitet, insbesondere bei der Erarbeitung der Evolutionsproblematik. Allerdings scheint die Logik der von R. Ashby gegebenen Deutung der Terminus „Organisation" sehr verlockend, um die allgemeinevolutionäre Bedeutsamkeit des Begriffes Selektion zu beweisen.

Organisation oder Geordnetheit setzt die Existenz kommunikativ verbundener Teile voraus, deren Beziehungen eine gewisse Begrenzung auferlegt ist, da anders kein Informationsaustausch möglich ist: „das Vorhandensein von ‚Organisation' zwischen Variablen ist der Existenz von Begrenzungen im Raume der Möglichkeiten äquivalent."[46] Weiter schreibt Ashby, daß die Theorie der Organisation mit dem Begriff des abstrakten Raumes oder des Raumes der Möglichkeiten verbunden ist. „Der Hauptzug des Raumes der Möglichkeiten besteht darin, daß er mehr enthält, als in der realen physischen Welt existiert, da letztere eine begrenzte Teilmenge in diesem Raum darstellt.

Die reale Welt bildet eine Teilmenge (Subquantität), die das einschließt, was existiert, während der Raum der Möglichkeiten eine Unbestimmtheit ist, auf die der Beobachter stößt. Deshalb wechselt auch, wenn der Beobachter wechselt, der Raum der Möglichkeiten, so daß zwei Beobachter völlig gesetzmäßig bei der Betrachtung verschiedener Räume der Möglichkeiten in diesen ein- und dieselbe Teilmenge tatsächlicher Ereignisse in realen Objekten bemerken können. Die Begrenzung ist daher das Verhältnis zwischen Beobachter und dieser Teilmenge, und die Eigenschaften einer beliebigen einzelnen Begrenzung hängen sowohl vom realen Objekt als auch vom Beobachter ab."[47]

Wenn man die Argumentation dieser These über die Abhängigkeit zwischen Objekt und Beobachter anerkennt, dann erfolgt eine gewisse Transformation des traditionellen Verhältnisses zur Selektion. Wir sind daran gewöhnt, von der Tatsache zu abstrahieren, daß diese oder jene Auffassung von der Selektion das Resultat des Überschusses in der Erkenntnis jener wahren und abstrakten Möglichkeiten ist, die ein System aufweist oder aufweisen könnte. Der „Raum der Möglichkeiten" ist stets bei der Erforschung jener Einengung der Vielfalt vorhanden, welche durch die Selektion realisiert wird, wobei dieser „Raum der Möglichkeiten" sowohl real skizzierte, aber nicht realisierte Evolutionsmöglichkeiten als auch subjektive Begrenzungen des Beobachters einschließt, die mit der

[46] W. R. Ashby: „Prinzipy samoorganizacii" — „Prinzipy samoorganizazii" („Prinzipien der Selbstorganisation" — in „Prinzipien der Selbstorganisation."), Moskau, 1966, S. 316—317 (zit. nach d. russ. Ausgabe).

[47] ebenda, S. 317.

konkreten Forschungsaufgabe oder mit einem bestimmten System methodologischer oder theoretischer Sätze zusammenhängen.

Als fixiertes Untersuchungsresultat wird die Selektion auf der Grundlage und innerhalb des gleichsam pulsierenden Raumes der Möglichkeiten realisiert. Die Begrenzung als Wesen der Selektion steht der Unbegrenztheit des abstrakten Raumes der Möglichkeiten gegenüber, der von uns oben als Abstraktion der Existenz bezeichnet wurde. In diesem Sinne sprachen wir auch über den Widerspruch von Selektion und Abstraktion der Existenz als eines Verfahrens zur Erkenntnis der Entwicklung. Dieser Widerspruch löst sich durch die Schaffung eines konkreteren Begriffes der Selektion, durch die Fixierung ihrer neuen, vorher unbekannten Form in einem bestimmten Begriff, mit dessen Hilfe es gelingt, in die verstreuten empirischen Angaben über die Vielfalt dieser oder jener Erscheinung „Ordnung zu bringen".

Neben der gnoseologischen Sicht kann der Begriff „Feld der Möglichkeiten" auch in dem Sinne gebraucht werden, daß der reale Selektionsprozeß sich jedes Mal auf der Basis einer neuen, qualitativ und quantitativ erweiterten Vielfalt wiederholt.

Für den Übergang in ein neues „Feld der Möglichkeiten", in eine neue Sphäre der Vielfalt, wird ein sich immer mehr verengender Kreis von Elementen, von Strukturen benutzt, die auf dem vorangegangenen Stadium der Evolution ausgewählt wurden. Je nach allgemeiner Entfaltung der Vielfalt (Reichtum an Eigenschaften, Beziehungen) beginnen die immer mehr standardisierten Teile, Elemente und Subsysteme vorzuherrschen. Die Begrenzung umfaßt nicht nur das Gebiet der Beziehungen zwischen den Systemen, sondern auch sie selbst, da die Elemente der letzteren zur tiefer liegenden Strukturebene gehören, die bei der Integration in eine neue Ganzheit durch den „Fleischwolf" der Selektion gegangen ist. Die Begrenzung ist somit eine notwendige Bedingung für das Auftreten einer neuen Strukturebene, neuer Entwicklungsmöglichkeiten. So erweist sich die Begrenzung der Zahl der Freiheitsgrade des Elektrons als Bewegung zur Aufhebung der Begrenztheit der betreffenden Bewegungsform in einer neuen. Atome werden, wenn sie Moleküle bilden, ebenfalls in ihrer Bewegung begrenzt, die Vielfalt ihrer möglichen Umlagerungen wird reduziert. Diese Begrenzung, die eine Selektion bestimmter Atombewegungen darstellt, dient in der neuen, der molekularen Qualität des Stoffes als Voraussetzung seiner weiteren Entwicklung.

Eine solche Begrenzung der Möglichkeiten einer gegebenen Struktur ist eine dialektische Begrenzung, ist eine Art Sprungbrett für den Sprung in eine neue Unbegrenztheit der Entwicklung. Dabei entwickelt sich die Vielfalt über die Einförmigkeit, nutzt sie diese aus zur Eröffnung neuer Möglichkeiten: die Vielfalt der Atome ist reicher als die Vielfalt der Elementarteilchen, die Vielfalt der Moleküle ist reicher als die Vielfalt der Atome. Unter Außerachtlassung vieler Ebenen der strukturellen Organisation des Stoffes wollen wir bemerken, daß im Chemismus hinsichtlich des Reichtums des „Feldes der Möglichkeiten" die Nucleinsäuren die Spitze halten, die ihre „Ausgangsdaten" auf insgesamt vier Nucleotide eingeengt haben.

Im Zusammenhang damit wäre es außerordentlich interessant, einen gewissen Rhythmus in der Selektionswirkung sowohl als Begrenzung wie auch im ganzen zu verfolgen — in der Dialektik von Vielfalt und Einförmigkeit im Evolutionsprozeß. In den letzten Jahren zieht das Problem Rhythmus immer mehr Aufmerksamkeit sowohl im allgemeinphilosophischen als auch im naturwissenschaftlichen Sinne auf sich.[48]

Der Begriff Rhythmus verbindet die Begriffe Entwicklung und Wiederholbarkeit, Symmetrie und Asymmetrie, Kontinuität und Diskontinuität, Stabilität, Ganzheit usw. Ein solcher Reichtum an wichtigsten dialektischen Kategorien, die ohne weiteres in der Analyse des Begriffes Rhythmus verwendet werden können, ist ein Argument zugunsten der Ernsthaftigkeit des Problems Rhythmus bei der allgemeinen Untersuchung von Entwicklungsgesetzmäßigkeiten.

Die biologische Bewegungsform besitzt eine qualitativ höhere Natur der Rhythmen, die in biologischen Systemen in Form der Polyrhythmie funktionieren (gleichzeitiges Vorhandensein einer Vielzahl von Rhythmen). Deshalb ,,kann man ein bestimmtes biologisches System durch das Modell eines Systems wechselseitig verbundener und wechselseitig wirkender rhythmischer Prozesse darstellen. Die komplexe Wechselwirkung der Rhythmik der Mikroebene eines lebenden Systems bedingt das Entstehen und Funktionieren rhythmischer Prozesse seiner Makroebene als verallgemeinerter, integraler Rhythmen.“[49]

Modell für ein System der Polyrhythmie kann nicht nur ein einzelner Organismus, sondern auch ein ganzer evolutionärer Prozeß sein, der nicht aus der empirischen Sicht der Untersuchung der Polyrhythmie dargestellt wird, sondern als allgemeinster Ausdruck des „einheitlichen Odems der Evolution“, die notwendigerweise die Wiederholbarkeit bestimmter Gesetzmäßigkeiten einschließt. Eine der allgemeinsten Gesetzmäßigkeiten ist, wenn man so sagen darf, der „spiralförmige Evolutionsrhythmus“ in bezug auf die Dialektik von Vielfalt und Einförmigkeit. Allgemeines Schema dür diesen Rhythmus kann der Ausdruck „Je mehr, desto weniger“ sein, das heißt, je größer die Vielfalt ist, die die selektierten Systeme erreichen, umso schmaler ist das Spektrum der zu ihrem Bau verwendeten Elemente. Jede der in der Erkenntnis klar fixierten Umwälzungsetappen der Evolution zeigt uns eine immer breiter werdende Kluft zwischen der Zunahme des Reichtums der Definitionen, dem Anwachsen der Vielfalt und Konkretheit auf dem einen Pol und der fortschreitenden ,,Verarmung“ in Quantität und Qualität der

[48] s. B. M. Kedrov: „O povtorjajemosti v prozesse razvitija.“ („Über die Wiederholbarkeit im Entwicklungsprozeß.“), Moskau, 1961.
Ja. F. Askin: „Problema vremeni.“ („Das Problem der Zeit.“), Moskau, 1966.
„Biologičeskije časy.“ (Biologische Uhren.“), Moskau, 1964. B. Goodwin: „Temporal Organization in Cells.“, Academic Press, London—New York, 1963 (russ. Übers.: „Vremennaja Organizacija kletki.“, S. E. Šnol’, Red., „Mir“, Moskau, 1966).

[49] V. E. Komarov: „Kategorija ritma i jejo rol’ v naučnom issledovanii.“ — „Leninskaja teorija poznanija i sovremennaja nauka.“ („Die Kategorie des Rhythmus und ihre Rolle in der wissenschaftlichen Forschung.“ — „Leninsche Erkenntnistheorie und die moderne Wissenschaft.“), Saratov, 1970, S. 106.

Bestimmtheiten auf dem anderen. Eine solche Polarisation des Vielfältigen und Einheitlichen vollzieht sich im Rahmen und auf der Grundlage der allgemeinen Erhöhung der Organisation der Systeme, für deren Entwicklung der Bindungstyp der Elemente, aber nicht ihre eigenen Charakteristika immer größere Bedeutung erlangt. Die Organisation als Maß der Geordnetheit „fürchtet" nicht nur die wachsende Standardisierung der Teile nicht, sondern setzt sie auch als eine ihrer Entwicklungsbedingungen voraus.

Wenn wir, wie das auch früher der Fall war, über die molekularen Grundlagen der Evolution sprechen und darin das Problem der chemischen Evolution einschließen, dann kann die vorgeschlagene Hypothese über den Spiralrhythmus folgendermaßen aussehen.

Eine fundamentale Tatsache, die von allen Forschern anerkannt wird, ist die Spaltung der Entwicklungslinie des chemischen Stoffes, die Divergenz des Evolutionsprozesses in zwei Zweige. Den ersten Zweig nennt man gewöhnlich den anorganischen oder mineralischen und den zweiten den biochemischen oder polymeren. Der erste Zweig ist die „Welt der Kristallisation". Hierzu gehören die Metalle, Oxide, Sulfide, Silikate usw. Der zweite Zweig ist die „Welt der Polymerisation". Diese Teilung bedeutet keinen Bruch zwischen diesen Richtungen der chemischen Evolution: Erscheinungen der mineralischen und der organischen Chemie. „Wie groß auch das quantitative Mißverhältnis der Massen sein mag, mit denen jede von diesen beiden Funktionen zu tun hat, so sind sie doch nur die zwei untrennbaren Seiten desselben tellurischen Gesamtwirkens und können nichts anderes sein. Folglich müssen wir von der zweiten ebensogut wie von der ersten annehmen, daß sie sich schon im Frühling der Erde zu entzünden begonnen hat. Und hier ertönt das Leitmotiv dieses ganzen Buches: ‚Nichts in der Welt könnte über die verschiedenen (wenn auch noch so bedeutsamen) Schwellen der Entwicklung hinweg eines Tages als Endzweck in Erscheinung treten, was nicht schon anfangs dunkel vorhanden gewesen wäre.'

Wenn das Organische nicht vom ersten Augenblick an, wo die Möglichkeit auf Erden bestand, zu existieren begonnen hätte, so hätte es auch später niemals angefangen."[50]

Wenn man von der ganzen konkreten Kompliziertheit der Evolution dieser Richtungen abstrahiert (hierzu müßte man den großen Fragenkreis der Klassifikation von Anorganischem und Organischem, über die Organisationsprinzipien chemischer Strukturen, über die Stadien der chemischen Evolution usw. aufwerfen), dann tritt der einfache Fakt zutage, daß der „organische Chemismus" mit einem

[50] P. Teilhard de Chardin: „Der Mensch im Kosmos." Verlag C. H. Beck, München, 1960 (übers. nach der 2. franz. Aufl. von O. von Marbach), S. 47 (Lizenzausgabe beim Union-Verlag, Berlin, 1966, S. 68). Franz. Ausgabe: „Le phénomène humain.", Éditions du Seuil, (russ. Übers.: „Fenomen čeloveka", Moskau, 1965, S. 72).
s. dazu ferner: O. Klohr u. H. Trebs: „Beiträge zur Deutung von Teilhard de Chardin ‚Der Mensch im Kosmos'. Beilage zur Ausgabe des Union-Verlages, Berlin, 1966. (52 S.). (A. H.).

unvergleichlich kleineren Spektrum chemischer Elemente auskommt. Oben haben wir das Kriterium der Selektion jener wenigen Elemente des Periodensystems gekennzeichnet, welche sich für die Schaffung des organischen Stoffes als geeignet erwiesen. Am Beispiel des Kohlenstoffs, dieser grundlegenden Strukturkomponente organischer Verbindungen ist ersichtlich, daß die Mannigfaltigkeit ihrer Strukturformen (azyklische, isozyklische und heterozyklische Klassen der organischen Verbindungen) bestimmt wird durch die unikalen Eigenschaften weniger chemischer Elemente.

Mit der Entstehung einer besonderen Verbindungsklasse (der organischen Polymere) innerhalb des „organischen Chemismus" schrumpfte der Kreis der gebräuchlichsten Elemente noch mehr ein und es vereinfachte sich das Prinzip der Strukturorganisation, die auf der Verwendung von „Blöcken" beruht, die sich in der Molekülkette wiederholen. Zugleich stellen aber die organischen Polymere die bezüglich ihrer Möglichkeiten reichsten Strukturen dar. Polymere vereinigen in sich verschiedene Strukturprinzipien (Molekularprinzip und Prinzip der Struktur mit unendlich sich wiederholenden Gliedern), verschiedene Struktureinheiten (verkettetes Makromolekül und Glied [Segment]), verschiedene Bindungstypen (kovalente und intermolekulare), verschiedene Stabilitätsformen (energetische und entropische), verschiedene Aggregatzustände (feste und flüssige), verschiedene mechanische Eigenschaften (Festigkeit und Deformierbarkeit) sowie verschiedene physikalische und chemische Eigenschaften. Die Struktur eines Polymers insgesamt stellt einen außerordentlich dynamischen Strukturtyp dar, der auf der Vereinigung von Labilität und Stabilität basiert, auf der Vereinigung entgegengesetzter Charakteristika in allen Beziehungen.

Deshalb bildete die Entstehung der Polymere einen Wendepunkt in der chemischen Evolution insgesamt, nachdem sie ihren Verlauf mit immer zunehmender Geschwindigkeit auf die Schaffung biochemischer Strukturen, auf die Entstehung des Lebens, gerichtet hatte.

Der nächstfolgende Wendepunkt einer schon nicht mehr chemischen, sondern biochemischen (nach J. Bernal) Evolution war der Entstehungsprozeß des Reduplikationsmechanismus, ohne den das Leben undenkbar wäre. Im vorliegenden Falle ist es unwesentlich — um so mehr, als dies heute noch niemand weiß, — wie das vor sich ging. Es ist eine empirische, beim Studium der Organismen festgestellte Tatsache, daß die Natur für die Schaffung eines solchen fundamentalen und unikalen Mechanismus einen noch kleineren Typensatz von Elementen (sowohl chemische Elemente als auch Strukturblöcke) brauchte.

Die Begrenzung der Monomeren auf vier Nucleotidtypen wurde vom Auftreten einer noch größeren Mannigfaltigkeit an strukturell-funktionellen Charakteristika, die auf die Sicherstellung der Informationsfunktion der Nucleinsäuren gerichtet sind, begleitet. Eine analoge Einengung der Zahl der Ausgangselemente weisen die Eiweiße auf, die nur zwanzig Aminosäuren von den über hundert bekannten zum Bau der Polypeptidkette benutzen, und die die Phantasielosigkeit auf der Ebene der Primärstruktur durch die Kompliziertheit der dreidimensionalen Konfiguration und durch Konformationsübergänge ausgleichen.

So haben wir versucht, in den allgemeinsten Zügen den „spiralförmigen Evolutionsrhythmus“ zu verfolgen, wobei wir bewußt vom räumlichen oder zeitlichen Aspekt des Rhythmus abstrahierten und uns ausschließlich auf die Rhythmik der Begrenzung, auf die Wirkung der Selektion im weitesten allgemeinevolutionären Sinn dieses Begriffes orientierten. Wir sind der Ansicht, daß bei der Analyse einer solchen dialektischen Gesetzmäßigkeit wie der Einheit von Mannigfaltigkeit und Einförmigkeit, schon die Fragestellung nach der Wirkungsrhythmik dieser Gesetzmäßigkeit, nach einem gewissen Spiralcharakter des Prozesses ihrer Realisierung (an jedem Wendepunkt der Evolution „gleichsam eine Rückkehr“ zum Prinzip der Einförmigkeit), vollkommen gesetzmäßig ist.

Die betrachteten methodologischen Aspekte des Begriffes Selektion stehen nach unserer Auffassung im engsten Zusammenhang mit den aktuellsten Problemen der naturwissenschaftlichen Forschung im allgemeinen und der molekularbiologischen im besonderen. So war die Einförmigkeit, die Uniformität der molekularen Struktur des Lebenden (das, was wir biochemische Universalität des Lebens nennen) evolutionäres Resultat eines selektiven, gerichteten Prozesses, der ohne die Selektion nicht verstanden werden kann.

Es konnten existieren und es existieren mannigfaltige Formen der Selektion, die von der Natur des Objektes und dem Charakter jener Beziehungen abhängen, die sie mit ihnen ähnlichen eingehen. Aber das bedeutet nicht, daß das Selektionsproblem ein zutiefst empirisches ist, daß „Selektion Selektion ist“, und damit basta, und daß nichts bleibt als jedes Mal von neuem, diesen besonderen Prozeß des Aussonderns und Erhaltens zu bewerten, der völlig von der Spezifität der Situation abhängt. Nein, in diesem Besonderen ist Allgemeines enthalten, es erscheint und wird zumindest in jener Typisierung der Selektion offensichtlich, die immer beharrlicher vor allem natürlich in den Evolutionstheorien der Biologie vorgenommen wird.[51] Der philosophische Aspekt bei der Untersuchung der allgemeinsten Charakteristika der Selektion kann helfen beim Nachweis ihrer gesamtevolutionären Bedeutsamkeit, was seinerseits wiederum eine Rückkopplung zur philosophischen Entwicklungstheorie, zur Ausnutzung der modernen Evolutionstheorien (sowohl in der Biologie als auch in der Chemie) für die weitere Ausarbeitung der Dialektik als allgemeinster Entwicklungstheorie besitzt.

Was bedeutet nun die allgemeinevolutionäre Auffassung der Selektion für die Erforschung der Evolution, und insbesondere der molekularen Grundlagen der Evolution? Unserer Ansicht nach erlaubt die Hervorhebung solcher konstanten Charakteristika, wie Begrenzung der Mannigfaltigkeit, Gegensätzlichkeit von Einheitlichem und Mannigfaltigem, den Selektionsbegriff als einen sich entwickelnden Begriff darzustellen. Er ist in sich widersprüchlich und orientiert das Denken auf die ständige Konfrontation von abstrakten und realen Möglichkeiten. Die

[51] s. z. B.: „Sovremennyje problemy evoljuzionnoj teorii.“ („Moderne Probleme der Evolutionstheorie.“), Leningrad, 1967.
N. V. Timofejev-Resovskij, N. N. Voroncov, A. N. Jablokov: „Kratkij očerk teorii evoljuzii.“ („Kurzer Abriß der Evolutionstheorie.“).

Nutzung dieses Widerspruchs als methodologisches Mittel bei der Erforschung konkreter Formen der Selektion gibt die Möglichkeit, ihre Evolution zu erkennen, aber auch die Evolution des Begriffes Selektion selbst.

Zweifellos liegt die theoretisch am weitesten entwickelte Form der Selektion im Begriff natürliche Zuchtwahl vor. Dieser Begriff steht in einem ganzen System ausgearbeiteter Evolutionsbegriffe, und schon in diesem Reichtum an Beziehungen besteht sein Vorzug im Vergleich zu den anderen Vorstellungen über die Selektion, die nicht in ein bestimmtes Begriffssystem integriert sind. Infolge der mangelhaften Kenntnisse über die präbiologische Evolution gibt es ein solches System noch nicht.

Außerdem hat der Begriff natürliche Zuchtwahl den Vorteil der theoretisch und experimentell bewiesenen Adäquatheit in bezug auf objektiv sich vollziehende Prozesse. Das können wir von dem Begriff Selektion bei der Erforschung der chemischen und biochemischen Evolution nicht sagen, wo er mehrdeutig und unbestimmt ist, weil er im konkreten Wissen über die Mechanismen des Evolutionsprozesses noch keine ausreichenden Grundlagen findet.

Zu erwähnen ist noch eine weitere wesentliche Charakteristik des Begriffes natürliche Auslese. In seinen verschiedenen Definitionen treten stets die Begriffe Überlebensfähigkeit", „Tauglichkeit" bzw. „Angepaßtheit" auf. Diese Begriffe schaffen die Basis für die Ausdehnung der Selektion auf andere nicht biologische Forschungsgebiete, weil sie gewisse abstrakt-allgemeine Züge des Phänomens Selektion fixieren.

In der Tat kann man in allen Fällen, in denen man den Begriff Selektion verwendet, auch von der Überlebensfähigkeit der Systeme, von ihrer Übereinstimmung mit den äußeren Bedingungen, von ihrer Gebundenheit an sie oder, wie man in der Biologie sagt, von ihrer Angepaßtheit sprechen. Die abstrakt-allgemeinen Charakteristika der Selektion als die Überlebensfähigkeit von Systemen finden ihre Konkretisierung im Rahmen der umfassenderen Auffassung der Selektion als Begrenzung der Vielfalt. Das zeigt sich in der Extrapolation des Selektionsbegriffes, die beim Studium der molekularen Evolutionsgrundlagen stattfindet.

Nach Pirie[52] wird der Zusammenhang der chemischen und biologischen Evolution über die Einengung der Vielfalt chemischer Elemente realisiert, die an den evolutionierenden Systemen — den Pirieschen Eobionten — beteiligt sind. Die Eobionten, die die Phasen der biochemischen Selektion durchlaufen, bilden letzten Endes den optimalen biochemischen Standard, mit dessen Erscheinen die Evolution quantitative Veränderungen erfährt, und auf die morphologisch-biologische — Bewegungsebene übergeht.

Man kann in der präbiologischen Evolution drei Untersuchungsebenen unterscheiden: die strukturell-funktionelle, die phänomenologische und die theoretische.

[52] s. N. W. Pirie: „Ideas and Assumptions about the Origin of Life.", Discovery, London, **14**, 1953, 238—242.
ferner N. W. Pirie in „The Origin of Life on the Earth", (F. Clark a. R. L. M. Snyge, Hrsgb.), Pergamon Press, New York, 1959, S. 76ff.

Die strukturell-funktionelle Ebene in der Erforschung der chemischen und biochemischen Evolution beruht auf dem Studium der Struktur und Funktion chemischer Verbindungen. Das Resultat der Selektion, das durch eine bestimmte chemische Zusammensetzung auf der Ebene der Elemente und Strukturen fixiert ist, wird den Eigenschaften chemischer Elemente gegenübergestellt, während die Eigenschaften ihrerseits den Funktionen gegenübergestellt werden, die die Stellung dieser Elemente und Strukturen in einem gewissen präbiologischen System bestimmen. Die Durchführung einer solchen vergleichenden Analyse zeigt, daß das Kriterium der Selektion von Elementen und Strukturen, die am Aufbau des biologischen Systems beteiligt sind, nicht von der geochemischen Verbreitung der Elemente (und Strukturen) bestimmt wird, sondern von ihrer Geeignetheit oder Angemessenheit, und zwar einer sehr unikalen, zur Erfüllung grundlegender biochemischer Funktionen. Diese Angemessenheit dient auch als Kriterium für die Selektion, wobei sie die chemischen Elemente und Strukturen mit solchen Eigenschaften als selektierbar bestimmt, welche sich vor allem durch die Vielfalt der chemischen Potenzen, durch Flexibilität und Labilität der Bindungen, bei gleichzeitiger Stabilität, auszeichnen. Eine solche Definition des Selektionskriteriums macht es verständlich, warum das in der Evolution ausgewählte Grundmaterial der Kohlenstoff und die organischen Polymeren sind, die die chemische Bewegungsform auf eine höhere Ebene heben. Auf diese Weise gestattet das strukturell-funktionelle Herangehen, dem ein gewisser Empirismus eigen ist (seine Grundlage bildet die chemische Analyse), die Kombination von Stabilität und Labilität der chemischen Strukturen als notwendige Definition für das Selektionskriterium anzuwenden.
Die Selektivität bei der Wechselwirkung der Moleküle (ob sie zueinander passen, ob sie sich im notwendigen energetischen Zustand befinden, ob ein notwendiger Katalysator vorhanden ist usw.) spielt eine sehr wichtige Rolle bei allen chemischen Reaktionen. „Die Wechselwirkung von einem Ferment mit einem Substrat, von Antigen mit Antikörper, die Komplementarität bei der Bildung makromolekularer Strukturen beliebigen Typs und schließlich die Komplementarität und Selektivität bei der Proteinbiosynthese (im Rahmen unserer heutigen Vorstellung über diesen Prozeß) usw., all das sind Beispiele für die Selektivität, die auf molekularer Ebene wirkt.“[53]
Eine derartige physikochemische Selektivität der Moleküle wird von vielen Forschern nicht als Äußerung der Selektionswirkung anerkennt (A. I. Oparin, P. T. Mora u. a.), sie beziehen sie nur auf das Stadium der Bildung polymolekularer Systeme.
Andere Wissenschaftler meinen, daß der Begriff Selektion auf auf jene Etappen der chemischen Evolution anwendbar ist, in denen sich noch keine komplizierten

[53] s. P. T. Mora: „The Folly of Probability.“ In: „The Origins of Prebiological Systems and of their Molecular Structure.“ (S. W. Fox, Hrsgb.), Academic Press, New York, 1965. (zit. nach russ. Übers.: „Nesostojatel'nost' verojatnostnogo podchoda.“ — „Proischoždeni predbiologičeskich sistem.“, „Mir“, Moskau, 1966, S. 56).

polymolekularen Systeme gebildet haben, das heißt, auch auf die Einzelmoleküle. Diese Meinung teilen hauptsächlich N. H. HOROWITZ und M. CALVIN.[54] Während CALVIN die Anwendbarkeit des Begriffes Selektion in der Zeit erweitert, engt er andererseits den Inhalt dieses Begriffes ein und stellt die Selektion ausschließlich dem autokatalytischen Mechanismus gegenüber, der als Selektionsfaktor einzelner Moleküle wirkt. Nach M. CALVIN fällt der Selektionsmechanismus in der chemischen Evolution mit einer Verstärkung der autokatalytischen Eigenschaften der Moleküle zusammen. Die Autokatalyse gibt genauso wie auch das Prinzip von HINSHELWOOD ein reales Schema für das Wirken der Selektion in der chemischen Evolution. Das Prinzip von HINSHELWOOD bestimmt die Akkumulation einer solchen chemischen Verbindung, die in einer Reihe gekoppelter Reaktionen mit maximaler Geschwindigkeit gebildet wird. Die autokatalytischen Eigenschaften führen zur Akkumulation einer Verbindung, die fähig ist, ihre eigene Bildung zu beschleunigen. Jedoch erschöpfen weder die Autokatalyse noch das Prinzip von HINSHELWOOD[55] die möglichen Mechanismen der Selektion und sind eher nur einfache Modelle von ihr, denn ihre einzigen Äußerungen.

Im Gegensatz zum strukturell-funktionellen Herangehen betrachtet der phänomenologische Standpunkt die Selektion nicht als Resultat, sondern als Prozeß. Deshalb werden zur Charakteristik der Selektion thermodynamische und Informationsgrößen verwendet, die die allgemeine Dynamik des Evolutionsprozesses widerspiegeln.

Allem Anschein nach ist es thermodynamisch gerechtfertigt, das Kriterium der Selektion durch ein Minimum an spezifischer Entropie und ein Maximum an spezifischer Geschwindigkeit zur Herstellung der Entropie in den evolutionierenden Systemen zu charakterisieren. Eine solche Definition konkretisiert das oben genannte Selektionskriterium in thermodynamischen Termini, wobei sie ihm einen gewissen quantitativen Ausdruck verleiht.[56]

Die thermodynamische Methode ist zwar notwendig, aber für eine ganzheitliche Betrachtung von Evolution und Selektion unzureichend. Deshalb wird im Rahmen des phänomenologischen Herangehens bei der Betrachtung des Selektionsproblems die thermodyanmische Methode durch die Informationsmethode ergänzt.

Der Informationsaspekt des Ausleseproblems ergibt sich völlig natürlich bereits

[54] s. z. B. N. H. HOROWITZ: „On the Evolution of Biochemical Syntheses", Proc. Natl. Acad. Sci. **31**, 1945, 153—157. M. CALVIN: „Chemical Evolution", Proc. Royal Soc., A 288, 1965, S. 441—466.
vergl. auch in: „Vozniknovenije žizni na zemle" („Entstehung des Lebens auf der Erde") Trudy meždunarodnogo simpoziuma, 19.—24. avgusta 1957 goda, Moskva. A. I. OPARIN, Hrsgb. (engl. Ausgabe: F. CLARK a. R. L. M. SYNGE, Hrsgb., Pergamon Press, London, 1959, „Proceedings of the First International Symposium on the Origin of Life on Earth.).

[55] s. C. HINSHELWOOD: „The Chemical Kinetics of the Bacterial Cell", Clarendon Press, Oxford, England, 1946.

[56] s. ausführlicher: R. S. KARPINSKAJA, V. P. VIZGIN: „O biochimičeskom podchode k probleme chimičeskoj evoljuzii." („Über das biochemische Herangehen an das Problem der chemischen Evolution.") „Filosofskije nauki", No. 4, 1966.

beim einfachen Vergleich des gerichteten Charakters des Evolutionsprozesses mit der Definition der Information durch Begrenzung der Vielfalt (Definition nach SHANNON[57]). Tatsächlich setzt die Gerichtetheit immer die Begrenzung der Vielfalt oder Verschiedenartigkeit, d. h. Auswahl oder Selektion, voraus. Deshalb besitzen alle gerichteten Prozesse, darunter auch der Evolutionsprozeß, eine Informationscharakteristik. Bei der Beschreibung dient sie als Maß der Gerichtetheit und ist somit eine bestimmte quantitative Wertung der Selektion.

Es versteht sich, daß das Informationsherangehen an die Selektion eng mit dem Informationskriterium des Lebens zusammenhängt, wonach sich Belebtes vom Unbelebten durch die Fähigkeit zur „Schaffung von Information" unterscheidet. Die Spezifität des Substrates hat keine wesentliche Bedeutung: „die bestimmende Rolle spielen nicht die genaue chemische Zusammensetzung, sondern einige allgemeinere Eigenschaften der molekularen Strukturen, die die Grundlage lebender Körper bilden."[58]

Solche allgemeinen Eigenschaften konzentrieren sich natürlich vor allem in den Informationsmakromolekülen, deshalb muß man als „Beginn" der Evolution das Auftreten von Polynucleotidketten betrachten, die zu Mutation und Auslese imstande sind.

Da das vollständige Abstrahieren vom Substratherangehen die Möglichkeit nimmt, die Frage nach der „pränucleinen" chemischen Evolution zu stellen, bleibt nichts übrig als die zufällige Entstehung der Polynucleotide anzuerkennen, von denen nur eine geringe Menge im Ergebnis der Selektion realisiert wurde und gerade jene Nucleotidsequenz bewahrte, die uns heute spezifisch und universal erscheint. Die Wirkung der Selektion ist offensichtlich, aber ihr Kriterium beim Informationsherangehen ist nicht indiziert: „Die Aufbewahrung einer zufälligen Selektion" konstatiert einfach nur, daß das erhalten bleibt, was erhalten bleibt.

Das Informationsherangehen an die präbiologische Selektion hat den Vorzug, daß es die Bedeutung der Organisationsprinzipien molekularer Strukturen betont und auf die Suche nach noch fundamentaleren, noch allgemeineren Organisationsprinzipien abzielt, die sogar erklären könnten, warum gerade diese und nicht eine andere Nucleotidsequenz herausselektiert wurde.[59] Aber es ist bisher eben die phänomenologische Erkenntnisebene, die der Suche nach der substratiellen Grundlage der molekularen Evolution direkt entgegensteht. Wenn diese Konzeption auch nicht völlig die präbiologische Evolution negiert, so verleiht sie ihr in jedem Falle einen stark ausgeprägten diskreten, separaten Charakter, weil die Selektion erst nach der spontanen Entstehung der Nucleinsäuren, deren spezifische Eigenschaften ihre Möglichkeit erst bedingen, zu wirken beginnt. Diese so

[57] s. z. B. C. E. SHANNON and J. McCARTHY, (Hrsgb.), „Annals of Mathematics Studies.", Princeton Univ. Press, N. J., 1956, Bd. **34**. (A. H.).

[58] s. L. A. BLJUMENFEL'D: „O molekuljarnoj biologii" — „O suščnosti žizni." („Über die Molekularbiologie." — „Über das Wesen des Lebens."), S. 127.

[59] ebenda, S. 128.

interessante, aber dennoch einseitige Vorstellung über die Evolution hängt zusammen mit einer gewissen Überbewertung der phänomenologischen Methode zum Schaden der auf die physikochemischen Charakteristika evolutionierender Systeme orientierten strukturellen Methode. Man muß natürlich die wahrscheinlichkeits-statistischen Methoden, die in Chemie und Biologie breite und fruchtbare Anwendung finden, vom Wahrscheinlichkeitsherangehen an das Problem der Entstehung des Lebens unterscheiden, in welchem der Wahrscheinlichkeitsfaktor (oder, anders gesagt, der „Zeitfaktor") als die Basis betrachtet wird, die den Übergang vom „Unbelebten zum Belebten" erschließt. Als Wesen dieses Übergangs tritt in einem solche Falle der abstrakte Zufall auf, der die Suche nach irgend einem Mechanismus, der die Notwendigkeit der Entstehung des Lebens bedingt, unnötig macht.

Allerdings läßt sich ohne Informationscharakteristika kein ganzheitliches Modell der Selektion aufbauen. Die Bedeutung der Informationsmethode bei der Analyse der präbiologischen Evolution wird von einer Reihe von Wissenschaftlern betont.[60]

In die Informationscharakteristik sind die physikochemischen Grundgrößen (Energie und Entropie) integriert, wodurch sich das Kriterium für die Selektion auf der Ebene einfachster chemischer Systeme ausdrücken läßt. Die Informationsmethode gestattet, die Vorstellungen von der Selektion und ihren Kriterien vollständiger zu konkretisieren. Ein gewisses Hindernis für die erfolgreiche Anwendung der Informationsmethode ist die mangelnde Aufmerksamkeit gegenüber dem Aufbau eines ganzheitlichen theoretischen Modells der Evolution, in dessen Rahmen die Informationscharakteristik ihren klar umrissenen Platz neben den strukturellen, thermodynamischen und kinetischen Charakteristika hätte. Weiter oben wurde BERNALS Konzeption dargelegt, die auf einem umfassenden Evolutionsherangehen an das Problem der Entstehung des Lebens basiert. Die Entstehung von Informarionsmakromolekülen und des Reduplikationsmechanismus wird als wesentliche und gesetzmäßige Etappe der biochemischen Evolution betrachtet, die ihrerseits die am meisten entwickelte Stufe der chemischen Evolution darstellt. „Wie müssen wir uns eine solche molekulare oder chemische Evolution vorstellen? Hierbei müssen infolge ihrer Allgemeinheit und Logik die gleichen Prinzipien angewendet werden wie auch beim Studium der Evolution der Organismen selbst. DARWINS Genie lieferte uns bereits den Schlüssel zur Lösung dieser Probleme, nämlich die Idee von der natürlichen Zuchtwahl. Wie HOROWITZ als erster zeigte, mußte schon bevor die Konkurrenz zwischen den Organismen begann, eine Konkurrenz zwischen den Molekülen und verschiedenen Reaktionskombinationen stattfinden. Heute können wir schon einiges mehr sagen über die Natur dieser Konkurrenz, wobei es auf den ersten

[60] s. R. B. DOBROTIN: „Chimičeskaja forma dviženija materii" (Zametki po filosofskim voprosam chimii) („Die chemische Bewegungsform der Materie." — „Bemerkungen zu den philosophischen Fragen der Chemie."), Leningrad — 1967.
ferner: „Proizchoždenije predbiologičeskich sistem." „Mir", Moskau, 1966.

Blick am erstaunlichsten ist, daß die Biomoleküle bis ins kleinste Detail für die Funktion, die sie ausführen müssen, zugeschnitten sind."[61]
Ein sehr interessanter Versuch zum Aufbau einer Theorie der chemischen Evolution auf Grund der Anwendung allgemein-evolutionärer Begriffe ist die Konzeption A. R. RUDENKOS[62], nach der die chemische Evolution einen Prozeß der Selbstentwicklung eines katalytischen Systems darstellt.
Das katalytische Herangehen an das Problem der Evolution und Selektion nimmt als Grundlage den verallgemeinerten Begriff des offenen katalytischen Systems. In diesem Modell sind strukturelle und phänomenologische Charakteristika des Evolutionsprozesses und insbesondere der Selektion und ihrer Kriterien organisch vereinigt.
Als zentrale Evolutionscharakteristik tritt die absolute katalytische Aktivität auf, die Evolution und Selektion nach dem kinetischen Grundgesetz bestimmt. Indem das katalytische Herangehen verschiedene Einstellungen zum Problem der Selektion und ihres Kriteriums verallgemeinert, ermöglicht es eine ausführliche und quantitativ ausgeprägte Definition für das Selektionskriterium zu geben, die eine vollständige und konkrete Definition ist. Die Bedeutung dieses Herangehens besteht ebenfalls darin, daß es ein neues Gebiet in der Erforschung des Evolutionsproblems eröffnet, in der die Evolution als selbständiger Gegenstand des chemischen Wissens auftritt. Der physikochemische Aspekt bei der Betrachtung von Evolution und Selektion wird in dieser Konzeption dadurch erfolgreich mit der biochemischen vereint, daß ihr die Abstraktion eines katalytischen Elementarsystems zugrunde liegt. Als Zwischenglied tritt dabei das biokatalytische System (Ferment) auf, das sowohl theoretisch (logisch) als auch historisch (genetisch) auf der Basis der präbiologischen Katalyse entsteht. Die Bedeutung eines katalytischen Modells besteht auch darin, daß es erlaubt, die Selektionsbedingungen als System darzulegen (der offene Charakter eines evolutionierenden Systems, Selbstregulation und anderes), die auch früher schon isoliert und systemlos bemerkt wurden. Dank dessen werden im Rahmen der Theorie der Selbstentwicklung katalytischer Systeme ein exaktes quantitatives Herangehen an die präbiologische Selektion und eine zielgerichtete experimentelle Suche möglich.
Zieht man Bilanz über die oben betrachteten Konzeptionen zum Selektionsproblem, muß man erwähnen, daß die physikochemische und kybernetische Betrachtung der Selektion ihre allgemeinevolutionäre Bedeutsamkeit nicht nur darin offenbart, daß sie die Verwendung dieses Begriffes über die Grenzen einer Theorie von der organischen Evolution hinaus bestätigt. Das Wesentliche besteht in der Auffüllung des Terminus mit so einem Inhalt, der bei der Erforschung

[61] J. D. BERNAL: „Biochemical Evolution", in Horizons in Biochemistry (M. KASHA a. B. PULLMAN, Hrsgb.), Academic Press (London). 1962. (russ. Übers.: „Gorizonty biochimii", „Mir" Moskau, 1964, S. 18).
[62] s. A. P. RUDENKO: „Teorija samorazvitija otkrytych katalitičeskich sistem.", („Theorie der Selbstentwicklung offener katalytischer Systeme."), Moskau, 1969.

eines beliebigen Evolutionsprozesses wirksam ist. Die abstrakt allgemeine Definition der Selektion als „Überlebensfähigkeit" der Systeme erschließt sich über die besonderen Charakteristika des Selektionskriteriums. Diese besonderen Charakteristika umfassen den strukturell-funktionellen (labile Stabilität), thermodynamischen, Informations- und Wahrscheinlichkeitsaspekt, was insgesamt zum Verständnis der Kompliziertheit der Selektion und der Notwendigkeit ihres theoretischen Ausdrucks führt.

Der Begriff natürliche Zuchtwahl entstand, festigte sich und sprengte dann den Rahmen der Theorie von der organischen Evolution gerade dadurch, daß er zu jener Erkenntnissphäre gehört, die am Verständnis des Entwicklungsprozesses interessiert ist. Die Gesetzmäßigkeiten des gesamten Evolutionsprozesses müssen in einer Theorie als Gesetzmäßigkeiten der Selbstentwicklung dargestellt werden, und zwar in jener besonderen Form, die es zulassen würde, sowohl das Allgemeine als auch das Spezifische der biologischen Evolution im Vergleich zur biochemischen, das der biochemischen im Vergleich zur chemischen usw. zu definieren. Das Einfachste und scheinbar Offensichtlichste, nämlich der Übergang zur empirischen Charakteristik der Spezifik des Evolutionsobjektes erweist sich als unzureichend, wenn man nicht die Aufgaben der Rekonstruktion der Evolutionsorganisation insgesamt aufgeben will.

Deshalb sind weder die konkreten empirischen Daten der Chemie oder Biologie, noch das formalisierte Herangehen der Kybernetik imstande, die Gefahren einer sprunghaften, fragmentarischen Beschreibung der Evolution zu überwinden. Ein breites historisches Herangehen an das Studium der Evolution nutzt die Formalisierung nur als ein gewisses Moment, das zur Präzisierung des diskreten Charakters der Entwicklung beiträgt. Die Kontinuität des Entwicklungsprozesses jedoch, sowie die auf jeder Entwicklungsetappe existierenden allgemeinen Gesetzmäßigkeiten, die durch die Natur der Selbstentwicklung bestimmt werden, lassen sich in der Theorie auf der Grundlage des dialektischen Herangehens rekonstruieren. Die dialektische Entwicklungskonzeption schafft die Basis für das Verständnis der Einheit von Diskretheit und Kontinuität, sowohl im gesamten Entwicklungsprozeß als auch in einer solchen für ihn wesentlichen Charakteristik, wie der Selektion.

Um die gnoseologische Bedeutung des Selektionsbegriffes in der einen oder anderen Evolutionskonzeption zu bestimmen, ist es notwendig, sie als komplexes theoretisches Wissen darzustellen. Die Ganzheitssicht des Evolutionsprozesses ist eine notwendige Bedingung für die Entfaltung der widersprüchlichen Charakteristika des Selektionsbegriffes und für die Bestimmung seiner methodologischen Rolle im Prozeß der Erkenntnis der Evolution. Die organische Wechselbeziehung zwischen den Begriffen Entwicklung, Ganzheit, Widerspruch, der durch die dialektische Philosophie aufgedeckt wurde, schafft wichtige methodologische Voraussetzungen für die Erforschung der Evolution als eines sich selbst vollziehenden Prozesses und der Selektion als ihres wesentlichen Mechanismus. Die Evolution stellt immer eine Evolution komplexer Gebilde dar und ist selbst durch die Wirkung einheitlicher Gesetzmäßigkeiten vereinigt, die die Ganzheit des

Evolutionsprozesses bedingen. Deshalb ist die philosophische Kategorie der Ganzheit die wesentlichste Kategorie bei der methodologischen Analyse von Evolutionskonzeptionen sowie Evolutionsaspekten beliebiger biologischer Untersuchungen, darunter auch der molekularbiologischen.

3. Die Bedeutung der Kategorie Ganzheit

Das Problem der Wechselbeziehung von Teil und Ganzem und der Verfahren zur Erkenntnis der Ganzheit ist außerordentlich wesentlich für die Molekularbiologie. Die Molekularbiologie hat es stets mit der Zerlegung und Wiedervereinigung von Strukturen im Experiment zu tun. Das Ziel besteht in der Rekonstruktion eines möglichst exakten Bildes über die Anordnung der Strukturelemente in Biopolymeren sowie über die Art und Weise ihres inneren Zusammenhanges und ihres Funktionierens.

Die Erkenntnis der Ganzheit verläuft hierbei auf dem gleichen Weg der Zusammenstellung unterschiedlicher Definitionen, der auch für die Erforschung beliebiger anderer Objekte charakteristisch ist. Die Kenntnis des Objekts wird infolge des sich ständig vertiefenden Studiums seiner widersprüchlichen Natur konkreter. Im Zusammenhang damit bringt die Molekularbiologie, in der grundlegende Besonderheiten der modernen Naturwissenschaft konzentriert sind, eine Reihe neuer Gesichtspunkte für die Ausarbeitung des Ganzheitsproblems hervor.

Auf der molekularen Ebene des Lebenden findet man den gleichen Typ der Ganzheit von Systemen, der allen Stufen biologischer Organisation eigen ist. Die molekularen Strukturen des Lebenden sind organisch ganzheitliche Systeme, deren Komponenten in einem tiefen, inneren Zusammenhang zum ganzheitlichen Funktionieren des Systems stehen. Sie lassen sich durch die Erforschung jenes komplizierten, historisch entstandenen und sich entwickelnden ganzheitlichen Systems, das sie darstellen, begreifen.

Auf molekularer Ebene tritt die Ganzheit als die funktionelle Charakteristik eines Systems auf, und in dieser Beziehung gibt es keinen prinzipiellen Unterschied zur Anwendung dieses Begriffes auf den ganzen Organismus. Gleichzeitig gehört die biochemische Struktur als Ganzes einem höheren Ganzheitstyp, der Ganzheit des Gesamtorganismus an. Das zeigt sich darin, daß das Kriterium für die Ganzheit einer biochemischen Struktur die Stabilität ihrer biologischen Aktivität, ihrer biologischen Funktion ist. HEISENBERG stellte dazu fest: „Es handelt sich in der Biologie mehr um eine Stabilität des Vorgangs oder der Funktion als um eine Stabilität der Form.“[63] Die untrennbare Einheit von Prozeß und Form, Funktion

[63] W. HEISENBERG: „Physik und Philosophie“ (deutsche Übersetzung, Ullstein-Bücher „Weltperspektiven“ Band 2, 1959) in Kap. IX: „Die Quantentheorie und die Struktur der Materie.“, S. 126).
„Physics and Philosophy“ in World Perspective Series.“ 1958.
(russ. Übersetzung: „Fizika i filosofija“, Moskau, 1963, S. 86).

und Struktur auf der molekularen Ebene lebender Organismen ist nur ein spezi fischer Ausdruck der für den Organismus als offenes System charakteristischen allgemein-biologischen Gesetzmäßigkeit: die Ganzheit bewahrt ihre Stabilität nur dank des ununterbrochenen Stoffwechsels, der fortwährenden Selbsterneuerung der Strukturen, sowie derem ständigen aktiven Funktionieren.
Gleichzeitig trägt die molekulare Ganzheit in biologischen Systemen eine Reihe spezifischer Züge. Sie unterscheiden diesen Ganzheitstyp einerseits von der Ganzheit rein chemischer Strukturen und andererseits von solchen komplexen Systemen, wie Zelle, Organ oder Organismus. Es ändert sich vor allem der Begriff Komponente oder Teil des Ganzen. Zum Beispiel stellen im Vergleich zu chemischen Strukturen, wo Atome oder Atomgruppen die Komponenten sind, bereits die Aminosäurenreste elementare Komponenten der Primärstruktur des Eiweißes dar. Eine Änderung der Qualität dieser Komponenten oder sogar ihrer Reihenfolge kann eine wesentliche Bedeutung für die Eigenschaften nicht nur des „nächsten“ Ganzen haben, das diese Komponenten unmittelbar einschließt, sondern auch für die Eigenschaften des „ferneren“ Ganzen, d. h. einer höheren Organisationsstufe des Ganzen. Ein gut bekanntes Beispiel dafür ist die Entstehung der Sichelzellenanämie, einer „Molekularkrankheit“, als Folge des Austausches einer Aminosäure im Molekül des Hämoglobins gegen eine andere.[64] Diese Substitution führt zur Störung der Funktion nicht nur des Hämoglobinmoleküls, sondern auch des ganzen menschlichen Organismus.
Am deutlichsten zeigt sich die in gewisser Hinsicht bestimmende Bedeutung des Teils, wenn man die Wechselbeziehung der Organisationsebenen innerhalb der Ganzheitsstruktur eines Biopolymers betrachtet. Es stellte sich heraus, daß sich diese Ebenen in einer Komplementärsubordination, in einer ganz bestimmten Hierarchie befinden, und daß der „kommandierende“ Abschnitt auf der untersten Stufe dieser Hierarchie, auf der Ebene der Primärstruktur des Eiweißes oder der Nucleinsäuren konzentriert ist. Die in der Nucleotidsequenz enthaltene Information reicht aus für den Aufbau geordneter Strukturen eines Eiweißmoleküls von zunehmender Kompliziertheit.
Die Aktivität des Fermentes Ribonuclease tritt z. B. auf der Ebene der Tertiärstruktur auf, d. h. wenn durch Disulfidbrücken eine besondere räumliche Anordnung der Aminosäuren im Eiweißmolekül (Konformation) stabilisiert ist. Jedoch, wenn man sowohl die Tertiär- als auch die Sekundärstruktur des Fermentmoleküls zerstört (natürlich geht in diesem Falle die Fermentaktivität vollständig verloren) (Zerstörung der Tertiärstruktur z. B. durch Spaltung der Disulfidbrücken) und anschließend Bedingungen schafft, unter denen Disulfidbrücken erneut wiederhergestellt werden können, dann wird auch die Fermentaktivität wieder vollständig regeneriert. In diesem Falle führt die Erhaltung der Stabilität allein der Primärstruktur zur Wiederherstellung auch der Tertiärstruktur, d. h. zur Wiederherstellung eines höher organisierten Ganzen. Diese Erscheinung,

[64] s. L. Pauling, H. A. Itano, S. J. Singer u. I. C. Wells: „Sickle Cell Anemia, a Molecular Disease.“, Science **110**, 1949, 543–548.

die „Selbstmontage“ des Moleküls genannt wird, ist heute nicht nur an einzelnen Molekülen entdeckt worden, sondern auch an Viren und Phagen. „Der Informationsfluß, der auf der Ebene der Molekularstrukturen beginnt, durchdringt die folgenden Stufen der Strukturhierarchie und trägt ein Element strenger Determiniertheit in den ganzen Bereich der räumlichen Organisation lebender Systeme.“[65]

Die biologische Aktivität des Ganzen und die Spezifik seiner Teile rufen Besonderheiten im Verhältnis von Teil und Ganzem auf molekularer Ebene hervor. Einerseits zeigt sich das in der unmittelbaren Abhängigkeit des Ganzen von jeder Einzelsprosse auf der Stufenleiter der Teile dieses Ganzen. Andererseits dagegen gibt es eine prinzipiell andere Gesetzmäßigkeit der Wechselbeziehungen zwischen Ganzem und Teil, wo sogar bedeutende Änderungen der Teile die Funktionsweise des Ganzen nicht oder kaum beeinflussen. Das Studium der aktiven Zentren der Proteinfermente liefert ein reiches Material über die relative Selbständigkeit des Ganzen in bezug auf seine Teile. Beispielsweise kann man aus dem pflanzlichen Ferment Papain 120 von 180 Aminosäureresten entfernen und dabei seine biologische Aktivität bewahren. Bei der Untersuchung der genetischen Rolle der RNS des Tabakmosaikvirus wurden ganze Bereiche der Nucleotidkette der RNS gefunden, deren Änderung ohne Auswirkung auf die Art der Übermittlung der Erbinformation blieb.[66] Diese Fähigkeit der Teile zu einer relativ selbständigen Änderung ist in diesem oder jenem Grade für alle Biopolymere charakteristisch und spiegelt ihre Eignung zur Teilnahme an der „Turbulenz“ des Metabolismus, d. h. am Stoffwechsel wider. Die Erhaltung der Stabilität einer Struktur ist in dieser „Turbulenz“ nur unter der Bedingung ihrer ständigen Veränderlichkeit der ständigen Aufnahme äußerer Einflüsse und des Reagierens auf sie möglich. Deshalb ist die Existenz der Teile, die gleichsam den Strom der äußeren Einflüsse amortisieren, für die Unantastbarkeit des Ganzen und seiner Funktionen notwendig. Mit anderen Worten, die relative Selbständigkeit der Teile, die in diesem oder jenem Maße für alle materiellen Systeme charakteristisch ist, erlangt auf der Molekularebene lebender Organismen eine wesentliche Bedeutung, sie begünstigt die Erhaltung der Stabilität des Ganzen.

Die Gesetzmäßigkeiten der Wechselbeziehung von Ganzem und Teil auf der molekularen Ebene zeichnen sich dadurch aus, daß sie erstens den unmittelbaren genetischen Zusammenhang der Evolution biochemischer Strukturen mit der eigentlichen chemischen Evolution zeigen, die die hochmolekularen Polymere mit

[65] V. A. Engel’gardt: „Problema žizni v sovremennom jestestvoznanija.“ — „Lenin i sovremennoje jestestvozannije.“, S. 25. („Das Problem des Lebens in der modernen Naturwissenschaft.“ — „Lenin und die moderne Naturwissenschaft.“).

[66] s. H. G. Wittmann: „Izučenije genetičeskogo koda na viruse tabačnoj mozaiki.“ — „Informazionnyje makromolekuly“ („Untersuchung des genetischen Codes am Tabakmosaikvirus.“ — „Informationsmakromoleküle.“), Moskau, 1965.
ferner: H. G. Wittmann: „Proteinuntersuchungen an Mutanten des Tabakmosaikvirus als Beitrag zum Problem des genetischen Codes.“ Z. Vererbungslehre **93**, 1962, 491—530.

ihren widersprüchlichen Verfahren zur Erhaltung der Stabilität des Ganzen hervorgebracht hat. Zweitens ist die molekulare Ganzheit des lebenden Organismus insgesamt an die Durchführung biochemischer Prozesse angepaßt, d. h. sie stellt einen höher organisierten Typ der Ganzheit dar als es die Ganzheit chemischer Strukturen ist. Die Spezifität der Moleküle des lebenden Organismus erlaubt, im gewissen Maße die Lösung jener allgemeinbiologischen Fragen auf die molekulare Ebene zu übertragen, die bis in jüngste Zeit nur in bezug auf den ganzen Organismus betrachtet wurden. Die beste Bestätigung für die „Berechtigung" einer molekularen Ganzheit sind die gegenwärtigen Erfolge der Molekulargenetik, die die fundamentalsten und für alle Organismen gemeinsamen Mechanismen der Erbinformationsübertragung untersucht.

Alle bekannten organischen Formen zeigen, daß die Ganzheit des Genotyps die erste und grundlegende Existenzbedingung eines Organismus ist. Die Zerstörung des Genoms führt zum letalen Ausgang, und das ist die Quelle des Zweifels, ob die Vorstellung von einem einfachen linearen Schema der Ebenen der biologischen Ganzheit, wo das Molekül eine weniger ganzheitliche Struktur als der Organismus darstellt, berechtigt ist.

In absoluter Hinsicht läßt sich über die Ganzheit der Systeme nur schwer etwas sagen. Man kann sie nicht außerhalb des Zusammenhangs zum sich entwickelnden Begriff und ohne Berücksichtigung des angehäuften Wissens über das Objekt begreifen, wodurch es in der Erkenntnis zu einem ganzheitlichen System wird. Diese Vorstellung selbst basiert zweifellos auf den objektiven Eigenschaften eines Systems, und wie tief unser Wissen von ihm auch immer sein mag, es wird dadurch nicht ganzheitlicher als es ist. Aber außerhalb des sich entwickelnden Begriffs kann man überhaupt kein Kriterium für eine vergleichende Analyse verschiedener Grade der Ganzheit erhalten, ebensowenig wie auch für den Begriff der Ganzheit selbst. Deshalb ist unter dem sich entwickelnden Begriff in diesem Zusammenhang die Vervollkommnung der Ganzheitsbetrachtung des Objekts zu verstehen, die ein Resultat der Vervollkommnung der Forschungsmethoden ist.

Solch ein erkenntnistheoretischer Aspekt ist die Grundlage für den spezifisch philosophischen Gesichtspunkt in bezug anf das Ganzheitsproblem und er erlangt in der Naturwissenschaft besondere, spezifische Züge. Er wird zu einem Komplex von Operationen, von konkreten Erkenntnisverfahren, d. h., er wird zur Methode. Um ein Objekt als System zu begreifen, muß der System-Gesichtspunkt angelegt werden, d. h., es ist jener Methoden-Komplex anzuwenden, der im Bewußtsein des Experimentators eben die reale Existenz des Ganzheitsproblems darstellt.

Allerdings führt das zur Illusion, daß sich das Ganzheitsproblem in der Einheit der konkreten Methoden im Rahmen des strukturell-funktionellen Herangehens erschöpft. Als eines der grundlegenden philosophischen Probleme erfährt die Ganzheit im Lichte der Erfolge der modernen Naturwissenschaften eine recht eigenartige Deutung. Die offensichtlichste Tendenz dieser Auslegung ist die Umwandlung der Kategorie Ganzheit in einen gegenständlichen Begriff, der nach dem Vorbild und der Art der naturwissenschaftlichen gegenständlichen

Begriffe mit ausgesprochen empirischen Charakteristika, mit einem bestimmten Komplex konkreter Eigenschaften versehen ist.

Diese konkreten Eigenschaften werden als integrative bezeichnet und dienen als Kriterium zur Trennung qualitativ verschiedener Typen der Ganzheit. Im umfassenderen Sinne sind sie das Kriterium zur Trennung zwischen „Ganzheits"-System und „Ganzem"[67] und sogar zwischen „Ganzheits"- und „Nicht-Ganzheits"-Systemen. Daß „längst nicht alles Existierende die ‚Eigenschaft der Ganzheit' besitzt",[68] versteht sich von selbst, wenn das Kriterium der Ganzheit empirisch bestimmt wird.

Dabei wird sogar die Tatsache übersehen, daß die Hervorhebung dieser oder jener Eigenschaften, die im gegebenen Moment ein unerschütterliches Kriterium der Ganzheit eines Systems zu sein scheinen, vom Wissensstand abhängt und Ausdruck seines relativen Charakters ist. Was jedoch das offensichtliche Abrücken vom universalen Charakter der Kategorie Ganzheit betrifft, so wird das einfach verschwiegen.

In vielen Arbeiten zum Ganzheitsproblem in der Biologie wird die Hauptaufmerksamkeit vor allem auf jene empirischen Merkmale von Ganzem und Teil gerichtet, die in diesem oder jenem Gebiet der biologischen Forschung entdeckt werden. Die Berufung auf die „objektive Dialektik von Teil und Ganzem" erweist sich als einziges Beweismittel für die Wichtigkeit des Problems, ist das einzige Argument in der Kritik seiner idealistischen und mechanistischen Interpretationen.

Die Vorstellung, daß nur die Philosophie das Geheimnis der „objektiven Dialektik von Teil und Ganzem" beherrscht, ist die Errichtung eines noch schlechteren Monopolismus als der berüchtigte Monopolismus der DNS, weil sie Verwirrung in die Wechselbeziehung zwischen Philosophie und Naturwissenschaft, in die Einschätzung des gnoseologischen Wertes der neuen Ergebnisse der Wissenschaften trägt. Man muß in diesem Zusammenhang den Standpunkt A. N. Belozerskijs unterstützen, der schreibt, daß „von den heutigen Wissenschaftlern niemals jemand der Ansicht war, daß die Molekularbiologie alle anderen Untersuchungsebenen der lebenden Welt ersetzen wird. Zweifellos sind bei der Untersuchung von Erscheinungen der Lebenstätigkeit und der Wechselbeziehungen des Organismus zur Umwelt die Ebenen der Zelle, des Organismus und der Population ebenso bedeutsam. Letzten Endes besteht unser Hauptziel doch in der allseitigen Erkenntnis des lebenden Organismus *als Ganzes*, als selbstregulierendes, mit der Umwelt in Wechselwirkung stehendes System."[69] Wie ersichtlich ist, tritt das

[67] s. L. N. Samojlov, I. F. Zubkov: „„Celostnost" kak kategorija materialističeskoj dialektiki i jego mesto v sisteme kategorij." („‚Ganzheit' als Kategorie der materialistischen Dialektik und ihre Stellung im System der Kategorien.") — „Vestnik, MGU", Serie VIII, Ekonomika, filosofija (Ökonomie, Philosophie), 1965, No. 2.

[68] s. V. G. Afana'jev: „Problema celostnosti v filosofii i biologii." („Das Problem der Ganzheit in Philosophie und Biologie."), Moskau 1964, S. 15.

[69] A. N. Belozerskij: „Molekuljarnaja biologija — novaja stupen' poznanija prirody." („Die Molekularbiologie — eine neue Stufe der Erkenntnis der Natur."), S. 9 (kursiv von R. S. K.), Moskau, 1970.

Problem der Ganzheit für den Wissenschaftler vor allem als Endergebnis der Erkenntnis in Erscheinung, und die Bewegung dahin ist praktisch unendlich. Die Ganzheitsexistenz eines Objektes in der Sprache der Wissenschaft wiederzugeben, das bedeutet zunächst im Experiment und dann in der Theorie die vielfältigsten Definitionen zu finden und darzulegen, die sein Wesen adäquat zum Ausdruck bringen und die Möglichkeit zur Entwicklung der Erkenntnis vom Wesen erster Ordnung zum Wesen zweiter Ordnung usw. schaffen.

Die naturwissenschaftliche Erkenntnis hat ein reales natürliches System (Molekül, Zelle, Organismus) zu ihrem Objekt und ist bestrebt, es in seiner ganzheitlichen, d. h. vollständigsten und der Realität am besten entsprechenden Gestalt darzustellen. Die Philosophie verfügt nicht über die Mittel des Experiments und kann deshalb nicht an der Gewinnung empirischer Bestimmungen der Ganzheit eines Objektes mitarbeiten. Ja, und auch das Objekt ist in der Philosophie bekanntlich ein anderes.

Im Bereich der philosophischen Untersuchung ist das „Ganze" weder die Zelle noch der Organismus noch die Population usw., sondern der ganzheitliche Erkenntnisprozeß, also jene Art und Weise der theoretischen Reproduktion der Ganzheit der Objekts, die von den Naturwissenschaftlern als Gesamtheit der Erkenntnismittel genutzt wird. Deshalb bedeutet der Versuch; die Nichtreduzierbarkeit des Ganzen auf die Summe seiner Teile am Beispiel der DNS, der RNS, des Eiweißes, der Zelle oder sogar am Beispiel der Gegenüberstellung biologischer und physikochemischer Gesetzmäßigkeiten zu beweisen, eine so enge Verschmelzung des philosophischen Aspektes mit dem naturwissenschaftlichen zu vollziehen, daß es schwer sein wird, die Spezifik des ersteren hervorzuheben.

Das heißt natürlich nicht, daß die allgemeinen Vorstellungen der Forscher über die DNS als ganzheitliches System, über ihre Rolle als Teil der ganzheitlichen Zelle, im ganzheitlichen Vererbungsprozeß usw. nicht als Material für die philosophische Analyse benutzt werden können. Aber dieses Material muß erstens in einem bestimmten, genügend umfassenden System von Ansichten des Wissenschaftlers dargelegt sein (nicht Herausgreifen von Einzeläußerungen) und zweitens müssen in diesem Material methodologisch bedeutsame Aspekte aufgezeigt sein, die den Grad der echten Interessiertheit des Wissenschaftlers an der Wissenschaftsmethodologie und die Tiefe des Verständnisses für ihre Probleme zum Ausdruck bringen. So steht beispielsweise die Erörterung des gegenwärtigen Inhalts der Konzeption des Präformismus und der Epigenese oder des Problems des Reduktionismus ohne Zweifel in unmittelbarer Beziehung zur Kategorie der Ganzheit, zu ihrem realen „Sein" im Bereich der Wissenschaft als die Beschreibung des Verhältnisses von Teil und Ganzem, worauf sich die philosophischen Arbeiten zu diesem Thema auf Schritt und Tritt beschränken. Man darf nicht vergessen, daß diese Wechselbeziehung in einem bedeutend größerem Ausmaß und Reichtum an Definitionen von der Naturwissenschaft selbst untersucht wird und Gegenstand der experimentellen Forschung und theoretischen Verallgemeinerung ist.

Entsprechend den oben hervorgehobenen Methodologieebenen ist zu erwähnen, daß die Erörterung der methodologischen Rolle der Begriffe „Ganzes“ und „Teil“ noch keine philosophische Bearbeitung des Ganzheitsproblemes bedeutet. Das ist einfach eine andere, der konkret empirischen Erkenntnis näher stehende Ebene der Methodologie, die in eine Forschungsmethodik, in einen Komplex von konkreten Methoden hinüberwächst. Alles das kann und muß Gegenstand der philosophischen Analyse sein, die an der Aufdeckung der verschiedenen Ebenen der Methodologie und ihres Verhältnisses zueinander interessiert ist. Dabei ist es jedoch wichtig, den spezifisch philosophischen Aspekt des Problems zu wahren.

Der kategoriale Ausdruck des Begriffes Ganzheit setzt die Wahrung seines philosophischen Inhalts voraus, der durch Universalität und gnoseologischen Wert charakterisiert wird. Das bedeutet vor allem, daß es keine „nichtganzheitlichen“ Objekte gibt, ebenso wie es kein Objekt ohne Wesen, ohne Existenz gibt. Die Kategorie Ganzheit steht den Begriffen Wesen, Qualität und Existenz nahe, aber nicht dem Begriff Eigenschaft, wonach wir beurteilen könnten, ob ein Objekt ganzheitlich oder nichtganzheitlich ist. Wenn es entsprechend bestimmten Kriterien als nichtganzheitliches Objekt auftritt, bedeutet das, daß die Kriterien nicht sein Wesen berühren und es in einer „anderen Dimension“ als Ganzheit existiert.

Das heißt natürlich nicht, daß es in der Realität und in der Erkenntnis keine verschiedenen Ebenen der Ganzheit gibt, aber sie können überhaupt nur unter der Voraussetzung anerkannt und ausgedrückt werden, daß das Verständnis des universalen Charakters der Kategorie Ganzheit erhalten bleibt. Wie die Objekte sich auch im Organisationsniveau unterscheiden mögen, die Erkenntnis erschließt sie als ganzheitliche Gebilde, in der Gesamtheit ihrer Bestimmungen, die mit fortschreitender Wissenschaftsentwicklung immer reicher werden. Vereinzelte isolierte, nicht miteinander zusammenhängende Kenntnisse über einen Gegenstand sind noch nicht seine wahre Erkenntnis. Sie wird dies erst in dem Maße, wie sie Züge eines ganzheitlichen Wissens annimmt, das in der Theorie seine Realisierung findet.

Der Übergang von einer Stufe des Wissens über die Ganzheit zur anderen bildet den Inhalt der Geschichte der Erkenntnis, ist der reale Entwicklungsprozeß der Wissenschaft. Führen wir ein Beispiel an. Die Vorstellung über die G a n z h e i t des Gens durchlief in ihrer Entwicklung eine Reihe von Etappen, die deutlich das Fortschreiten der Erkenntnis vom ungegliederten, abstrakten Ganzen zum differenzierten, vielfältigen und konkreten Ganzen belegen. Der Begriff Gen wurde geschaffen und existiert, um die Diskretheit des Erbmaterials zum Ausdruck zu bringen. Als man noch keine konkrete Kenntnis von der Struktur des Gens hatte, konnte es nicht in seiner inneren Differenziertheit betrachtet werden und galt deshalb als eine unteilbare Einheit von Funktion (die Konzeption: Gen—Merkmal), Mutation und Crossing over. Dieser Begriff eines abstrakten, ungegliederten Ganzen wurde schon in den dreißiger Jahren (Arbeiten von N. P.

DUBININ, A. S. SEREBROVSKIJ,[70] F. G. DOBZHANSKY[71] und andere) durch experimentelle Untersuchungen widerlegt. Später bewiesen die molekularbiologischen Forschungen endgültig die funktionelle und physische Aufgliederung des Gens. Das Gen erwies sich als ein kompliziert strukturiertes System, dessen ganzheitliches Funktionieren abhängig ist von einer Vielzahl von Faktoren des inneren Aufbaus und der äußeren Wechselbeziehung der Gene (Positionseffekt, pleiotrope Wirkung der Gene usw.).

Im Verlauf der Entwicklung der Genetik erhielten die Ideen von S. S. ČETVERIKOV ihre volle Bestätigung, der im Gegensatz zu den seinerzeit verbreiteten Konzeptionen von dem konsequent angewandten Prinzip der Ganzheit ausging: „Jedes Gen wirkt nicht isoliert, nicht unabhängig vom gesamten Genotyp, sondern es wirkt, es äußert sich in ihm, in Verbindung mit ihm. Ein und dasselbe Gen wird sich unterschiedlich in Abhängigkeit von jenem Komplex der anderen Gene äußern, von dem es umgeben ist. Für es wird dieser Komplex, dieser Genotyp, zu jenem genotypischen Medium, in dessen Umgebung es sich äußerlich zeigt. Wie jedes Merkmal in seinem Ausdruck phänotypisch von dem es umgebenden äußeren Milieu abhängt, wie es eine Reaktion des Organismus auf bestimmte äußere Einwirkungen ist, so hängt auch jedes Merkmal in seinem Ausdruck genotypisch von der Struktur des gesamten Genotyps ab, ist es eine Reaktion auf bestimmte innere Einwirkungen."[72]

Das Fortschreiten der wissenschaftlichen Erkenntnis von einer abstrakt-ganzheitlichen zur konkret-ganzheitlichen Vorstellung über den Gegenstand entspricht dem realen Prozeß der weiteren Komplizierung der Organisation in der Natur, der Entwicklung der Ganzheit von Systemen. „Die Erhöhung des Grades der Ganzheit des lebenden Organismus", bemerkt I. V. BLAUBERG, „ist ein wichtiger Indikator der progressiven Entwicklung in der organischen Welt."[73] Das unterstreicht ein

[70] s. z. B. A. S. SEREBROVSKIJ und N. P. DUBININ: „Iskustvennoje polučenije mutazij i problema gena." („Künstliche Gewinnung von Mutationen und das Problem des Gens."). „Uspechi eksper. biologii", Ser. B, Bd. VIII, H. 4, 1929 (Nachdruck in P. M. ŽUKOVSKIJ: „Klassiki sovjetskoj genetiki" „Klassiker der sowjetischen Genetik", „Nauka", Leningrad 1968).
A. S. SEREBROVSKIJ: „O novom vozmožnom metode bor'by s vrednymi nasekomymi." („Über eine neue mögliche Methode zur Bekämpfung schädlicher Insekten."), „Zoologičeskij žurnal", Bd. XIX, H. 4, 1940 (Nachpruck in „Klassiki sovjetskoj genetiki", s. o.)

[71] T. DOBZHANSKY: „The Manifold Effects of the Genes Stubble and Stubbloid in *Drosophila melanogaster*." Z. indukt. Abstamm. u. Vererbungslehre **54**, 1930, 427—457.

[72] S. S. ČETVERIKOV: „O nekotorych momentach evoljuzionnogo processa s točki zrenija sovremennoj genetiki." („Über einige Momente des Evolutionsprozesses vom Gesichtspunkt der modernen Genetik.") — „Bulletin MOIP (= Moskauer Gesellschaft der Naturforscher."), LXX, 1965, H. 4, S. 66. Original in: „Žurn. eksper. biologii", Ser. A, Bd. 2, H. 1 und 4, 1926. (weiterer Nachdruck in P. M. ŽUKOVSKIJ: „Klassiki sovjetskoj genetiki", „Nauka", Leningrad, 1968, S. 133—170, Zitat dort S. 164). (S. H.).

[73] I. V. BLAUBERG: „Problema celostnosti v marksistskoj filosofii." („Das Problem der Ganzheit in der marxistischen Philosophie."), Moskau, 1963, S. 72.

weiteres Mal die Notwendigkeit, die Kategorie Ganzheit als eine Kategorie der Entwicklung zu betrachten.
Sowohl die objektive Welt als auch ihre Erkenntnis entwickeln sich in solchen diskreten Formen, die in sich die imanenten Charakteristika der jeweiligen Art von Erscheinungen konzentrieren, sie stellen ganzheitliche Gebilde dar, die nicht außerhalb der Entwicklung, außerhalb der Übergänge von einer Stufe der Ganzheit zur anderen begriffen werden können. Deshalb bleibt der breit anwendbare Aspekt „Teil—Ganzes" solange nur ein statischer Schnitt durch das Ganzheitsproblem, wie er nicht in die Grundrichtung bei der Ausarbeitung dieses mit der Untersuchung der Entwicklung zusammenhängenden Problems integriert ist. Die Entwicklung eines Naturobjektes oder die Entwicklung des Erkenntnisprozesses, das eben ist das „Wirkungsfeld" der Kategorie der Ganzheit, wo sie keiner besonderen Definitionen bedarf und sich trotzdem als ein wichtiges methodologisches Erkenntnismittel erweist.
Bevor wir zum Material der Molekularbiologie kommen, möchten wir diese These am Beispiel einer Untersuchung illustrieren, die sich positiv nicht nur vom naturwissenschaftlichen, sondern auch vom philosophischen Herangehen an das Problem der Ganzheit namentlich durch die Herstellung einer engen Verbindung des Begriffes Ganzheit mit dem Begriff Entwicklung (in diesem Fall mit der Evolution der organischen Welt) auszeichnet.
In einem Artikel konkretisierte K. M. CHAILOV[74] die von ihm früher geäußerten Ideen über die Verfahren zur Untersuchung der Evolution der Organisation des Lebenden. Als wichtigstes Verfahren wird das System-Herangehen hervorgehoben, das die Betrachtung der Evolution als Evolution ganzheitlicher Systeme voraussetzt. Die grundlegenden konstruktiven Vorschläge von K. M. CHAILOV sind logisch einwandfrei, da sie mit einer deutlichen Hervorhebung des theoretischen Gegenstandes des Grundprinzips der Untersuchung verbunden sind.
Als theoretisches Objekt, d. h. als Modell eines evolutionierenden ganzheitlichen Systems, wird der Begriff Biogeozönose genommen, der von V. N. SUKAČEV vorgeschlagen wurde. Dieser Begriff hat sich eingebürgert und wird bei der Feststellung der empirischen Gesetzmäßigkeiten der Evolution benutzt, aber infolge der mangelhaften Ausarbeitung der Klassifizierungsverfahren von Biosystemen tritt er in einer Reihe mit anderen Begriffen (Organismen, Art, Population usw.) als gleicher oder sogar als historisch und logisch abgeleiteter auf.
Unterdessen existieren nach V. I. VERNADSKIJ alle biogeochemischen Funktionen unverändert seit dem ersten Auftreten des Lebens fort, deshalb dürfen die Grundformen der Organisation des Lebenden (Organismus, Art, Biozönose, Biogeozönose) weder in einer linearen und auch nicht in einer hierarchischen Reihe, sondern müssen in einer polyphyletischen Reihe, d. h. als parallel existierende (obgleich sie sich auch sowohl in einer linearen als auch hierarchischen Wechselbeziehung

[74] s. K. M. CHAILOV: „Sistemy i sistematizcija v biologii." — „Problemy metodologii sistemnogo issledovanija." („Systeme und die Systematisierung in der Biologie." — „Probleme der Methodologie der System-Untersuchung.")

befinden) dargestellt werden. Das vereinigende Prinzip dieser parallelen Reihe ist in jedem „Schnitt" der Evolution das System der Biogeozönose. Deshalb entspricht der Begriff Biogeozönose der gestellten Aufgabe, die Evolution als Evolution ganzheitlicher Systeme darzustellen.

Das Hauptprinzip bei der Untersuchung eines isolierten theoretischen Objektes besteht darin, die Einheit von funktionaler Divergenz und Integration der Elemente des Systems zu zeigen. Ein anschauliches Schema der Evolution von Biogeozönosen und ihre detaillierte Beschreibung im Text[75] zeugen davon, daß die konsequente Anwendung des Grundprinzips bei der Untersuchung die praktische Vereinigung ziemlich unterschiedlicher Momente bei der Erkenntnis lebender Systeme, nämlich der Erkenntnis funktioneller (aktueller und rezenter) Zusammenhänge und der Erkenntnis von Evolutionszusammenhängen bedingte („Relikte", die die vorangegangene Evolution widerspiegeln).

In Verbindung mit unserem Thema über die molekularen Grundlagen der Evolution mögen noch zwei Thesen aus der Arbeit CHAILOVS erwähnt werden, eine spezielleren, die andere allgemeineren Charakters. Am Ende des Artikels unterstreicht der Autor erneut die Notwendigkeit einer konzeptionellen „Sicht" lebender Systeme als ganzheitlicher „Organismusgebilde", deren Evolution nicht auf die Evolution der Stoffwechselformen oder der Aufeinanderfolge verschiedener Organisationsebenen reduziert wird. Wenn man die Evolution des Lebens „als Entwicklung einer ganzen Serie lebender Systeme mit ihnen jeweils eigentümlichen Formen des Stoffwechsels" betrachtet, so ist es sehr schwer, das Auftreten des Lebens zu datieren und auch kaum gerechtfertigt. Man kann nur die Aufeinanderfolge der Entstehung verschiedener Stoffwechselformen und dementsprechend verschiedene Ebenen der biologischen Organisation datieren. Dann wird sich zeigen, daß *verschiedene* biologische Systeme eine *verschiedene* „,*Fülle von Lebensprozessen*' besitzen *und die größte ,Fülle' der heutigen Biosphäre eigen ist*."[76]

Ein derart konsequent evolutionäres und ganzheitliches Herangehen an das Organisationsproblem ist unserer Auffassung nach methodologisch fruchtbarer als jene Verabsolutierung der Organisationsprinzipien des Lebenden, die wir in der Konzeption der „Minimal"-Zelle (s. Kap. I) festgestellt hatten. Bisher ist es schwer, alle Charakteristika jener bedingt ursprünglichen Etappe zu rekonstruieren, die von CHAILOV als System einer primären Biogeozönose gekennzeichnet wurde. Schwer ist auch eine Beschreibung des Übergangs zur „sekundären" Biogeozönose, wo die organischen Strukturen schon nicht mehr als Moleküle oder deren Verbindungen vertreten sind, sondern als einzelliger Organismus. Aber allein schon die allgemeine Kontur des System-Standpunktes in bezug auf den Übergang „unbelebt—belebt" widerlegt jene Anrufung des Zufalls und jene Negierung des Anwachsens der „Fülle von Lebensprozessen", die wir in der Konzeption der „Minimal"-Zelle sahen. Die Ganzheit der Zelle als Ausgangs-

[75] ebenda, S. 143—146.

[76] ebenda, S. 145 (kursiv von R. S. K.).

prinzip erweist sich als zu gering; es ist ein umfassenderes und dem realen Evolutionsprozeß adäquateres Herangehen notwendig.
Sehr wahrscheinlich wird eine solche Wendung der Dinge, wenn die Thesen aus K. M. CHAILOVS Artikel zur Präzisierung der Methodologie molekularbiologischer Forschung benutzt werden, sicher nicht die Zustimmung des Autors finden, der buchstäblich von der ersten Seite an das System-Herangehen dem molekularen antagonistisch gegenübergestellt. Uns scheint, daß eine solche kategorische Verbannung der Molekularbiologie aus den System-Untersuchungen auf einem Mißverständnis beruht. Die Molekularbiologie erhebt nicht den Anspruch, alle allgemeinbiologischen Fragen zu lösen, sondern ist daran nur beteiligt und erforscht zweitens nicht allein die „Tiefe der Organismenebene", geht nicht von der hoffnungslos veralteten Vorstellung aus, daß die grundlegenden Prozesse auf der Organismenebene ablaufen.[77] Im zweiten Kapitel wurde ein ziemlich umfangreiches Material dargelegt, das davon zeugt, daß die Molekularbiologie die Grenzen des Organismus „überschritten" hat und in die Problematik der Phylogenie und Evolution der Organismen eingedrungen ist. Andererseits ist die Richtung zu jung, um beispielsweise wirksam in die Untersuchung der Evolution der Biogeozönosen einbezogen zu werden. Die Evolutionsforschung erfolgt mit wachsendem Tempo, und ist darüber hinaus auf der gleichen Logik aufgebaut, die von K. M. CHAILOV als charakteristisch für das Systemherangehen herausgestellt wurde. „Die Analyse eines beliebigen Makroobjektes als System", schreibt K. M. CHAILOV, „durchlief ein- und dieselben Stadien: a) es wurde eine Menge von Elementen (Organismen, Umweltfaktoren) beobachtet, die mitunter gleich und äußerlich nicht miteinander verbunden sind; b) es wurde eine bestimmte Vielfalt dieser Elemente festgestellt, und die Analyse dieser Vielfalt führte im weiteren zur Aufklärung der einen oder anderen Zusammenhänge zwischen ihnen, c) man begann die interelementaren Zusammenhänge speziell zu untersuchen, wobei sich herausstellte, daß ihr „Wirken" die Elemente in ein ganzheitliches Gebilde integriert, indem es ihm die genannten Systemeigenschaften verleiht[78], d. h. Geordnetheit, Regulation, Zweckmäßigkeit usw.
Wie bereits gesagt, sind alle diese Momente an der strukturell-funktionellen Analyse und darüberhinaus an den vergleichend-historischen Untersuchungen der Molekularbiologie beteiligt, die unvermeidlich auf die Ganzheit jener molekularen Gebilde orientiert sind, deren Evolution oder evolutionäre Bedeutung zu untersuchen ist. Der Unterschied der Makro- und Mikroobjekte in der Biologie transformiert, aber beseitigt nicht endgültig das Ganzheitsproblem und folglich auch nicht das Problem des System-Herangehens.
Zu einer Analogie mit den molekular-biologischen Untersuchungen führten nicht nur die aufgezählten Momente des System-Herangehens, sondern auch das Untersuchungsprinzip der Evolution von Biogeozönosen selbst, nämlich das Prinzip der funktionellen Divergenz und Integration der Elemente. Ohne die

[77] ebenda, S. 127.
[78] ebenda, S. 143 (kursiv von R. S. K.).

Frage dem Wesen nach zu erörtern, wollen wir nur ihren methodologischen Aspekt hervorheben: bei der Untersuchung der Evolution von Biogeozönosen ist die Orientierung auf eine gewisse Invarianz-Relation (das System der ökologisch-funktionellen Zusammenhänge) entscheidend.

Die Hervorhebung der Invarianz-Relation, der invarianten Charakteristika von Systemen ist das wichtigste Mittel zur Erkenntnis ihrer Ganzheit. Das trifft in vollem Maße auch auf molekularbiologische Untersuchungen zu.

Die moderne Biologie, und vor allem ihr sich am aktivsten entwickelnder Zweig, die Molekularbiologie, ist der Aufklärung der invarianten, bei beliebigen Veränderungen konstanten Charakteristika lebender Systeme sehr nahe gerückt. Die in den Arbeiten ŠMALGAUZENS entwickelte Idee, daß der Aspekt der Stabilität des Lebenden für das Verständnis seines Wesens nicht weniger wichtig ist als der Aspekt der Entwicklung, findet ihre Anwendung bei der Erforschung der Probleme der biologischen Organisation, der Evolution der Organisation, des Wesens der biochemischen Universalität des Lebenden, der Universalität des genetischen Codes usw.

Die wichtigsten unter den von der Molekularbiologie entdeckten empirischen Gesetzmäßigkeiten sind jene, die als Beweis für die fundamentale Rolle des Prinzips der Matrizensynthese gelten. Dieses Prinzip liegt der Reduplikation der Informationsmakromoleküle zugrunde und ist für die Gerichtetheit des gesamten Prozesses der Eiweißbiosynthese verantwortlich. „Im Prinzip der Matrizensynthese erhält die Fähigkeit des Lebenden zur Vermehrung ihre Interpretation auf wirklich molekularer Ebene in chemischen Termini .... Wir würden zu weit gehen, wenn wir zu behaupten begönnen, daß in der Matrizensynthese das Wesen des Lebens begründet ist. Aber ganz sicher können wir sagen, daß ohne die Matrizen-Synthese das Leben so, wie wir es auf unserem Planeten kennen, unmöglich wäre."[79] Die strenge Komplementarität der Nucleotidbasen und die ziemlich stabile Zugehörigkeit eines Tripletts von Nucleotiden zu nur einer bestimmten Aminosäure innerhalb der Grenzen des degenerierten Codes zeugt davon, daß die ursprüngliche Basis aller bekannten chemischen Reaktionen — das Prinzip der chemischen Affinität — in der Chemie des Lebenden wahrhaftig zu einem harten Verbotsgesetz geworden ist, welches die Existenz von nur vier Nucleotiden und nur bestimmte Bindungen zwischen ihnen zuläßt.

Die Entdeckung der umfangreichen Klasse von Minorbasen, die in der Struktur der DNS und RNS in geringen Mengen vorhanden sind, könnte die Befürchtung hervorrufen, daß das Prinzip der Komplementarität nicht so universell ist, wie dies aus der Regel von WATSON und CRICK folgt. Jedoch wurden die „Paradoxa, die mit der Existenz der Minorkomponenten zusammenhängen, durch die im Laboratorium von E. BOREK entdeckte fundamentale Tatsache, daß alle Modifikationen der Nucleinsäuren in Form von Methylgruppen, Glucoseresten u. a. m. in der Zelle an schon fertigen Polymergerüsten von Nucleinsäuren vorgenom-

[79] V. A. ENGEL'GARDT: „Das Problem Leben in der modernen Naturwissenschaft" — „LENIN und die moderne Naturwissenschaft" S. 273—274.

men werden, erklärt. Eine solche Endfertigung wird von speziellen Fermente durchgeführt, die die Nucleinsäuren methylieren."[80]

In den CHARGAFF-Regeln werden solche stabilen Beziehungen von Purin- und Pyrimidinbasen im DNS- (oder RNS-)-Molekül zum Ausdruck gebracht, daß diese Regeln als Kriterium für die Exaktheit eines Experimentes gelten. Die Kenntnis der Nucleotidzusammensetzung verschiedener Organismengruppen kann als taxonomisches Merkmal genutzt werden, was breite Perspektiven für das Einschalten der Chemie der Nucleinsäuren in die Lösung des Problems der Systematik der Organismen eröffnet. Das betrifft besonders die Systematik der Mikroorganismen. Nach A. N. BELOZERSKIJ werden in der neuen Auflage des bekannten Mikrobenbestimmungswerkes von BERGEY Angaben über die Nucleotidzusammensetzung der DNS in die Reihe taxonomischer Merkmale einbezogen, die als Kriterien bei der Bestimmung einer Mikrobengruppe gelten. Es ist zu erwarten, daß mit der Zeit auch stabile, invariable Charakteristika von biochemischen Strukturen höherer Organismen für die Präzisierung ihrer Stellung in Systematik und Phylogenie genutzt werden können.

In diesem Zusammenhang kann man wahrscheinlich dem Standpunkt J. A. URMANCEVS zustimmen, daß „ähnlich den kernphysikalischen und chemischen Reaktionen, Ablauf, Richtung, Ergebnisse, Arten möglicher und nichtmöglicher onto- und phylogenetischer *biologischer Reaktionen* und Prozesse von allgemeinen wie auch spezifischen biologischen Erhaltungsgesetzen kontrolliert werden."[81]

Ähnliche Ansichten vertritt auch V. F. SERŽANTOV, der an einem umfangreichen biologischen Material nachwies, daß die gleichzeitig in dynamischer und evolutionärer Sicht durchgeführte Untersuchung biologischer Strukturen zur Feststellung gewisser eintypischer Gesetzmäßigkeiten, invarianter biologischer Prinzipien (Prinzip der Dominanz, Prinzip der Hemmung, Rückkopplungsprinzip u. a.) analog den Erhaltungssätzen in der Physik führte.[82]

Aber wenn wir auch das Vorhandensein spezifischer biologischer Erhaltungsprinzipien anerkennen, steht uns das Schwerste noch bevor. Worin besteht diese Spezifität, wie kann man sie, und zwar nicht als einfache, empirische Feststellung, sondern in theoretischer Sicht formulieren? Wie kann auf sie der Gesamtcharakter der biologischen Erkenntnis ausgerichtet werden? Diese Fragen gehen über den Rahmen der Molekularbiologie hinaus; sie berühren die allgemeinen Entwicklungsperspektiven der biologischen Wissenschaften, die Suche nach einem einheitlichen Prinzip biologischen Wissens und die Schaffung der Grundlagen der

[80] s. V. N. SOIFER: „Molekuljarnyje mechanizmy mutageneza" („Molekulare Mechanismen der Mutagenese."), Moskau, 1969, S. 63.

[81] J. A. URMANCEV: „Izomerija v živoj priode. I. Teorija." („Isomerie in der lebenden Natur. I. Theorie.") — Botaničeskij žurnal 55, 1970, No. 2, S. 166.

[82] s. V. F. SERŽANTOV: „Evoljuzionnoje ponimanije struktury organizma kak metodologičeskij prinzip biologii i mediziny" — „Celostnost' i biologija", Materialy simpoziuma, („Das Evolutionsverständnis der Struktur des Organismus als methodologisches Prinzip der Biologie und Medizin." — „Ganzheit und Biologie.", Material des Symposiums, Kiev, 1968, S. 260.

theoretischen Biologie. Somit tritt die Molekularbiologie als eine der Initiatoren der Frage hervor, inwieweit es berechtigt ist, Erhaltungsprinzipien in der Biologie anzuwenden, inwieweit es möglich ist, für die Welt des Lebenden spezifische Erhaltungsgesetze aufzudecken.

In unserem Beispiel mit den Nucleinsäuren besteht die eigentliche Perspektive für die biologische Forschung eben nicht in dem, was durch die „CHARGAFF-Regeln“ verboten wird, sondern in jenen „Variationen über das Thema“, die bei der Befolgung des „Verbots-Gesetzes“ möglich und unvermeidbar sind. Die Variabilität der Nucleotidzusammensetzung wird auf Grund eines genauen Indikators, des sogenannten Spezifitätskoeffizienten bestimmt. Sie widerspiegelt die Artunterschiede der Organismen und steht in bestimmter Korrelation zum Evolutionsalter dieser oder jener systematischen Gruppen und ihrer Stellung in der Systematik. Wahrscheinlich hat schon die Einteilung der Organismen nach der Nucleotidzusammensetzung in zwei Typen (AT-Typ und GC-Typ) einen tiefen evolutionären Sinn. Es hat den Anschein, daß die größte Informationskapazität durch die äquimolare DNS-Form gewährleistet werden könnte, d. h. durch die Form, die in absolut gleichen Mengenverhältnissen Adenin-Thymin und Guanin-Cytosin enthält. Aber solche DNS-Strukturen wurden in der Natur nicht gefunden. Wahrscheinlich werden durch das mengenmäßige Übergewicht der einen Basen über die anderen in den verschiedenen Organismengruppen auf molekularer Ebene ihre eingeschlagenen divergierenden Evolutionswege gefestigt.

Die Variabilität der Nucleotidzusammensetzung sinkt in dem Grade, wie wir die Sprossen der phylogenetischen Leiter „nach oben“ steigen. Je höher die Organisation eines biologischen Systems, um so weniger ist für ihre Spezifität die Nucleotidzusammensetzung kennzeichnend. Sie kann bei verschiedenen Organismen ähnlich sein, während die Nucleotidsequenz der DNS nicht nur für jede Art, sondern auch für jeden Organismus unikal und spezifisch bleibt. Die Merkmale für die Variabilität der Nucleotidzusammensetzung müssen durch die Kenntnis der spezifischen Basensequenz ergänzt werden.

Die Biomakromoleküle führen die polaren Charakteristika des Lebenden (Einheit und Mannigfaltigkeit, Stabilität und Variabilität) so nahe zusammen, daß ein und dieselben Strukturen sowohl für die biochemische Unikalität als auch für die biochemische Universalität verantwortlich zeichnen. Außerdem, und das ist das Entscheidende, charakterisiert die biochemische Unikalität (z. B. die Nucleotidsequenz) nicht nur den dynamischen Aspekt der Struktur, sondern auch jene besondere Eigenschaft biologischer Systeme, welche das Belebte vom Unbelebten radikal unterscheiden: die Eigenschaft, einen Evolutionsprozeß hervorzurufen und aufrecht zu erhalten. Die unikale Nucleotidsequenz dieses oder jenes Organismus ist immer Resultat der Evolution und gleichzeitig ihre Fortsetzung wegen der Möglichkeit des Auftretens molekularer Mutationen.

Der molekulare Mechanismus von Replikation und Mutagenese ist die Grundlage des Vererbungsprozesses, dessen biologischer Sinn sich nur im Verhältnis Genotyp—Phänotyp auftut. Die einfache Matrizenkopierung ist für die Evolution durch natürliche Auslese unzureichend, da das Matrizenprinzip schon rein logisch die Möglichkeit der Selektion oder der Reduktion vieler Zustände auf einen einzigen ausschließt. Die Auslese entsteht auf der Ebene des Merkmals, genauer gesagt, auf der Ebene der Gesamtheit von Merkmalen oder des Phänotyps.

Der Vererbungsprozeß ist nicht von der Selektion zu trennen, da sie dem Vererbungsprozeß die zeitliche Gerichtetheit verleiht. „In der Sprache der Physik", schreibt H. H. PATTEE, „kann man sagen, daß physikalische Elementargesetze in bezug auf die Zeit symmetrisch sind, während die Vererbung eine bestimmte zeitliche Gerichtetheit besitzt. Mit anderen Worten, die zeitlichen Beziehungen zwischen der Erinnerung an das Merkmal und dem Merkmal selbst sind unsymmetrisch."[83]

Auf das Problem biologische Zeit, wie es sich in evolutionärer Sicht darstellt, verweist auch A. A. LJAPUNOV. Die allgemeine Theorie der Selektion und Evolution muß in der theoretischen Biologie die zentrale Stellung einnehmen, aber dazu ist das Studium der Wahrscheinlichkeitsgesetze notwendig, die Variabilität und Selektion steuern und insbesondere das Gesetz der Verteilung der Lebensdauer der Objekte einschließen.[84]

Zieht man eine vorläufige Schlußfolgerung, läßt sich feststellen, daß der Nachweis der Erhaltungsprinzipien (allgemeiner und spezifischer) beim Studium biologischer Systeme für die moderne Biologie zu einer dringenden Aufgabe geworden ist. Das Herausstellen invarianter Beziehungen, wie es das erste Mal in der Biologie durch MENDEL geschah, gibt die Möglichkeit, das strukturelle Herangehen an dieses oder jenes Forschungsobjekt erfolgreich anzuwenden sowie seine stabilen und invarianten Charakteristika zu bestimmen und sich damit dem Verständnis seines Existenzgesetzes zu nähern.

Die Spezifität biologischer Erhaltungsprinzipien besteht, so weit man das heute beurteilen kann, wahrscheinlich darin, daß sie nicht nur ihr „Anderes", die Gesetze der Veränderung, besitzen, sondern gleichzeitig mit ihnen auch in ein gewisses „Drittes" eingeschlossen sind, in die Gesetze der Entwicklung, der Evolution. Die Gesetze von „Verbot" und „Erlaubnis", die mit den Regulationsmechanismen auf molekularer Ebene beginnend, die Grundlage für das Wirken der genannten Hierarchie des Regulationssystems bilden, zeigen ihre biologische Zweckmäßigkeit nur dann, wenn ihr resultatives Verhältnis, nämlich dieser oder jener in den Evolutionsprozeß eingeschlossene Anpassungseffekt, geklärt ist.

Wenn man andere Mechanismen der biologischen Evolution als die natürliche Auslese finden wird, dann wird auch der Matrizenmechanismus, diese Grundlage

[83] H. H. PATTEE: „Nasledstvennaja uporjadočennost' v primitivnych chimičeskich sistemach." — „Proischoždenije predbiologičeskich sistem." („Die vererbbare Geordnetheit in primitiven chemischen Systemen." — Die Entstehung präbiologischer Systeme."), S. 76.

[84] s. A. A. LJAPUNOV: „O rassmotrenii biologii s pozicii izučenija živoj prirody kak bol'šoj sistemy." — „Problemy metodologii sistemnogo issledovanija." („Über die Betrachtung der Biologie von der Position der Untersuchung der lebenden Natur als großes System." — „Probleme der Methodologie der Systemforschung.", S. 221.

für das Erhaltungsprinzip im Lebenden, eine andere Betrachtung und ein anderes spezifisches Gesicht bei der Klärung der Spezifik des Lebens erfahren. Vorläufig „behindert" jedoch die natürliche Selektion, auch wenn sie in der Theorie in stabilisierende und wirkende getrennt wird (I. I. Šmalgauzen), die Orientierung auf die Erhaltungsgesetze als die fundamentalen und alleinigen Gesetze der Biologie. Mit Hilfe der biologischen Erhaltungsgesetze wird man, sobald sie nur exakt formuliert sind, neue Mittel zur Erkenntnis der Evolution finden. Wahrscheinlich aber ist, daß diese Mittel eine andere, nicht so „usurpatorische" Rolle spielen werden, wie es in der Physik der Fall ist und daß sie den Forscher nicht durch die Perspektive erpressen werden, einmal die ganze Kompliziertheit des Lebens auf einige recht einfache Gesetze reduzieren zu können.

Wie immer man die Fragen nach den Erhaltungsprinzipien der Biologie auch lösen wird, auf jeden Fall ist offensichtlich, daß die Hervorhebumg invarianter Beziehungen, invarianter Charakteristika eine heuristische Rolle in der Erkenntnis der Ganzheit biologischer Systeme und der Ganzheit des biologischen Prozesses spielt.

Ein wichtiges gnoseologisches Moment, das das Bedürfnis zur Definition einer invarianten Beziehung entstehen läßt, besteht in der Schaffung von Modellvorstellungen über die Evolution. Da uns die molekularen Grundlagen der Evolution interessieren, verweilen wir etwas länger bei der Frage, wie in den Konzeptionen einer präbiologischen Evolution der Zusammenhang zwischen der ganzheitlichen „Sicht" des Evolutionsprozesses und dem ganzheitlichen Modell eines evolutionierenden Substrats hergestellt wird, das dank der Fixierung bestimmter invarianter Charakteristika sowohl des Prozesses selbst als auch seines Substrates gewonnen wurde.

Je nach dem entworfenen Modell einer präbiologischen Evolution ändert sich die Vorstellung von jenem ganzheitlichen System, das Objekt dieser Evolution war. In der Koazervat-Hypothese A. I. Oparins ist das Koazervat, d. h. ein kompliziertes, übermolekulares Gebilde, so ein ganzheitliches System. In der Hypothese M. Calvins ist es ein multimolekulares System, das als Ganzes auf molekularer Ebene verbleibt und eine unmittelbare Abhängigkeit von physikochemischen Charakteristika, vor allem von der allen chemischen Systemen gemeinsamen Eigenschaft der Autokatalyse, aufrecht erhält. Das Informations-Herangehen an die präbiologische Evolution rückt die Ganzheit des Systems der Polynucleotide in den Vordergrund, deren ständige Synthese aus freien Nucleotiden die Quelle für die Schaffung von Information ist. In der Konzeption A. P. Rudenkos schließlich wird dem ganzheitlichen katalytischen System die prinzipielle Bedeutung beigemessen, dessen spontane Evolution die ganze Vielfalt der chemischen Evolutionswege und die Notwendigkeit der Entstehung des Lebens erklärt.

Jede dieser Hypothesen hat ihre eigene Logik der Beweisführung, ihre eigene experimentelle Begründung. Vereint werden sie jedoch durch die Auffassung, daß für die Entstehung der Selbstreduplikation und Autoregulation als wichtigster Charakteristik des Lebenden, das Vorhandensein bestimmter physikochemischer Eigenschaften genügt. Der Unterschied zwischen diesen Hypothesen be-

steht, wie man sieht, in der Vorstellung über das evolutionierende Substrat. Wodurch wird nun dieser Unterschied hervorgerufen?
Es ist kaum anzunehmen, daß dieser Unterschied durch die empirischen Daten der modernen Naturwissenschaft bedingt ist. Jedem Wissenschaftler, der sich mit der Erforschung der molekularen Evolutionsgrundlagen befaßt, steht etwa der gleiche Umfang an empirischen Daten über Struktur und Eigenschaften der heute bekannten biochemischen Verbindungen zur Verfügung. Die vorzugsweise Auswahl der einen als evolutionierendes Substrat wird nicht durch das empirische Material als solches diktiert, sonst gäbe es nicht verschiedene Hypothesen über die Entstehung des Lebens, sondern durch irgendwelche anderen Faktoren, die mit der schöpferischen Tätigkeit des Denkens im Zusammenhang stehen. Als Substrat der Theorie tritt nicht eine einzelne der vielen konkreten physikochemischen Strukturen, sondern der Begriff Koazervat, der Begriff katalytisches System usw. auf. Dieser Begriff ist dann auch jenes idealisierte Objekt, das sich im Rahmen der ganzheitlichen Vorstellung von diesem oder jenem Bilde der präbiologischen Evolution herausbildet. Je nachdem, welcher Art dieser Vorstellung entsprechend die wesentlichen Charakteristika des Evolutionsprozesses sind, ist auch das entsprechende Modell des evolutionierenden Substrats. Als Prämisse fungiert hierbei, bildlich gesprochen, die Ganzheitssicht der präbiologischen Evolution als eines vorwiegend metabolischen, informativen, katalytischen usw. Prozesses.
Die Begründung der Wahl eines Modells des evolutionierenden Substrats stützt sich in jeder dieser Konzeptionen auf die Ausnutzung des gesamten heutigen naturwissenschaftlichen Materials, mit anderen Worten, ist die Hinwendung zu empirischen Daten unvermeidlich. Aber das ist schon nicht mehr eine systemlose, chaotische Aufzählung empirischer Daten, sondern ein echter Prozeß des Aufstiegs vom abstrakten Begriff, der als Modell des evolutionierenden Substrats genommen wurde, zum konkreten Begriff, der die Vielfalt der Definitionen des Evolutionsprozesses ausdrückt. In diesem Falle wird die Auffassung des Substrats bei Verwendung konkret-empirischen Material nicht empirisch, weil ihm das Fortschreiten des Denkens vom ganzheitlichen Verständnis der Evolution zur Hervorhebung eines idealistisierten Objektes als ihres Substrat vorausging. Die Konkretisierung der historischen Funktion des jeweiligen Objektes bestimmt die Richtung bei der Verwendung des empirischen Materials, bestimmt seine Differenzierung, wie auch das theoretische Erfassen. Nicht der Begriff Substrat „steigt herab“ zur Empirie, sondern die Empirie „steigt auf“ zum Begriff Substrat als dem ursprünglichen Modellbegriff bei der Ausarbeitung der Theorie.
Also kann das im Kontext der sich entwickelnden Theorie gesehene Substrat-Herangehen als Zwischenglied zwischen der strukturellen und historischen Betrachtungsweise angesehen werden, da es in sich sowohl sämtliche konkretstrukturellen Daten als auch das Ganzheitsverständnis der Evolution konzentriert. Die Definition der invarianten Charakteristika des evolutionierenden Substrats wie auch des Evolutionsprozesses selbst erscheint als eine notwendige Bedingung für die ganzheitliche theoretische Wiedergabe der Entwicklung.

Die Erhaltungsprinzipien stellen sich als notwendiges, wenn auch nicht einziges Moment in der Erkenntnis der Entwicklung heraus.
Zusammenfassend kann man feststellen, daß das Ganzheitsproblem ein sehr breites Spektrum aufweist, das mit der Betrachtung der molekularen Ebene der lebenden Organismen als Bestandteil solcher höherer Ganzheiten wie Organismen, Art oder Population verbunden ist. Wir sind nur auf einige gnoseologische Seiten dieses Problems eingegangen, wobei wir von der Auffassung ausgegangen sind, daß die Kategorie Ganzheit die wichtigste in jenem Kreis philosophischer Kategorien ist, welche die allgemeinsten Entwicklungslinien sowohl der Natur als auch der Erkenntnis zum Ausdruck bringen. Die biochemische Universalität kann als bestimmendes Organisationsprinzip molekularer Strukturen tiefer begriffen werden, wenn bei der theoretischen Analyse der experimentellen Ergebnisse der Molekularbiologie der Ganzheitsaspekt berücksichtigt wird, der die Zusammenführung der statischen, des dynamischen und des Evolutionsgesichtspunktes beim Studium biochemischer Strukturen begünstigt.

ZUSAMMENFASSUNG

Die modernen Errungenschaften der Biologie bedürfen einer theoretischen Verallgemeinerung, die die Auffassungen über die in den letzten Jahrzehnten entdeckten fundamentalen Grundlagen des Lebens tiefgründig widerspiegelt und gleichzeitig das klassische Erbe der Biologie wieder aufgreift. Von großer methodologischer Bedeutung bei der Suche nach Wegen zum Aufbau einer theoretischen Biologie erwies sich die Anwendung allgemein evolutionärer Begriffe (beispielsweise Auslese, Angepaßtheit, Zweckmäßigkeit) nicht nur bei der Analyse der organischen, sondern auch der chemischen und biochemischen Evolution.

Auf Grund der inneren Logik ihrer Entwicklung gelangte die Molekularbiologie zu dem Ergebnis, daß für die Anwendbarkeit physikochemischer Methoden in der Biologie bestimmte Grenzen existieren. Werden diese Grenzen überschritten, so ergibt sich die Notwendigkeit, die Erörterung auf andere Grundlagen zu stellen, als sie die molekulare Erkenntnisebene des Lebenden bietet. „Solange der betrachtete Zeitabschnitt nicht groß ist und wir in der Lage sind, die phänotypischen Veränderungen mit bestimmten Veränderungen des Genotyps in Beziehung zu bringen, können die Grundthesen der Evolutionstheorie einer direkten und ziemlich exakten experimentellen Analyse unterzogen werden. Bei der Untersuchung der Evolution in einem größeren Maßstab sind die genetischen Methoden allerdings schon nicht mehr anwendbar. In diesem Falle muß sich der Evolutionstheoretiker Bezügen der Morphologie und Ökologie zuwenden, wie sie aus dem Studium fossiler Reste folgen oder aus der vergleichenden Anatomie und Physiologie repräsentativer rezenter Arten abzuleiten sind.“[85] Für die Vereinigung der system-strukturellen und historischen Methoden besitzt die Entwicklung der Evolutionsgenetik, der Evolutionsbiochemie und des gesamten Forschungskomplexes der molekularen Grundlagen der Evolution ohne Zweifel große Perspektiven.

Von prinzipieller Bedeutung für die Schaffung der theoretischen Biologie bleibt die Orientierung der Erkenntnis auf eine ganzheitliche Wiedergabe des Evolutionsprozesses als wichtigstem Charakterzug der belebten Materie. Deshalb scheint die allgemeine Tendenz der unter Leitung des bekannten englischen Em-

[85] Ch. B. Anfinsen: „The Molecular Basis of Evolution.“ John Wiley & Sons, Inc., New York, 1961, S. 212 (russ. Übers.: „Molekuljarnyje osnovy evoljuzii“, Moskau, 1962, S. 215.

bryologen und Genetiker WADDINGTON[86] durchgeführten Symposien zur theoretischen Biologie in methodologischer Hinsicht exakter zu sein als die einseitige Tendenz, das ganze Problem der Schaffung einer theoretischen Biologie als Formalisierungsprozeß von Kenntnissen darzustellen. Sämtliche an der Erörterung der Probleme der theoretischen Biologie beteiligten Wissenschaftler sind sich über deren Kompliziertheit und auch darüber einig, daß das System der biologischen Wissenschaften im allgemeinen noch nicht so weit ist, eindeutige Prinzipien zum Aufbau einer Theorie festzulegen. Gleichzeitig wurden solche wesentlichen Momente des biologischen Wissens hervorgehoben (die Notwendigkeit der Berücksichtigung der Pluralität zeitlicher Skalen in der Entwicklung des Lebenden, der Hierarchie in den Organisationsebenen, der Wechselwirkungen mit der Umwelt, des Evolutionsprozesses usw.), welche keine Hoffnung auf eine Reduzierung der theoretischen Biologie entweder auf die Molekularbiologie oder auf die mathematische Biologie zulassen. Wie H. H. PATTEE bemerkte, „können wir uns natürlich eine ‚mathematische Biologie' ausdenken, welche formal das Verhalten von biologischen Systemen beschreibt und voraussagt. Aber in den Begriff ‚theoretische Biologie' lege ich etwas größeres hinein. Das muß eine ‚physikalische Biologie' sein, welche die physikalische Grundlage all unserer Beobachtungen der umgebenden Welt und die Wechselwirkung mit ihr berücksichtigt."[87]

Die Teilnahme der Molekularbiologie an der Schaffung der Grundlagen der theoretischen Biologie ist insbesondere mit der Ausarbeitung des Problems des genetischen Codes, der Zuverlässigkeit der Codierung und der Stabilität genetischer Systeme verbunden. Bei der Analyse des Begriffs konvariante Reduplikation als wichtigstem Elementarbegriff der Molekularbiologie wurde gezeigt, daß er einen Widerspruch beinhaltet, der die widersprüchlichen Grundcharakteristika des Phänomens Leben widerspiegelt und der deshalb in der Lage ist, die Brücke zu anderen Ebenen der Erkenntnis des Lebenden zu schlagen, der als Bindeglied zwischen den zersplitterten theoretischen Verallgemeinerungen dienen kann, die auf diesen Ebenen auftreten.

Das heißt nicht, daß der Begriff konvariante Reduplikation in der Lage ist, die ganze Last der methodologischen Probleme der Molekularbiologie zu tragen. Er kann als ein methodologisches Mittel zur Feststellung des Übergangs vom Einfacheren zum Komplizierteren, von der molekularen Untersuchungsebene des Lebenden zu anderen, höheren Ebenen verwendet werden. Der Begriff konvariante Reduplikation umspannt bei all seiner Dialektik nur einen Pol der zwei

[86] s. C. H. WADDINGTON: „Teoretičeskaja i molekuljarnaja biologija." — „Na putjach k teoretičeskoj biologii." („Theoretische Biologie und Molekularbiologie." — in: „Auf dem Wege zur theoretischen Biologie.", russ. Übers., Moskau 1970).

[87] s. H. H. PATTEE: „Fizičeskaja osnova kodirovanija i nadežnost' v biologičeskoj evoljuzii." — „Na puti k teoretičeskoj biologii." („Physikalische Grundlagen der Kodierung und der Zuverlässigkeit in der biologischen Evolution." — „Auf dem Wege zur theoretischen Biologie.", Moskau 1970, zit. nach d. russ. Übers., S. 178).

entgegengesetzten Seiten der Evolution. Diese entgegengesetzten Seiten sind der Mutationsprozeß, der in der Lage ist, eine Vielfalt ungerichteter Veränderungen zu erzeugen, und die Selektion, die diese Vielfalt einschränkt und dem Evolutionsprozeß Gerichtetheit verleiht.

Die konvariante Reduplikation erklärt die Vielfalt, ist aber an sich ohne den Begriff Selektion nicht in der Lage, den Mutationsprozeß in den Bereich der Evolution hinauszutragen und seine Bedeutung darzulegen, Deshalb besitzt die konvariante Reduplikation „ihr Anderes", Entgegengesetztes und gleichzeitig Ergänzendes und ihr Wesen Aufdeckendes in der Selektion. Und umgekehrt wäre die Auslese sinnlos, wenn der Charakter der Reduplikation nur einem idealen Kopiervorgang gleichen würde.

Die Existenz der Selektion wird gerade durch den konvarianten Charakter der Reduplikation bestimmt, der Fehler, Variationen und Abweichungen von der „Norm" einschließt. So läßt sich in logischer Hinsicht ein Unterschied und gleichzeitig eine Einheit der beiden wichtigsten Elementarbegriffe feststellen, die aus scheinbar so entfernten Erkenntnissphären stammen, wie der Molekularbiologie und der Evolutionslehre. Diese Einheit der Begriffe, die in unterschiedlicher Weise eine allgemeine Eigenschaft des Lebenden, seine Fähigkeit zur Autoreproduktion, widerspiegeln, erschließt der Molekularbiologie die Perspektive, ihren Platz in der allgemeinen Bewegung zur theoretischen Biologie, insbesondere durch die Herstellung enger Kontakte zur Evolutionstheorie zu bestimmen.

Das Entwicklungsprinzip oder die Entwicklungskonzeption oder die Dialektik als Wissenschaft von der Entwicklung (wir gingen von der Adäquatheit dieser Begriffe aus) erweist sich als die wichtigste methodologische Grundlage, deren Anwendung helfen wird, organische Zusammenhänge zwischen der Untersuchung der verschiedenen biologischen Organisationsebenen herzustellen. Die gesamte vorangegangene Darlegung war auf den Nachweis der Notwendigkeit einer nicht formalisierbaren dialektischen Denkweise in der molekularbiologischen Forschung, insbesondere bei der Analyse allgemeintheoretischer Begriffe der Biologie (der Begriffe Struktur und Funktion, Äußeres und Inneres, Determination, Selektion u. a.) gerichtet. Die Tatsache, daß die Molekularbiologie vorwiegend eine Experimentalwissenschaft bleibt, die sehr stark strukturell vorgeht, spiegelt nur eine bestimmte Etappe ihrer Entwicklung wider.

Die Zukunft der Molekularbiologie liegt in der engen Verbindung mit der Evolutionsproblematik, mit dem gesamten Komplex biologischer Wissenschaften von der Entwicklung des Lebens auf der Erde. Die neue, mit dem Evolutionsaspekt verbundene Richtung der molekularbiologischen Forschung zu unterstützen und ihre methodologische Grundlage in der Dialektik als der Theorie von der Entwicklung darzulegen, das war auch das Hauptanliegen der vorliegenden Arbeit.

SACHREGISTER

AUTORENREGISTER

Bei Fragen zur Produktsicherheit wenden Sie sich bitte an:
If you have any questions regarding product safety,
please contact:

Walter de Gruyter GmbH
Genthiner Straße 13
10785 Berlin
productsafety@degruyterbrill.com